浙江农民大学农村实用人才培养系列教材

名优食用菌安全高效栽培技术

MINGYOU SHIYONGJUN
ANQUAN GAOXIAO ZAIPEI JISHU

◎编著　蔡为明 金群力

中国林业出版社

内容提要

本书以浙江省香菇、黑木耳、金针菇和双孢蘑菇四大主栽食用菌的优质高效、稳产高产技术为中心，详细介绍了4种食用菌的生物学特性、主栽品种、栽培技术和病虫害防控技术，同时介绍了近年来在专业化、设施化、工厂化栽培等方面取得的新技术、新工艺和新装备。本书图文并茂，内容新颖，针对性和可操作性强，可作为农技人员、菇农的生产指南和培训教材。

图书在版编目(CIP)数据

名优食用菌安全高效栽培技术/蔡为明，金群力编著. —北京：中国林业出版社，2017.9

ISBN 978-7-5038-9053-6

Ⅰ.①名… Ⅱ.①蔡… ②金… Ⅲ.①食用菌类—蔬菜园艺 Ⅳ.①S646

中国版本图书馆CIP数据核字(2017)第132512号

国家林业局生态文明教材及林业高校教材建设项目

中国林业出版社·教育出版分社

策划编辑：杨长峰　唐　杨

责任编辑：曹鑫茹　王思明

电　　话：(010)83143557　　**传　　真**：(010)83143516

出版发行　中国林业出版社(100009　北京市西城区德内大街刘海胡同7号)
E-mail：jiaocaipublic@163.com　　电话：(010)83143500
http：//lycb.forestry.gov.cn

经　　销　新华书店
印　　刷　三河市祥达印刷包装有限公司
版　　次　2017年8月第1版
印　　次　2017年8月第1次印刷
开　　本　787mm×1092mm　1/16
印　　张　14.5
字　　数　369千字
定　　价　41.80元

前　言

食用菌是一类集美味、营养和保健功能于一体的健康食品。随着人们生活水平和对健康关注度的提高，广大消费者对各种食用菌独特的药用保健功效的认识日益加深，“一荤一素一菇”的健康膳食理念越来越为人们所推崇，国内外市场对食用菌产品的消费需求日趋旺盛，市场前景广阔。

我国食用菌栽培历史悠久，改革开放以来，食用菌产业更是作为新兴、朝阳产业得到快速发展，为千千万万农民提供了致富之路，在我国农业和农村经济发展中发挥了重要作用。2014年全国食用菌总产量$3\ 270\times10^4$t，产值2 258.1亿元，食用菌产业已成为继粮、油、菜、果后的第五大农业产业，成为我国许多地方的“再就业工程”“奔小康工程”“富民强县工程”的首选项目，成为许多食用菌产区区域经济的农业支柱产业，有效促进了各地农村发展、农业增效和农民增收。

食用菌产业在我国农村、农业发展中具有独特的优势和地位。食用菌种植不与粮争地、不与地争肥、不与农争时、不与其他行业争资源，可点草成金，变废为宝，是生态循环经济中的重要组成部分。其栽培原料主要为农牧业废弃物，产品收获后的培养基又可作为绿色有机肥还田，实现资源的循环利用，能获得最佳的经济与生态效益。因此食用菌这一集生态农业、高效农业和循环农业于一体的朝阳产业越来越受到各界的重视。

浙江是我国传统的食用菌生产、出口大省，是世界香菇人工栽培的发源地，食用菌的年产量、产值、出口量、出口额一直居全国前列。“庆元香菇”“江山白菇”“龙泉灵芝”“磐安香菇”“开化黑木耳”等先后获国家原产地域保护和国家原产地标记保护。浙江省悠久的食用菌栽培历史和强劲的产业发展势头，催生了一支引领产业发展，孜孜不倦的探索、寻求创新的食用菌专业技能人才队伍，栽培技术不断创新提高，生产模式不断升级，食用菌产业已呈现出专业化、集约化、工厂化生产发展的强劲势头。

本书由食用菌科研和生产第一线的专家、科技骨干组成编写团队，系统全面地介绍了香菇、黑木耳、金针菇、双孢蘑菇四大主栽食用菌的先进栽培技术与创新生产模式。参与编著的每位作者都在栽培技术阐释以及最新科研成果和最新生产技术与模式的发掘集成方面，做出了很大的努力，希望本书能成为广大食用菌科技工作者和生产者的参考用书，也希望本书的出版能为广大农民增收致富和加快农村小康建设起到促进作用。

当前食用菌栽培技术的发展日新月异，加上编写时间和水平所限，书中难免有错漏和不妥之处，敬请读者指正。

编　者

2017年3月

目　录

前　言

第一章　黑木耳栽培技术 ······1
一、概述 ······1
二、黑木耳的生物学特性 ······3
三、黑木耳主要栽培品种 ······6
四、菌种繁育生产 ······8
五、黑木耳代料栽培技术 ······28
六、黑木耳代料栽培的主要问题与防控 ······65

第二章　香菇栽培技术 ······75
一、概述 ······75
二、香菇菌种繁育技术 ······80
三、香菇大棚秋季栽培模式 ······95
四、香菇半地下式栽培模式 ······118
五、香菇高温季节栽培模式 ······122
六、高棚层架栽培花厚菇模式 ······128
七、香菇的保鲜与烘干 ······134

第三章　金针菇栽培技术 ······138
一、概述 ······138
二、金针菇的菌种繁育 ······141
三、金针菇自然季节袋栽技术 ······148
四、金针菇工厂化袋栽技术 ······158
五、金针菇工厂化瓶栽技术 ······167
六、金针菇病虫害防治 ······176
七、金针菇保鲜与加工 ······186

第四章　蘑菇栽培技术 ……190
一、概述 ……190
二、生物学特性 ……191
三、主要栽培品种 ……198
四、双孢蘑菇栽培技术 ……203
五、高温蘑菇栽培技术 ……216

参考文献 ……223

第一章　黑木耳栽培技术

一、概述

黑木耳是我国的传统食用菌，食、药用历史悠久。黑木耳也是全世界最早开始人工培育的食用菌，其人工培育历史可追溯到公元7世纪的唐朝。长期以来，我国一直采用比较原始的黑木耳栽培方法：将树木砍伐后排放在林地山坡上，借助黑木耳孢子的自然传播、老耳木菌丝蔓延、浇施洗木耳的水等方法进行栽培，产量很低，而且不稳定。新中国成立后，我国科技工作者研发的黑木耳孢子液喷洒接种法获得成功，20世纪70年代末培育出了黑木耳纯菌种，发明了段木打穴接种法，实现了黑木耳人工栽培技术的一次飞跃。

20世纪70年代末浙江省在开化县引进开发纯菌种段木栽培技术取得成功，80年代该技术在云和县、景宁县、开化县得到较大面积推广。随着黑木耳需求量的不断增大，而各地政府不断实施天然林保护工程，木耳种植和森林保护的矛盾日益突出，黑木耳段木栽培的资源瓶颈日益显现。20世纪90年代至21世纪初，随着黑木耳代料栽培技术的突破，我国黑木耳产业迎来了又一个快速发展时期。代料袋栽黑木耳具有周期短、见效快、效益高等特点，成为各地农业结构以及食用菌产业结构调整的优选项目，因此我国各地的袋栽黑木耳生产规模迅速扩大，成为近年来我国食用菌产业发展的一大亮点。

本章以南方黑木耳代料栽培的优质高效、稳产高产技术为中心，详细介绍黑木耳的生物学特性、主栽品种、袋栽技术、病虫害防控和干制加工，重点介绍南方黑木耳代料栽培新技术，尤其是最近几年袋栽黑木耳的优质菌棒制备、烂棒防控、安全高效刺孔催耳和设施化栽培等新技术、新工艺和新装备。

1. 学名与分类地位

黑木耳又名木耳、光木耳、云木耳、木耳菜、黑菜。在我国古籍上，黑木耳的称谓有树鸡、木枞、木蛾等，按生于不同的树木可分为桑耳、槐耳、楮耳、榆耳、柳耳（古称五木耳）。

学名：*Auricularia auricular-judae*。

分类地位：菌物界（Fungi），担子菌门（Basidiomycota），伞菌亚纲（Agaicomycetes），木耳目（Auriculariales），木耳科（Auriculariaceae）。

2. 营养与保健价值

黑木耳是我国的传统食用菌，食、药用历史悠久，早在2000多年前，我国第一部药典《神农本草经》中就有记载，“桑耳黑者，主女子漏下赤白汁，血病症瘕积聚”，具有“益气不饥，轻身强志”的功效。明代名医李时珍的《本草纲目》中记载了历代医书应用木耳治疗多种疾病的方法和功效。如治疗“断春治痔”“崩中漏下”“新火泻痢”“牙痛”“血水不调”等，还记述了“宣肠胃气”“治风破血”“五痔脱肝”等症的药方。清代著名医学家王清任在他的《医林改错》中记载有《木耳散》的单方，治溃烂诸疮。黑木耳有润肺清胃功能，有止血、止痛、补血、活血等功效。此外，黑木耳富含胶质与磷脂物质，在人体消化系统内对不溶性纤维、尘粒等具有较强的吸附力，可借以消除胃肠中的杂物，因此木耳是传统的从事矿产、化工、毛纺等职业人员的优良保健食品。现代药理研究发现，木耳与木耳多糖还有抗脂质过敏、抗凝血、降血脂、消除自由基、防治动脉粥样硬化和降血糖、提高免疫功能等作用。1980年美国科学家的研究证明，木耳可阻止人体血液凝结，对心脏冠状动脉疾病有预防作用，食用木耳可抑制血小板凝集。另据报道，黑木耳所含的核苷酸类物质可降低血液中20%的胆固醇含量，黑木耳多糖有一定的抗肿瘤作用。

黑木耳以其质脆润喉，营养丰富而著名，每100g木耳含蛋白质10.6g，脂肪0.2g，糖65g，粗纤维7g，灰分5.8g，钙357mg，磷201mg，铁185mg，胡萝卜素0.03mg，维生素$B_1$0.15mg，核黄素0.55mg，烟酸2.7mg。所含多糖有甘露聚糖、甘露糖、葡萄糖、木糖、葡萄醛糖和少量戊糖、甲基戊糖，还含有卵磷脂、脑磷脂和鞘磷脂以及黑刺菌素、麦角甾醇、22,23-二氢麦角甾醇和15种人体必需的氨基酸。黑木耳的蛋白质含量远比一般蔬菜和水果高，含有人体所必需的氨基酸和多种维生素，其中维生素B_2的含量是米、面、蔬菜的10倍，比肉类高3～5倍。矿质营养中，钙的含量是肉类的30～70倍；磷的含量比肉、鸡蛋都高，是番茄、马铃薯的4～7倍；尤以铁最丰富，为各类食品的含铁之冠，比肉类高100倍，具体数据见表1-1。

表1-1　黑木耳与其他食物的营养成分比较（100 g含量）

食物种类	水（g）	蛋白质（g）	脂肪（g）	糖类（g）	粗纤维（g）	灰分（g）	钙（mg）	磷（mg）	铁（mg）	胡萝卜素（mg）	维生素B_1（mg）	核黄素（mg）	烟酸（mg）
木耳	11	10.6	0.2	65	7.0	5.8	357	201	185	0.03	0.15	0.55	2.7
黄瓜	96	0.8	0.2	2	0.7	0.5	25	37	0.4	0.26	0.04	0.04	0.03
大白菜	56	1.4	0.1	3	0.3	0.7	33	42	0.4	0.11	0.02	0.04	0.3
藕粉	10	0.8	0.5	88	0.3	0.7	44	8	0.8				
面粉	12	9.9	1.8	74	0.6	1.1	3.8	268	4.2	0	0.46	0.06	0.25
米	13	7.8	1.3	77	0.4	0.9	9	203		0	0.19	0.06	1.6
猪肉	29	9.5	59.8	1.0	0	0.5	6	10	1.4	0	0.53	0.12	4.2
牛肉	58	17.7	20.3	4.0	0	0.9	5	179	2.1	0	0.7	0.15	6.0
羊肉	51	11.3	34.6	0.6	0	0.7	11	129	2.0	0	0.7	0.16	4.9

3. 发展前景与方向

黑木耳是我国传统的食药用菌，中医药典籍记载其具有益气强身、活血等功效。近代研究证明，黑木耳有抗血小板聚集、抗凝血、防止血栓形成、调血脂和提高机体免疫等作用，尤其对防治心脑血管疾病有很好的保健作用和药用价值，一直以来都被作为降血压、降血脂以及预防和治疗动脉硬化、肺硅沉着症（矽肺）的保健食品。同时黑木耳几乎可以加入任何菜肴中，形成不同风味的佳肴，因此深受消费者喜爱，消费量不断增大，国内市场发展潜力巨大。

我国加入世界贸易组织后，黑木耳的出口量不断扩大，主要进口国日本20年间黑木耳的消费量增长了220倍，韩国等亚洲国家的需求量也不断增大。此外，我国黑木耳的出口市场也由日本、韩国、泰国、新加坡等亚洲国家，逐步发展到西欧、北美、东欧等国家与地区，黑木耳已成为我国传统出口农产品。国际市场对黑木耳的需求不断增长，刺激了黑木耳价格的不断攀升。根据中国食品土畜进出口商会食用菌分会提供的数据，2009年我国出口干木耳7 622.76t，出口额为8 313.41万美元，平均价格为10.91美元/kg，2010年出口干木耳11 939.74t，出口额为16 493.02万美元，平均价格为13.11美元/kg，分别比2009年增加了56.6%、98.4%和26.7%。黑木耳的国际市场发展前景十分广阔。

另外，黑木耳产品流通以干品为主，耐贮存，易运输，亦可深加工精包装，抗市场风险能力强，因此黑木耳是一个国内市场潜力大、国际市场前景广，具有良好发展前景的食用菌种类。

长期以来黑木耳生产主要依靠段木栽培，对森林资源依赖度高，随着国家天然林保护工程的实施和各地生态资源保护力度的不断加强，段木黑木耳的栽培资源瓶颈日益显现。同时段木黑木耳的产地局限于深山林区，难于实现规模化生产，产量低，因此近年来段木黑木耳的生产规模和产量呈现大幅下降态势。而随着黑木耳代料栽培技术的创新研发和不断完善，袋栽黑木耳生产发展迅速。近年来，全国各地广泛采用我国丰富的枝丫、边材木屑资源，使用棉籽壳、玉米芯、甘蔗渣、稻草等农作物秸秆、农业副产品为原料，采取室内栽培、多层立体栽培、与甘蔗等作物套栽、露地袋栽、双棚三效设施栽培等多种栽培方式，不断提高黑木耳栽培技术水平，使黑木耳栽培取得速生省力、高产稳产、优质高效的效果，我国大江南北的袋栽黑木耳生产规模迅速扩大，2009年全国黑木耳总产量已达269.7×10^4 t。进入21世纪以来，浙江省的黑木耳生产规模和市场规模也得到了迅速发展，黑木耳产量从2000年的1.81×10^4 t迅速增加到2012年的31.9×10^4 t。

二、黑木耳的生物学特性

1. 形态特征

黑木耳由菌丝体和子实体两大部分构成，菌丝体为营养器官，子实体为繁殖器官。

（1）菌丝体。菌丝由孢子萌发而成，无色透明，在显微镜下观察，可见由许多具有横隔和分枝、粗细不均的管状菌丝组成，有锁状联合，但不十分明显，如图1–1所示。在培养基上培养的菌落，白色绒毛状贴生于培养基表面，气生菌丝较短而稀疏，生长整齐、均匀，如图1–2所示。培养基内一般不产生色素，放置时间较长时会分泌浅黄至褐色色素，不同品种所产生的色素量和色素深浅有所不同，在段木内生长蔓延后使木质变成疏松白色。

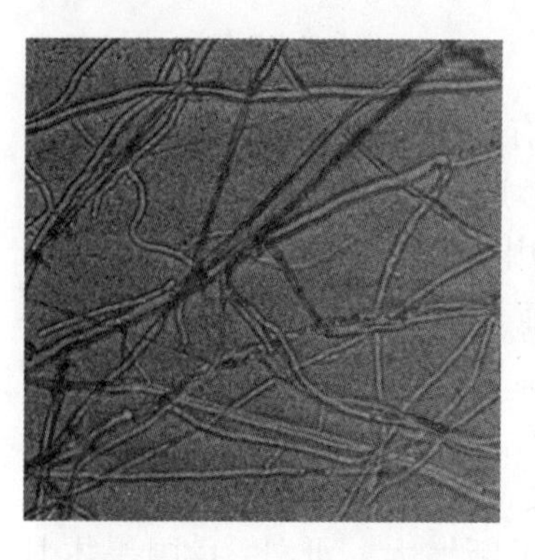

图 1-1　黑木耳菌丝形态

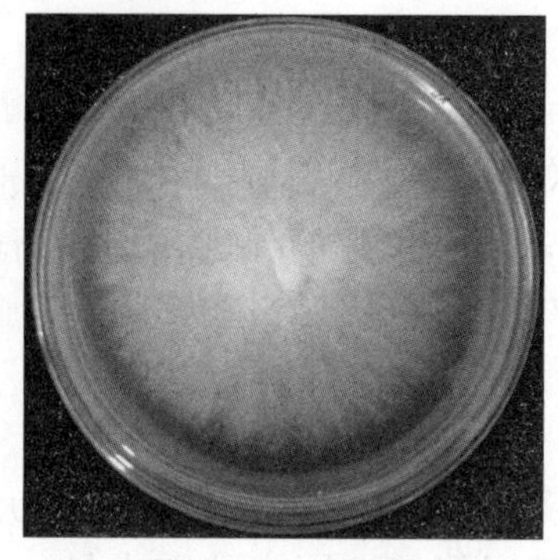

图 1-2　黑木耳菌落形态

图 1-3　黑木耳子实体背腹面

（2）子实体。子实体又称担子果，即食用部分，由许多菌丝交织扭结而成胶质状。子实体单生呈耳状，聚生为菊花状，胶质，半透明。子实体分背腹两面，背面有耳脉、细短茸毛，腹面中凹光滑（图 1-3），耳片自背面起依次分为茸毛层（图 1-4）、致密层、亚致密上层、中间层、亚致密下层及子实层，成熟时子实层产生大量肾形担孢子，如图 1-5 所示。子实体干后强烈收缩，呈角质状，泡发率为 8～20 倍。

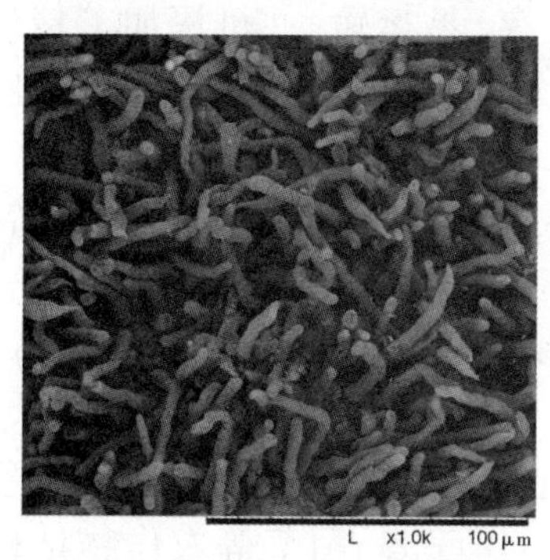

图 1-4　黑木耳背面茸毛电镜图

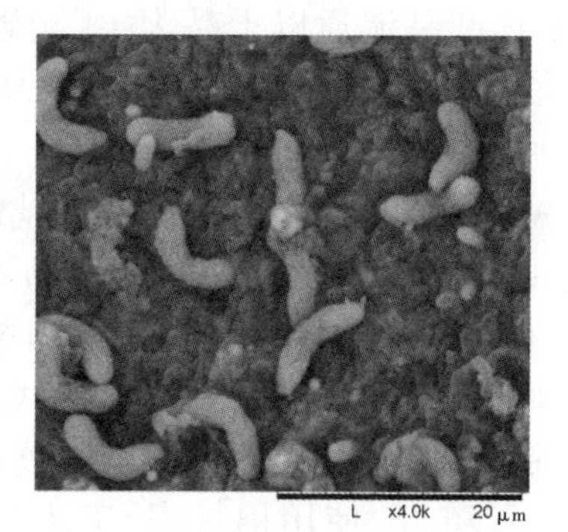

图 1-5　黑木耳担孢子电镜图

2. 生长发育条件

（1）营养。黑木耳赖以生长的营养完全依靠其菌丝体从基质中获取，主要包括碳源、氮源、矿质元素和生长素等。营养是黑木耳菌丝和子实体生长发育的物质基础，提供合适而充足的营养物质是黑木耳高产稳产的根本保证。

纤维素和木质素是黑木耳主要的碳源营养来源。黑木耳菌丝体在分解、摄取养料时，能不断地分泌出多种酶，通过酶的作用分解纤维素、木质素以及淀粉等碳源营养。木屑、农作物秸秆、棉籽壳、玉米芯、甘蔗渣等含有丰富的纤维素、木质素，都是很好的培养料，能供给菌丝生长发育所需的碳源营养。

蛋白质、氨基酸、尿素、氨、铵盐和硝酸盐等均可作为黑木耳栽培的氮源。氮源不足会影响黑木耳菌丝的生长，用木屑、棉籽壳等栽培黑木耳时，适量添加一些含氮源较多的麸皮、米糠等氮源营养可以促进菌丝生长，缩短发菌期，提高产耳量。但培养料含氮过高容易导致菌丝生长过旺，产热量大，菌棒抗逆能力下降，管理不当容易引起菌棒衰败快甚至烂棒等问题。

黑木耳生长发育还需要微量的钙、磷、钾、镁等无机盐类。

(2)水分。

①基质含水量。水分是黑木耳生长发育的主要条件之一。在不同的生长发育阶段,黑木耳对水分的要求是不同的,在菌丝体生长阶段,即在菌丝体吸收和积累营养物质的阶段,水分过多会导致透气性不良、供氧不足,使菌丝体的生长发育受到抑制,严重的甚至可能窒息死亡。袋栽黑木耳的基质含水量以50%~55%为宜。在生产上,以杂木屑为主料的配方,采用规格为55cm×15cm×0.005cm塑料袋、装料高为41~42cm的料棒重以1.4~1.5kg为宜;而以桑枝屑为主料时,料棒重则控制在1.3~1.4kg为宜。

②空气相对湿度。菌丝生长发育阶段(包括采收后的养菌阶段),空气宜干爽,相对湿度保持在70%左右,以促进菌丝向基质的纵深生长蔓延,降低孳生杂菌的风险。菌棒刺孔后的催耳阶段,要保证一定的空气相对湿度(85%左右),避免孔口料风干,影响菌丝恢复生长与耳芽形成。

③耳片湿度。出耳后的整个黑木耳生长发育过程中,需使耳片处于"干湿"交替的生长环境。"湿"则耳片吸水膨胀,促进黑木耳子实体进入生长状态(图1-6),使耳片增大;"干"则耳片失水干缩,黑木耳子实体处于休眠停止生长状态(图1-7),主要作用是提高黑木耳对不良环境的抵抗能力,保护黑木耳免受细菌等有害生物侵染,避免"流耳""烂耳"发生,如图1-8所示。因此,在黑木耳生长过程中对水分的要求是"干干湿湿",不断更替。

图1-6 "湿"——耳片吸水膨胀生长状态

图1-7 "干"——耳片失水干缩歇息状态

(3)温度。黑木耳属于中温型菌类,菌丝生长温度为6~36℃,最适生长温度为25~28℃。黑木耳出耳分化温度为15~27℃,最适分化温度为17~23℃。

在黑木耳生长发育温度范围内,温度低,生长发育慢,菌丝体健壮,子实体色深肉厚(图1-9);温度高,生长发育速度快,菌丝易衰老,耳色变淡,耳片趋薄,如图1-10所示。在高温高湿情况下,子实体易出现流耳。

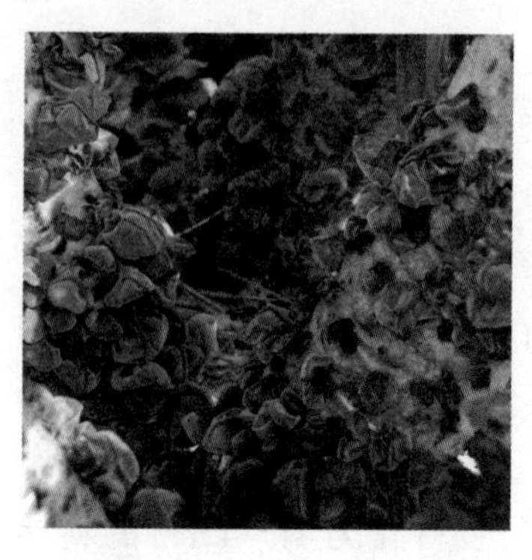

图1-8　耳片过湿导致的"流耳"

图1-9　耳片厚、色深

图1-10　耳片薄、色浅

（4）光照。黑木耳各个发育阶段对光照的要求不同。在菌丝体生长阶段，菌丝在黑暗条件下能正常生长，耳芽不能形成；散射光对子实体形成与发育有促进作用；子实体生长发育中，不仅需要大量的散射光，而且需要一定的直射光，耳片才能变成深褐色至黑褐色；在阴暗弱光照条件下，耳色会变浅，呈淡褐色，耳片变得小而薄，产量减低。但强烈阳光曝晒会引起水分的大量蒸发，易导致基质失水，甚至引起高温烧菌；强光曝晒使耳片失水干缩，生长缓慢，影响产量。因此，在生产上可搭建活动遮荫棚调节光照，阳光强烈时遮阴降温，光照适宜时敞露受光，以满足黑木耳生长发育对光照的不同需要。

（5）空气。黑木耳是好气性真菌，因此在黑木耳整个生长发育过程中必须保持空气流通、清新，满足黑木耳生长发育所需的氧气。同时，空气流通清新还可避免烂耳，减少病虫的滋生。

（6）酸碱度。黑木耳喜在微酸性的环境中生活。菌丝生长的pH值范围为4～7，适宜pH值为5～6.5，培养基pH值宜调到6～6.5。

三、黑木耳主要栽培品种

1. 品种类型

（1）按栽培基质分类。

①段木栽培品种。在目前已通过全国品种认定的23个黑木耳品种中，由华中农业大学选育的'黑793'与'H10'为段木栽培专用品种。

②代料栽培品种。在目前已通过全国品种认定的品种中，大多为代料栽培品种，如黑龙江省科学院应用微生物研究所育成的'黑木耳1号'（'8808'）'黑耳6号'（'黑威9号'），上海市农业科学院食用菌研究所育成的'沪耳3号'，福建三明市真菌研究所育成的'Au8129'，吉林农业大学育成的'吉AU1号'（'97095'），中国农业科学院育成的'中农黄天菊花耳'等。

③段木、代料两用栽培品种。即既适宜段木栽培，又可代料栽培的品种。如浙江省丽水市云和县食用菌管理站育成的'新科'，浙江省开化县农业科学研究所育成的'浙耳1号'等。

(2)按黑木耳朵形分类。

①单片型品种。在常规栽培条件下,子实体一般单生或散生,黑木耳朵形为单片型的品种,如图1-11所示。如'新科''浙耳1号''单片5号'等,浙江省栽培的均为单片型品种。

②菊花型品种。在常规栽培条件下,子实体一般丛生、聚生,黑木耳朵形呈菊花型的品种,如图1-12所示。如'黑木耳1号'('8808')'黑耳6号'('黑威9号')'Au8129''吉AU1号'('97095')'中农黄天菊花耳'等,北方栽培的多为菊花型品种。

袋栽黑木耳的朵形与出耳的开口方式有关,割口("V"字形等,开口大)出耳易形成聚生的菊花型耳,刺孔(开孔小)出耳易形成单生的单片型耳。

图1-11 单片型黑木耳

图1-12 菊花型黑木耳

2. 主要栽培品种的特性

浙江省黑木耳主栽品种及由浙江选育的黑木耳品种(菌株)的特性如下:

(1)'新科'。由浙江省云和县食用菌管理站将本地野生黑木耳组织分离后,通过驯化筛选获得。菌丝生长发育温度为5~36℃,最适温度为24~28℃;子实体分化发育温度为10~25℃,最适温度为18~23℃。子实体呈半圆盘形、单片状、肉质肥厚;耳基小、耳脉少,色泽黑,富有弹性,质量好,产量高,是段木栽培的优良品种,近年来应用于代料栽培表现良好。

早熟型,见光刺激后容易形成耳芽,故发菌期须注意控制光线,宜在阴暗条件下培养发菌,否则易形成袋壁耳以及出现出耳不整齐现象。

(2)'916'。中温型,出耳温度为15~25℃,耳片黑褐色,似碗状,大而肥厚,产量高,抗逆、抗"流耳"能力较强;耳基较大,耳脉较多,适于段木或代料栽培。

中迟熟型,耳芽形成偏慢,刺孔后宜进行光照、保湿与通气协同催耳;若催耳管理到位,则出耳率高,出耳整齐,产量高。

(3)'浙耳1号'。由浙江省开化县农业科学研究所通过野生黑木耳驯化系统选育而成。子实体单生,片状,初期呈杯状;菌丝萌发快,生长旺盛,抗逆性和分解能力强,适温范围广,可在15~30℃之间正常生长;子实体最适生长温度为20~26℃,对湿度要求较高;子实体初期呈棕黑色,干制后背面凸起,呈暗青灰色,耳片大且厚,肉质细嫩可口,胶质丰富;产量较高,流耳较少。

(4)‘浙耳508’。由浙江省农业科学院园艺研究所与武义创新食用菌有限公司通过野生黑木耳驯化、系统选育而成。出耳温度为10~25℃,耳芽整齐,出耳率高,抗逆性强。子实体为单片型,耳片厚,腹面黑色有光泽,背面略白,耳基较小,耳脉中偏少,介于‘新科’与‘916’之间。

早中熟型,刺孔后在光照、保湿与通气协同刺激下易形成耳芽,出耳率高,出耳整齐。

四、菌种繁育生产

和其他食药用菌菌种一样,优质黑木耳菌种需具备以下3个条件:一是种性优良,即具有高产、优质、抗逆能力强等优良特性;二是菌种纯度高,无其他品种混杂,无杂菌污染;三是菌种活力强,未受高温热害,无老化、退化现象。菌种生产应选用优良品种(菌株)和纯菌种,没有经过出耳(菇)试验的新引品种不能投入大规模生产,否则会带来不可估量的损失。

1. 菌种场设施与装备

(1)菌种场的布局。菌种场地要求地势开阔,交通方便,远离污染源。菌种场的布局需根据菌种场所生产菌种的类型和生产工艺流程,确定与其相适应的厂房、设备和配套设施等,如图1-13所示。菌种场的布局是否合理,关系到工作效率和菌种成品率的高低。

菌种场应配置晒场、料场、配拌料室、装料室、灭菌室、冷却室、接种室、培养室、检验室、贮藏室等功能场所。菌种生产线自晒场、料场、配拌料室、装料室至灭菌室、冷却室、接种室逐级提高洁净与无菌化程度,培养室、贮藏室等场所也须保持洁净。因此,晒场、配拌料室、装料室应设在菌种场内的下风向位置。

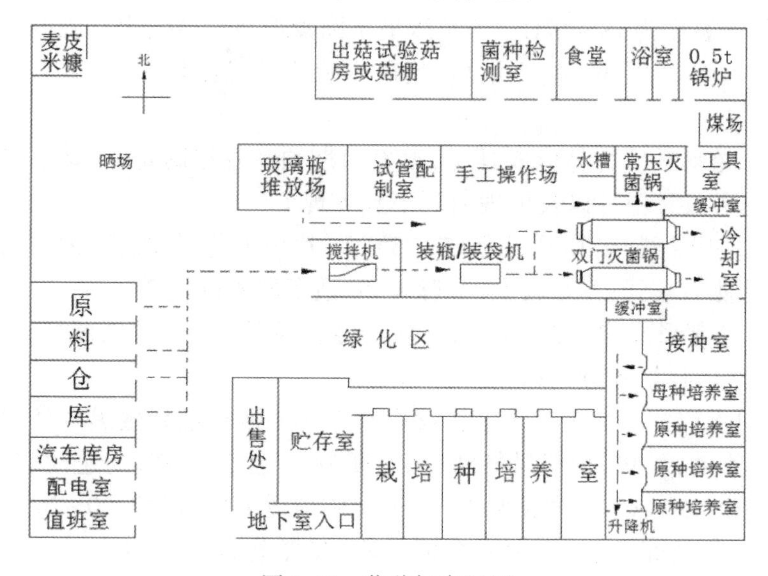

图1-13 菌种场布局图

①晒场。晒场宜设置在菌种场的下风向，要求地势开阔，地面坚实平整，阳光充足，最好是干燥的水泥地。

②贮料场。贮料场或原料仓库是制种材料的贮备场所，如图1–14所示。要求干燥，通风良好，远离火源，并保持环境卫生。

③配拌料室。要求场地宽敞，水电设施齐全，地面平整光滑，便于清洁，以水泥地面为宜。拌料场应配置水龙头、洗涤槽、磅秤、拌料机等机具，如图1–15所示。

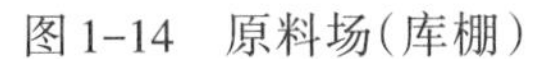

图1–14 原料场（库棚）

图1–15 机械拌料室

④装料室。装料室应与配拌料室隔离，以阻隔配拌料的灰尘进入装料室。要求场地宽敞，水电设施齐全，地面平整光滑，便于清洁，配置装袋机等装备，如图1–16所示。

⑤灭菌室。灭菌室要求通风、排湿性能良好，水电设施齐全，空间开阔，空气畅通，散热性能强。根据制备菌种级别和生产规模配置手提式高压灭菌锅（制备母种）和不同容积与规格的高压灭菌锅（制备原种、栽培种）。生产规模较大的原种与栽培种场，宜采用双门高压灭菌锅，进料口与装料室相连，出料口与冷却室相接，如图1–17所示。

图1–16 装料（袋）室

图1–17 灭菌室

⑥冷却室。冷却室要求按无菌室标准建设，设缓冲间。空间干燥、洁净、防尘，既便于散热，又便于封闭进行空间消毒，如图1–18所示。

⑦接种室。接种室根据生产量，一般每间10～20m^2，按照无菌室要求建设，设缓冲间，内配置接种箱或净化工作台。室内要求严密、光滑、易清洁，地面设有防潮层，室内安装紫外线杀菌灯。无菌接种室需配备空气净化装置，如图1–19所示。

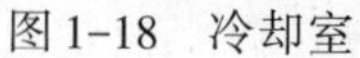

图 1-18　冷却室

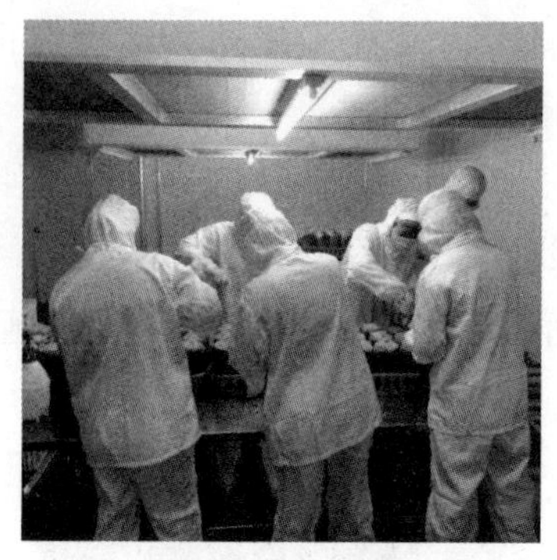

图 1-19　无菌接种室

无菌接种室内的洁净度应达到10 000级，室内温度保持在20~24℃，湿度保持在45%~60%。超净接种工作台（区）的洁净度应达到100级。无菌接种室在运行过程中须保持正压状态，避免未经过滤净化的空气进入接种室。

⑧培养室。培养室高度以2.5~3.0m为宜，可设置数间，以满足不同种类、不同批次、不同培养温度要求。培养室应按无菌室要求建设，要求保温性能好，配置调温、控温装备以调节培养室温度；设置进、排气口，要求进气口与排气口均可开闭，以调控培养室空气，如图1-20所示。

⑨检验室。检验室用于检测菌种纯度、活力等菌种质量性状。检验室内设置仪器柜、药品柜、工作台，配置显微镜、有关试剂和药品等，如图1-21所示。

图 1-20　菌种培养室

图 1-21　菌种检验室

⑩贮藏室。菌种贮藏室用于菌种贮藏，要求宽敞、阴凉、避光，有良好的隔热性能并配备冷藏装备，贮藏室温度控制在4~6℃为宜。

⑪栽培试验场。栽培试验场是指对母种种性进行检测的出耳（菇）试验场，应根据生产母种的种类及其生物学特征和栽培模式，配备相应的出耳（菇）试验设施与装备，如图1-22所示。

图1-22 栽培试验场

图1-23 小型立式与手提式灭菌锅

（2）菌种生产设备。

①配拌料、装装料设备。

• 翻堆机。用于将原料翻混均匀。

• 拌料机。拌料机是原种和栽培种生产的主要设备，用于将培养基配方中的各种原料混合搅拌均匀。

• 装袋机。装袋机是将培养料装入塑料菌种袋的专用设备，有冲压式、推转式、手压式等多种机型。

此外，可以根据需要配置切片机、粉碎机等原料切片粉碎设备以及过筛机等。

②灭菌设备。用于制备菌种的试管培养基、料袋、料瓶的灭菌须采用高压灭菌设备，根据所生产的菌种级别、生产规模，配置合适的高压灭菌器。制备母种的试管培养基常用手提式高压灭菌锅或小型立式高压灭菌锅灭菌（图1-23），制备原种和栽培种的料袋或料瓶灭菌可选用卧式高压灭菌锅（图1-24）或立式高压灭菌锅，如图1-25所示。

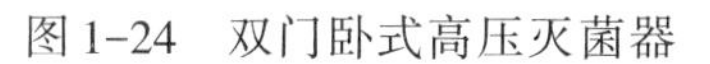

图1-24 双门卧式高压灭菌器

图1-25 立式高压灭菌锅

③接种设备。

• 接种箱。这是一种小型、简易的传统固体菌种接种设备，具有投资省、结构简单、操作方便、便于熏蒸消毒等优点，但存在一次接种量少、接种效率不高等缺点，适于小型菌种场使用。生产上常采用木质结构，有两面双人接种箱和单人接种箱两种，分别如图1-26、图1-27所示。双人接种箱的箱体大小以一次能放120~150个菌种瓶（袋）为宜，单人接种箱以一次能放60~80个菌种瓶（袋）为宜。双人接种箱规格为140cm×90cm×70cm，底板边缘有30~35cm高的侧板，箱体上部前后各有一扇能开启的斜面玻璃窗，便于操作时观察，并可开启用于取放物品；顶宽30cm左右，箱体侧板前后两侧各有直径为13cm、中心距离为43cm的两个圆洞，洞口装有袖套。箱内顶部安装20 W日光灯和30 W紫外线灯各一盏。为便于散发热量，在顶板和两侧可留排气孔，孔径为6～8cm，并覆以8层纱布过滤空气。单人接种箱规格为140cm×70cm×60cm，顶宽25cm。

图1-26　双人接种箱　　　　图1-27　单人接种箱

• 超净工作台。超净工作台通过过滤器除尘、洁净后，以垂直或水平层流状通过操作台，创造高洁净度的无菌操作空间，如图1-28所示。使用前应提前20min开机，隔3～6月需拆下粗过滤器清洗。

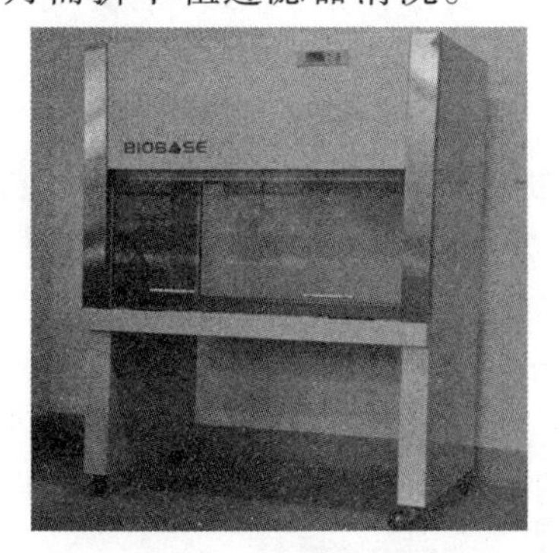

图1-28　超净工作台

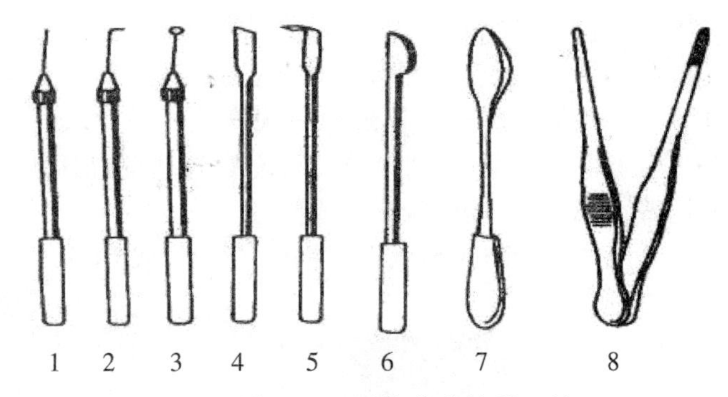

图1-29　固体菌种接种工具

1—接种针；2—接种钩；3—接种环；4—接种铲；5—接种耙；6—接种刀；7—接种勺；8—接种镊

• 接种工具。指在固体菌种分离及母种、原种、栽培种的转接中无菌化操作所需的工具(图1-29)，包括镊子以及由手柄和以铝丝或不锈钢丝为材料制成的不同形状的接种工具等。接种工具前端的形状依接种目的和接种方法的不同而设计制成铲形、刀形、耙形、环形、钩形等式样。

接种刀用于母种接原种时，将菌种斜面切成小块；接种耙，用于母种接原种时，将切开的菌种块耙入原种料瓶内；接种铲用于原种接栽培种时，铲取原种块接入栽培种料瓶(袋)内；长柄镊子可代替接种耙或铲，镊取菌种块接入原种料(袋)瓶或栽培种料瓶(袋)中。

④培养设施与装备。

• 控温装备。母种培养可采用恒温培养箱(图1-30)或空调(用于培养室)调控培养温度；原种、栽培种培养室应配备油汀、暖风机、空调等升、降温调控设备。

• 培养架。培养架的架数、层数、层距要考虑到培养室的空间利用率以及检查菌种的方便性，如图1-31所示。培养架的规格一般为高2m左右，5~7层，层距30~40cm，宽50~70cm，长度视培养室而定。层架板可用木板条或方钢管等铺设，间距为2~3cm，以使上、下层有较好的对流，使上、下层温度较一致。

图1-30　恒温培养箱　　　图1-31　培养架

⑤贮藏装备。

• 冰箱或冷藏柜。冰箱或冷藏柜是常用的母种低温贮藏设备（图1-32），使菌种在4~5℃的低温下贮藏。

• 冷库或冷藏室。原种和栽培种的贮藏室与留样室须配备制冷机组装备，以将贮藏室的贮藏温度控制在4~6℃。

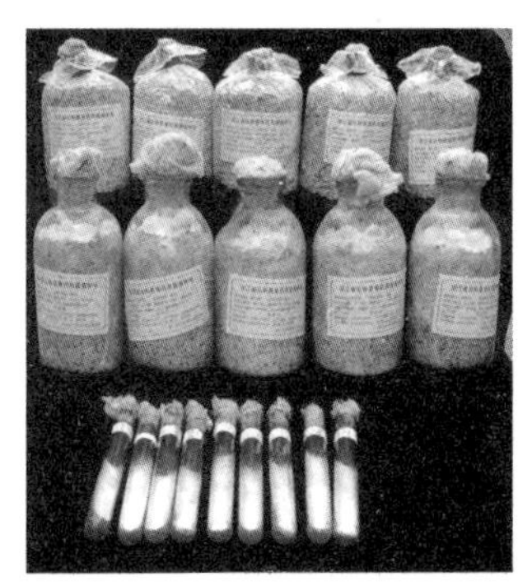

图1-32　冰箱保存的母种　图1-33　黑木耳母种、原种与栽培

2. 菌种生产

（1）菌种的分级与生产流程。我国的食用菌菌种实行母种、原种、栽培种的三级繁育程序，如图1-33所示。

①母种（一级种）。以经过规范育种程序培育出的，具有特异性、一致性和稳定性，经鉴定为种性优良的纯培养物作为种源，接种在试管斜面培养基上培养得到的纯培养物称为母种，也有人称之为试管种。试管种常使用半合成培养基，以琼脂作凝固剂。

②原种（二级种）。由母种转接到原种培养基上经培养而成的菌种。

③栽培种（三级种）。由原种转接到栽培种培养基上经培养而成的菌种。栽培种常作为栽培用种，因此也称为生产种。

三级菌种的生产流程如图1-34所示。

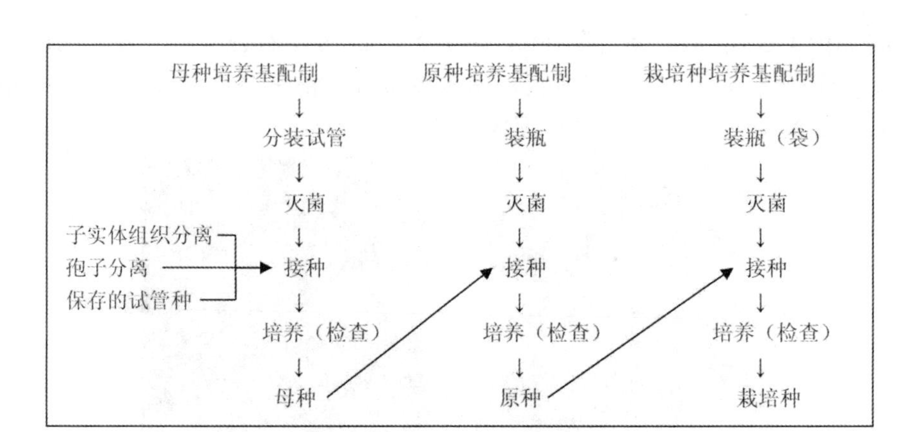

图1-34　三级菌种的产生流程

（2）黑木耳菌种的分离。

①分离材料选取。从耳场选取优良菌株的耳片、耳木、菌袋，或选取野生的朵大、色深、肉厚、无病虫害的耳片或耳木作为原始分离材料。

②菌种分离培养基的配方与配制方法。

- 马铃薯、蔗糖、琼脂培养基（PSA培养基）。马铃薯（去皮煮汁）200g，蔗糖20g，琼脂20g，水1 000mL，pH值自然。配制方法详见本章母种生产中的培养基制作。

- 松针培养基。马尾松鲜松针（煮汁）200g，0.1%高锰酸钾溶液20mL，葡萄糖10g，蛋白胨2.5g，磷酸二氢钾1g，硫酸镁0.5g，琼脂18～23g，水1 000mL，pH值5～6.5。

先将去鞘的新鲜松针洗净，加水800mL，煮沸1h，取其滤液，再加入0.1%浓度的高锰酸钾溶液20mL，搅匀，即为松汁液。另外，将琼脂加入200mL水中，加热至完全溶化，往过滤后的滤液中加入其余营养物质搅拌溶化，最后与松针汁液混匀，继续加热搅拌均匀，补水至1 000mL。

- 黄豆粉培养基。黄豆粉（煮汁）50g，葡萄糖20g，琼脂18～23g，水1 000mL，pH5～6.5。

称取黄豆粉，用水调成糊状，加水1000mL，煮沸30min后，纱布过滤，往滤液中加琼脂继续加热至完全溶化；用纱布过滤，最后加入蔗糖，搅拌溶化，补水至1000mL。

上述各种培养基应趁热分装试管，装入量以试管容量的1/4为宜，塞上棉塞或硅胶塞，灭菌，摆成斜面。

③分离方法。

- 孢子分离法（多孢分离）。

管贴法：将干耳片置清水内浸胀（鲜耳不必浸泡），甩干后用酒精进行表面消毒，按无菌操作规程用接种刀切取1cm见方的耳片1小块，背面涂上1点胶水贴在松针培养基斜面试管内与培养基相对应的管壁近上端。将试管立于试管架上，置于25～28℃散射光条件下培养，一般24h后在斜面上可见到白色孢子。在无菌条件下取出耳片后继续培养，当孢子萌发成菌丝后，即可挑取少许移接至黄豆粉培养基斜面上培养成为分离培养物。

印模法：在无菌条件下，将经消毒的耳片腹面朝上，取松针培养基斜面试管1支，除去棉塞，管口经灼烧，揿压在耳片上，稍加旋转揿取耳片，然后用接种铲将耳片推入离管口约3cm处，塞上棉塞于25～28℃散射光条件下培养。见孢子散落后，除去耳片继续培养，当孢子萌发成菌丝后，即挑取少许移接至黄豆粉培养基斜面上培养成为分离培养物。

• 耳片分离法。将经表面消毒后的耳片在无菌条件下切成约0.5cm见方的组织块，按一定距离放在松针培养基平板上，每皿6块，置于28℃左右条件下培养，一般24h后就可见到组织块上长出细密白色绒毛状菌丝。用接种铲将前端菌丝移接入黄豆粉斜面试管培养基上，在26℃下培养10d，菌丝可长满斜面。如果发现糊状黏稠菌落或菌丝生长速度很快、产生不同颜色的真菌菌落，表明菌丝已被杂菌污染，应重新分离。

• 基内菌丝分离法。在袋栽黑木耳中选朵形大、出耳早、耳片厚、无病虫害的黑木耳菌袋1袋，表面进行消毒，在无菌条件下掰开菌棒，用接种铲铲取绿豆大小的1粒白色基质菌丝块移至试管斜面置于25～28℃条件下培养，待菌丝萌发生长后，将前端菌丝转管培养即可获得分离培养物。此法简单且分离、纯化获得的菌种活力强、出耳早、产量高。

• 耳木分离法。于出耳盛期，在耳场中挑选锯取1段出耳均匀有力、无杂菌的耳木，清洗表面，置干燥通风处使其自然干燥。分离时，将耳木在酒精灯火焰上灼烧以杀死表面杂菌，再用酒精进行表面消毒后，将耳木纵劈，掰成两半，用解剖刀在接种孔附近挑取米粒大耳木1小块，移置斜面，置于25～28℃条件下培养，见菌丝萌发生长后，将前端菌丝转管培养即可获得分离培养物。

④分离培养物的纯化与鉴定。采用上述任何一种分离方法获得的分离培养物都必须进行纯化、菌丝培养性状鉴定和出耳鉴定后才能作为源母种用于生产。如分离获得的培养物疑似存在非目标分离物——黑木耳菌丝的杂菌（细菌、真菌等），须采用尖端菌丝的连续转管、隔离限制培养等方法加以纯化（如不能纯化，则须重新进行分离），并通过菌丝生长特征、菌落形态和菌丝微观特征加以鉴定，以确定为目标分离物——黑木耳菌丝，最后必须进行出耳试验，鉴定是否具备原品种的优良性状或新品种（菌株）的优异性状，才能应用于试验示范或生产。

⑤菌种分离应注意的几个问题。

• 耳片分离易遭杂菌感染，初学者难以成功。可将所选耳片在75%酒精中浸泡半分钟，用无菌水冲洗数次，并用无菌吸水纸吸干后再切块分离，在分离培养基中加1%～2.25%乳酸抑制细菌生长，易于分离成功。

• 必须选择合适的培养基和适宜的培养温度。

• 严格在无菌条件下进行无菌操作。分离材料应选择晴朗天气采集，注意材料的含水量。雨后初晴的天气，耳片的含水量偏高，较难分离成功；风干的耳片容易分离成功，但晒干的耳片，往往菌丝已晒伤、晒死，也难以分离成功。

• 无论采用何种分离、纯化方法获得的菌种，在应用于大面积栽培之前必须通过出耳试验，证实确无异常现象的菌种才可投入生产。同时，分离获得的每个菌株务须编写菌号，建立菌种档案，以免造成混乱。

（3）母种生产。母种制作的基本工艺流程：种源选择→培养基配制→分装→灭菌→冷却→接种→培养（检查）→成品。

母种生产的种源决定着种性，对菌种生产影响重大，建议使用省级以上认定的品种。最好直接从育种单位（者）引种，并且用于生产之前必须进行出耳试验，尤其是耳片、耳木（基内菌丝）分离的菌种必须进行出耳试验后才能使用，以确保菌种保持有该品种的优良种性。

①培养基配方与制作方法。培养基是菌丝生长繁殖的基础，须按照黑木耳菌丝生长所需要的各种营养配制培养基质。

• 黑木耳母种培养基参考配方。

a. 马铃薯、葡萄糖、琼脂培养基（PDA 培养基）。马铃薯（去皮煮汁）200g，葡萄糖20g，琼脂 20g，水 1 000mL，pH 值自然。以蔗糖替代葡萄糖即为 PSA 培养基。

b. 综合马铃薯、葡萄糖、琼脂培养基（CPDA 培养基）。马铃薯（去皮煮汁）200g，葡萄糖 20g，磷酸二氢钾 2g，硫酸镁 0.5g，琼脂 20g，水 1 000mL，pH 值自然。

c. 马铃薯、麦麸综合培养基。马铃薯（去皮煮汁）200g，麦麸（煮汁）100g，葡萄糖20g，磷酸二氢钾 2g，硫酸镁 0.5g，琼脂 20g，水 1 000mL，pH 值自然。

d. 马铃薯、玉米培养基。马铃薯（去皮煮汁）200g，玉米粉（煮汁）50g，葡萄糖 20g，琼脂 20g，水 1000mL，pH 值自然。

e. 马铃薯酵母粉（膏）综合培养基。马铃薯（去皮）200g，葡萄糖 20g，酵母粉（膏）4～6g，磷酸二氢钾 2g，硫酸镁 0.5g，琼脂 20g，水 1 000mL，pH 值自然。

• 母种培养基制作。以 PDA 培养基为例，制作过程如下：

a. 煮汁与溶混。将马铃薯去皮，切成 1cm 见方的小块或 2mm 厚的薄片，置于钢精锅中加水 1 000mL 煮沸，用文火煮 20～30min（煮至酥而不烂为准），然后用 4 层纱布过滤，取其滤液，如图 1–35 所示。往滤液中加入琼脂，小火加热，搅拌至琼脂完全溶解（图 1–36），再加入葡萄糖和其他营养物质使其溶化，补水至 1 000mL。

图 1–35　马铃薯煮汁过滤　图 1–36　马铃薯滤液中加琼脂加热溶解

b. 分装。制备好的培养基应趁热分装（图 1–37），常用规格为 18mm×180mm 或 20mm×200mm 的玻璃试管，用带铁环和漏斗的分装架，分装量掌握在试管长度的 1/4。分装完毕后塞上棉塞或硅胶塞，7 支或 10 支 1 捆，试管头部用两层报纸或 1 层牛皮纸包捆，以防止棉塞潮湿，置于灭菌锅内灭菌，如图 1–38 所示。

c. 灭菌。母种试验培养基常采用手提式或小型立式灭菌锅灭菌。加热至压力达 0.05MPa 时，打开放气阀，放净锅内冷气后关闭放气阀；当压力升至 0.11～0.12MPa，温度为121℃时(图1-39),保持30min;停止加热,待压力自然下降到零时,打开放气阀,缓慢排出残留蒸汽。如果棉塞潮湿,可在打开锅盖后,稍留一条缝盖上锅盖,让锅内蒸汽逸出,利用余热将棉塞烘干。

图1-37 母种培养基分装

图1-38 母种培养基入锅灭菌

图1-39 高压灭菌温度

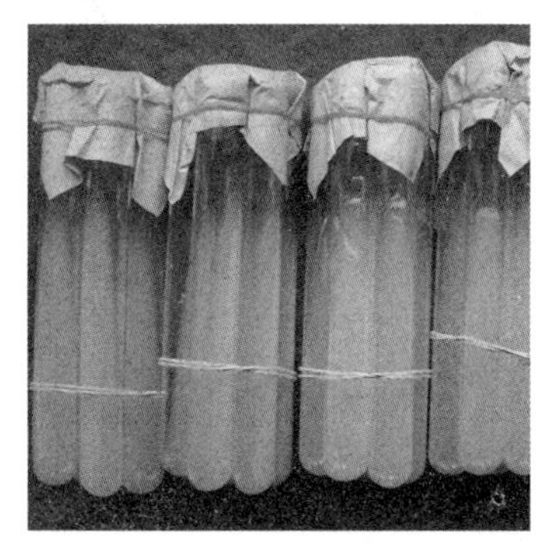

图1-40 制备完成的斜面培养基

d. 摆放斜面。打开锅盖后如果立即摆放斜面,由于温差过大,试管内易产生过多的冷凝水。为防止试管内形成过多冷凝水,不宜立即摆放斜面。一般情况下,高温季节在打开锅盖后自然降温30~40min,低温季节自然降温20min后再摆放斜面。另一种方法是摆放后覆盖棉絮,以缩小温差,减少斜面试管壁冷凝水的形成。斜面的长度以斜面顶端距棉塞4~5cm为标准。斜面摆好后,在培养基凝固之前须保持静置不动,如图1-40所示。

②母种的转接扩繁。由于分离、引进或保藏的源初母种数量有限,需进行转接扩繁以满足生产所需。通常源初母种允许转接扩繁2~3次,转接培养出的母种称为继代母种,然后再用于繁殖原种和栽培种。母种的转管次数不宜过多,否则会降低菌种的生活力,影响生产。保藏的母种应事先在25~28℃下进行活化培养2d后再进行转管。转管用的源母种在使用前必须认真检查,尤其是棉塞和斜面培养基的前端,如发现有污染嫌疑的应弃去不用。下面以接种箱为例介绍母种的转接过程(图1-41、图1-42):接种前将空白的斜面培养基及所有接种用具、物品放入接种箱,用药物熏蒸或紫外线消毒30min。手、接种针用75%的酒精消毒,而后点燃酒精灯。左手平托母种试管和另一支待接种的试管斜面,母种试管在外,空白试管斜面在内,右手持接种针。接种针首先在酒精中浸蘸一下,后在火焰上方灼烧片刻。用右手在酒精灯火焰上方拔下试管斜面棉塞,夹于左

手指间，待接种针冷却后进入母种试管切取3～5mm²的母种一块，迅速转移至空白试管斜面中央位置，塞上过火焰的棉塞。1支母种可转接扩繁30～50支试管，接完种的试管应贴上标签或用记号笔写明菌种名称及接种日期等。工作结束后，及时清理接种箱，然后将转接的试管放在培养室（箱）中培养。

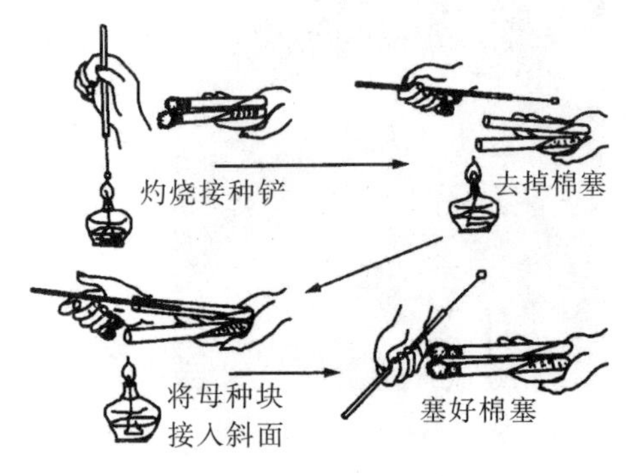

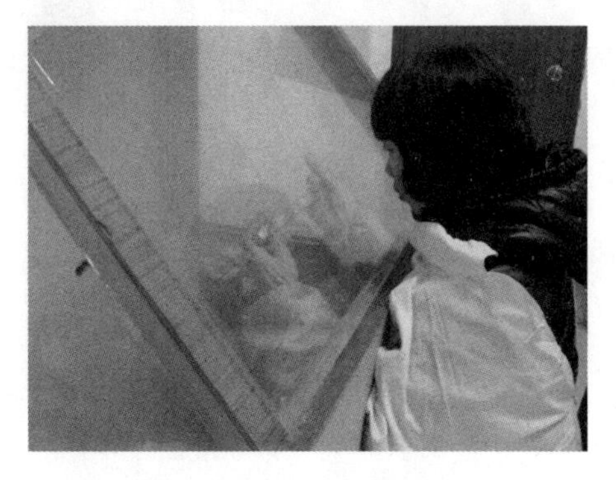

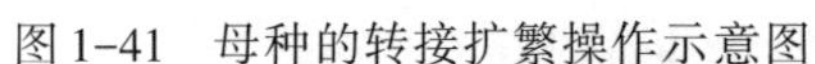
图1-41　母种的转接扩繁操作示意图　　图1-42　母种的转接扩繁

③培养与检查。接种后的母种移到23℃的培养箱或控温条件下的培养室中培养。2～3d后，检查菌丝萌发生长及杂菌污染情况，发现污染的应立即淘汰；如检查时间过迟，杂菌菌落有可能会被旺盛生长的菌丝所掩盖，一旦用于生产，会带来巨大损失。一般经过7～10d的培养，菌丝即可长满试管培养基的斜面，成为生产上所用的母种。

（4）原种、栽培种生产。原种也称为二级种，是指由母种移植、扩大培养而成的菌丝体纯培养物，可用750mL玻璃菌种瓶或规格为15cm×28cm×0.005cm的聚丙烯塑料袋为容器。生产原种用的母种须从育种者或具有母种生产资质的单位购买。

栽培种又称为三级种，是由原种移植、扩大培养而成的菌丝体纯培养物，常以规格为15cm×28cm×0.005cm或17cm×35cm×0.005cm的聚丙烯塑料袋为容器。栽培种只能用于栽培，不可再次扩大繁殖菌种。

黑木耳原种和栽培种的生产工艺流程及其生产场所的要求与配套设备也基本相同。生产工艺流程为配料→装瓶（袋）→灭菌→冷却→接种→培养→检查→成品。

①培养基配方与制备方法。配方原料为阔叶树木屑78%，麦麸（或米糠）20%，蔗糖1%，石膏粉1%，含水量60%～62%。

按菌种生产量和配方配比称取各种原料，先将木屑、麸皮和石膏粉干拌均匀，再将用水溶化的蔗糖倒入水中（总加水量的2/3）泼洒在干料上，充分翻拌，然后逐步加入剩下的水，翻拌均匀，使含水量在60%～62%。以菌种瓶为容器，手工装瓶时可将菌种瓶排于地面，将配制好的培养料分批铺加到瓶口上，用扫把来回搅动，使培养料落入瓶内逐渐装满菌种瓶（图1-43）；以菌种袋为容器，可采用手工或专用装袋机装袋，分别如图1-44、

图1-43　快速装瓶法装瓶

图1-45所示。装瓶（袋）时要求松紧适宜，边装边振或压，装至瓶（袋）肩，压平料面，用头部圆锥形的木棒在培养基正中钻打1个深至近瓶（袋）底的孔，以便将接种块放入孔中，有利于菌丝的生长蔓延。最后洗净瓶口和瓶（袋）外壁，塞上棉塞，若以塑料袋为容器则套颈圈后塞上棉塞或盖上无棉盖。用棉塞的话，应再加盖一层牛皮纸，用橡皮筋或绳线包扎瓶口，以免灭菌时棉塞受潮，也可用一层聚丙烯塑料薄膜外加一层牛皮纸包扎瓶口棉塞。

图1-44　手工装袋　　图1-45　装袋机装袋

②灭菌。装瓶（袋）完毕后必须马上灭菌，尤其是夏季高温季节，放置时间过长，培养料很容易酸败。培养基配制后应在4h内完成装瓶（袋）并进锅灭菌，这一过程时间越短，越能保证灭菌质量和料瓶（袋）质量。培养料中有丰富的养分和适宜的含水量，这一过程时间越长，就越容易滋生大量微生物，大大增加料内的菌源基数，并引起培养料酸败，不仅影响灭菌效果，同时会由于培养料酸败而影响黑木耳菌丝的萌发和生长。

装锅时，为使蒸汽穿透均匀不受阻，宜采用灭菌框架（图1-46），将料瓶（袋）装在灭菌框架上推入灭菌锅灭菌（图1-47），这样不仅可大大提高工作效率，又可保证蒸汽穿透均匀，不留灭菌死角。

图1-46　装框待灭菌的料袋　图1-47　料瓶装灭菌框架推入灭菌锅

装完锅后，关闭锅门，加热升压至0.05MPa时，打开排气阀放气。当锅内蒸汽排净后，关闭排气阀，继续加热。当压力达到0.14～0.15MPa时，保持2h后停止加热，使压力和温度自然下降，不可人工强制排气降压，否则会由于压力突变而导致料瓶（袋）胀裂。当压力降至零后，打开排气阀，放净饱和蒸汽，放气时要先慢后快，最后再微开锅盖，让余热蒸发从而去除吸附在棉塞上的水汽。打开锅盖，取出菌种瓶（袋），搬入经消毒的洁净冷却室。

料袋（瓶）是否灭菌彻底可采用接种培养法进行检测（图1-48）。抽取灭菌后的料瓶（袋）在无菌条件下将培养料接入试管斜面或平板培养基上，置于28℃培养箱内培养，如可培养出细菌等微生物（图1-49），则说明料瓶（袋）灭菌不彻底，需查找并消除导致灭菌不彻底的原因。

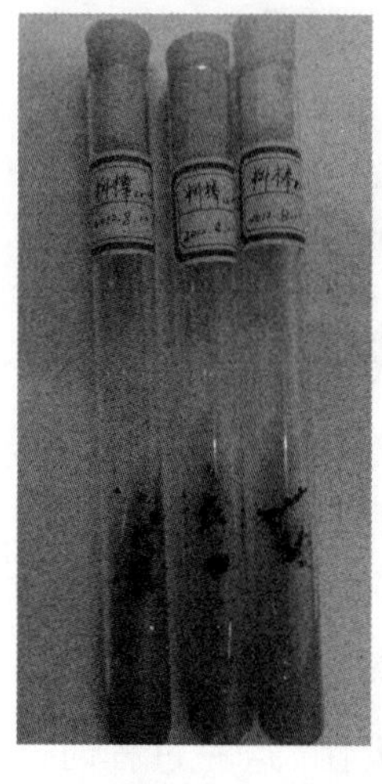

图1-48　培养检查灭菌效果

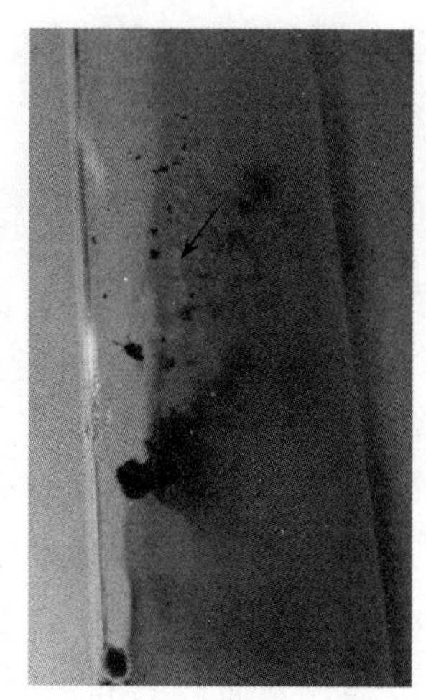

图1-49　培养出细菌菌落

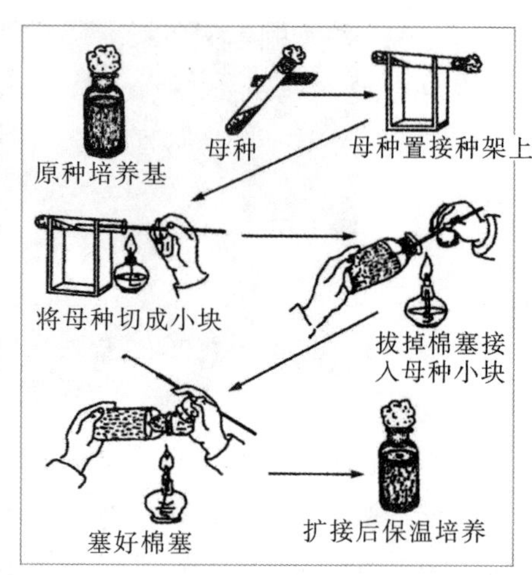

图1-50　母种扩接原种操作示意图

③接种。

• 消毒。将经灭菌、冷却后的料瓶（袋）以及外壁已用新洁尔灭液清洁消毒的母种试管或原种瓶放入接种箱内进行消毒，常用甲醛或气雾消毒盒消毒。采用甲醛消毒时，每立方米空间用40%甲醛溶液8mL和高锰酸钾5g气化熏蒸，使用时将称好的高锰酸钾放入烧杯中，然后将甲醛溶液倒入杯内，立即密闭接种箱，几秒钟后甲醛溶液即沸腾气化，此时可同时开启紫外灯照射消毒30min。一般每立方米用气雾消毒剂2g，密闭消毒30min。

• 母种扩接原种。接种时在酒精灯的火焰上打开母种试管塞，用灭菌接种针（刀）将试管母种的菌丝斜面切分成4～6等份（根据斜面大小定），然后在酒精灯的火焰上打开已灭菌的原种料瓶的盖子或棉塞，用接种针（刀）挑出一小段母种菌丝块迅速接入原种培养基的洞穴内，并立即在火焰近处盖好盖或塞好棉塞，如图1-50所示。每接完一支母种，接种针（刀）都应在酒精灯火焰上灼烧1次再接另一支母种试管，接种完成后贴好标签。

• 原种扩接栽培种。先轻轻拔掉棉塞（瓶盖），将原种瓶口在酒精灯火焰上轻轻转烧一下，用长镊子或接种匙取一小块原种转接到栽培种的培养基上，再塞上棉塞或盖上瓶盖，如图1-51、图1-52所示。每瓶原种可接栽培种40～50瓶，接种完成后贴好标签。

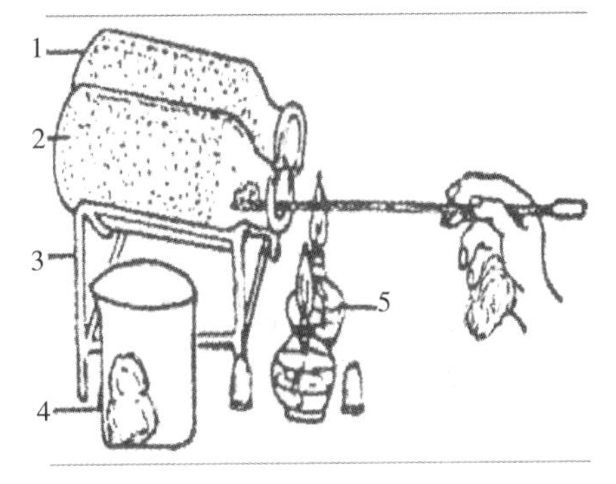

图 1-51　在接种箱内扩接栽培种　　图 1-52　原种扩接栽培种操作示意图

1—原种；2—栽培种料瓶；3—接种架；4—棉塞；5—酒精灯

④培养。培养室使用前2d要进行清洁和消毒杀虫处理，接种后的原种或栽培种应立即放在培养室进行培养，如图1-53、图1-54所示。培养室要求事先进行清洁消毒，空气相对湿度为60%～65%，保持室温在23～25℃，避光培养，注意通风换气。发菌培养期需注意调控好温度、湿度、光线和通气等环境条件。

图 1-53　原种培养

图 1-54　栽培种培养

• 温度。培养室应配置温度调控装备。刚接种的黑木耳菌丝块由于受机械损伤易受高温影响，故培养温度切勿过高，以菌丝生长的最适温度或稍低于最适温度为宜。随着菌丝生长繁殖，其呼吸产热会使培养料和瓶（袋）间温度比室温高3～5℃，因此应根据不同培养阶段，将培养室温度控制在低于菌丝最适生长温度3～5℃的状态。最好采用温度探测仪监测室温和菌种瓶（袋）间的温度，如图1-55所示。

图 1-55　培养温度监测

• 湿度。培养室的空气相对湿度宜控制在75%以下。高温季节尤其要注意除湿，采用空调降温的同时可以除湿。相对潮湿的培养室可在使用前2天在地面和培养架上撒石灰，一方面可以吸附空气中的水分，另一方面还起到很好的消毒作用，也可通过通风的方法降低湿度，创造良好的菌种培养环境。低温高湿的梅雨季节可采取加温排湿措施。

• 光线。黑木耳菌丝生长不需要光线，因此培养室需避光，特别是培养后期，光线会促使生理成熟的菌丝形成耳芽，影响菌种质量。

• 通风。黑木耳是好气性真菌，菌丝生长需要充足的氧气，因此发菌培养期间需注意做好培养室的通风换气工作。

⑤检查。培养期间须定期进行检查，及时淘汰生长不良的劣质菌种和受杂菌污染的菌种。接种4~7d内进行第1次检查，于菌丝封面前进行第2次检查，菌丝长至瓶(袋)的1/2时进行第3次检查，当多数菌丝长至接近满瓶(袋)时进行第4次检查。

第1次检查要全面检查菌种萌发生长情况和杂菌污染情况，拣出菌丝萌发缓慢或纤细的菌瓶，淘汰杂菌污染的菌瓶。每一次检查都要仔细查看是否有杂菌污染，因为某些生长慢、竞争性不强的杂菌形成的小菌落如不及时检查发现，经数日培养后，会被生长旺盛的黑木耳菌丝所掩盖，因此必须及时查出并剔除。同时应检查菌丝的活力和长势，及时挑出那些菌丝细弱、稀疏、无力、边缘生长不整齐、不健壮等菌丝生长异常的菌瓶。

发菌完成后应及时脱温移至阴凉、避光的贮藏室内保存，不能及时使用的菌种宜在4~6℃下冷藏，以减缓菌种老化速度。出现耳芽的原种、栽培种应尽快使用，但培养基表面出现大量耳芽且培养基干缩(图1-56)以及瓶(袋)表面或底部出现较多黄褐色液体(图1-57)的老化菌种不宜使用。

图1-56　培养基干缩并有大量耳芽形成的老化菌种

图1-57　袋口吐黄水的菌种

图1-58　接种块感染杂菌后向全瓶蔓延

3. 菌种污染的主要原因

防止杂菌污染与虫害发生是菌种生产的技术关键，只有高度重视无菌操作和环境卫生才能防止杂菌污染和虫害。如果出现杂菌污染和虫害的情况，应根据污染和虫害的不同情况、特征，分析感染杂菌与害虫的原因，以便采取有效措施，提高菌种的成品率。出现杂菌污染与虫害一般有以下几种情况：

(1)接种块发生杂菌污染。先是接种块感染杂菌，后蔓延到整个菌瓶(袋)(图1-58)，可初步判断为使用的菌种携带杂菌，而且这种由于菌种携带杂菌所造成的菌种污染往往是较大量地连片发生，从几十瓶到几百瓶都有可能。因此，严格检查所用菌种的质量十分重要。

(2)不规则多点发生杂菌污染。培养基的上、下、左、右不规则多点发生杂菌污染(图1-59),可判断为是由于培养基灭菌不彻底造成的。如果是以塑料袋为制种容器的,还可能是由于塑料袋质量差、有砂眼造成的。

(3)培养早期,瓶(袋)口培养基表面出现杂菌,如图1-60所示。可初步判断为接种室或接种箱消毒不彻底,操作工具、手等消毒不严,无菌操作不规范而造成的。

图1-59 灭菌不彻底导致的杂菌污染

图1-60 接种操作不规范导致的杂菌污染

(4)在菌袋底部或侧面发生点状杂菌污染。往往先在菌袋底部或侧面发生点状杂菌污染(图1-61),仔细观察可发现菌袋有小破孔,这是由在制包、灭菌、接种等操作过程中刺破菌种袋形成小孔所致。

(5)培养后期,先在瓶(袋)口培养基表面发生杂菌污染,如图1-62所示。这往往是由于培养室的环境卫生管理不到位,培养环境中杂菌孢子量大,同时菌种瓶(袋)的棉塞塞得不够紧,杂菌从松动的棉塞缝隙中进入造成的污染,继而向下蔓延污染。

图1-61 菌袋破孔导致的污染

图1-62 培养后期发生的杂菌污染

(6)棉塞发生杂菌污染。先在棉塞上发现链孢霉(图1-63)、毛霉、根霉等杂菌,然后杂菌蔓延到培养基,这往往是由高温和棉塞潮湿引起的。

(7)菌种发生螨虫害而退菌。往往是由于培养室和周边环境卫生条件不合格,螨虫残留或从周围环境侵入培养室,以及原种带螨等,继而侵入菌瓶(袋)繁殖并取食为害,如图1-64所示。

图1-63　棉塞发生链孢霉污染

图1-64　螨虫为害的菌袋

4. 菌种的保藏与贮存

（1）菌种的保藏。菌种保藏的目的首先是保持菌种原有生活力，不致死亡绝种，其次是保持菌种原有优良性和不受污染。其方法是尽可能降低菌种的新陈代谢，抑制生长、繁殖，采用低温、干燥、真空等方法促使菌种休眠。保藏的菌种须选择生长健壮、旺盛、优质、高产的菌株。

①PDA斜面低温保藏法。采用PDA培养基加0.2%KH_2PO_4或0.2%$CaCO_3$，琼脂含量增至2.5%，并采用硅胶试管塞以减缓水分丧失。完成发菌培养后，置于4～6℃冰箱中保藏，每年转管1～2次。

②木屑试管种保藏法。采用接近原始自然条件的木屑培养基保藏，按木屑原种的配方（要求多含有机氮少含糖分）和制备方法，以240mm×24mm的试管为容器，制成木屑（粗）试管菌种，在适温中培养至菌丝长满试管后置于4～6℃冰箱中保藏。

③液体石蜡保藏法。取经灭菌的化学纯液体石蜡（要求不含水分），采用无菌操作的方法把液体石蜡注入待保藏的斜面试管中。注入量以高出培养基斜面1～1.5cm为宜，塞上橡皮塞，用固体石蜡封口，直立于低温干燥处保藏。该方法的保藏时间在1年以上。

④液氮保藏法。将平板培养的菌丝块装入含有经灭菌的甘油、二甲基亚砜等冷冻保护剂的安瓿瓶或聚丙烯安瓿管中，把装有菌种的安瓿瓶或安瓿管放入液氮罐内，在-196℃下可长期保藏，如图1-65所示。

图1-65　液氮保藏罐

（2）菌种的贮存。

①母种。一般在4～6℃冰箱中贮存，贮存期不超过3个月。

②原种。一般在0～10℃冰箱或冷库中贮存（图1-66），贮存期不超过40d。

③栽培种。应尽快使用，可在温度不超过26℃、清洁、通风、干燥（相对湿度50%～70%）、避光的室内松散存放14d。预期在超过2周以后使用的栽培种，应在4～6℃条件下贮存，贮存期不超过45d。

图1-66 冰箱低温贮存原种

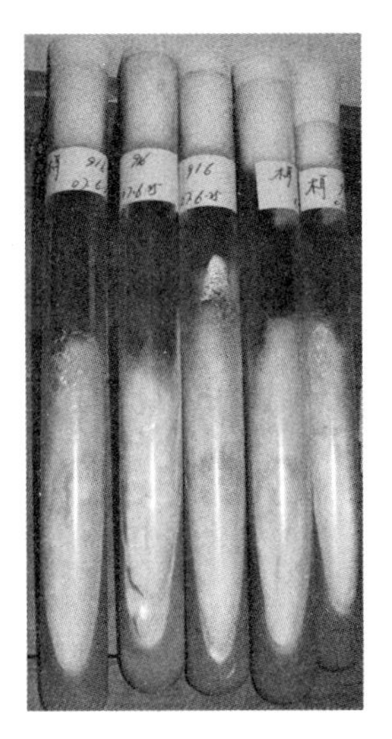

图1-67 优质母种

5. 菌种的质量标准与鉴别方法

（1）各级菌种的质量标准。

①母种质量标准。母种感官质量要求应符合表1-2规定的要求，优质母种如图1-67所示。

表1-2 黑木耳母种感官要求

项　目	要　求
容　器	完整，无破损、无裂纹
棉塞或无棉塑料盖	干燥、洁净、松紧适度，能满足透气和滤菌要求
培养基灌入量	试管总容积的1/5～1/4
斜面长度	顶端距棉塞40～50mm
接种块大小（接种量）	（3～5）mm×（3～5）mm
菌丝生长量	长满斜面
菌种正面外观	洁白、纤细，平贴培养基生长，均匀、平整、无角变，菌落边缘整齐，无杂菌菌落
斜面背面外观	培养基不干缩，有菌丝体分泌的黄褐色色素于培养基中
气　味	有黑木耳菌种特有的香味，无酸、臭、霉等异味

②原种和栽培种质量标准。原种、栽培种的感官质量要求应符合表1-3规定的要求，优质栽培种如图1-68所示。

表1-3 黑木耳原种、栽培种感官要求

项　目	要　求
容　器	完整，无破损、无裂纹

（续）

项　目	要　求
棉塞或无棉塑料盖	干燥、洁净、松紧适度，能满足透气和滤菌要求
培养基上表面距瓶（袋）口的距离	50mm±5mm
接种量	每支母种接原种4～6瓶（袋），接种物≥12mm×15mm；每瓶原种接栽培种40～50瓶
菌丝生长量	长满容器
菌丝体特征	白色至米黄色，细羊毛状，生长旺健，菌落边缘整齐
培养基及菌丝体	培养基色泽均匀，菌种紧贴瓶（袋）壁、无干缩，栽培种允许略有干缩
菌丝分泌物	允许有少量无色至棕黄色水珠
杂菌菌落	无
拮抗现象及角变	无
耳芽（子实体原基）	原种允许有少量胶质、琥珀色颗粒状耳芽，栽培种允许有少量浅褐色至黑褐色菊花状或不规则胶质耳芽
气　味	有黑木耳菌种特有的清香味，无酸、臭、霉等异味

图1-68　优质栽培种

图1-69　黑木耳栽培种

（2）菌种质量鉴别方法。

①黑木耳菌种的真实性鉴别。可通过菌丝生长表现，以及长满瓶（袋）、达生理成熟的菌种在适宜温度条件、光线刺激下往往会形成耳芽的特性来鉴别是否为黑木耳菌种，如图1-69所示。最好的方法还是做出耳试验。在引进或分离获得菌种时，都须在生产性应用前进行出耳试验，以确认黑木耳菌种的真实性。

②菌种质量直观鉴别。

• 纯度。凡被杂菌污染、害虫侵入的菌种均为不纯菌种，应严禁使用。

杂菌通常为霉菌、细菌、酵母菌等。如感染霉菌，通常可见有绿、黄、黑等非正常黑木耳菌丝色泽的菌落出现，打开瓶（袋）往往可闻到霉味。出现黏稠、糊状菌斑或由于黑木耳菌丝不能长入而形成秃斑的，严重的形成大量黄水（图1-70），则多为细菌、酵母菌污染所致，打开瓶（袋）往往可闻到酸臭味。

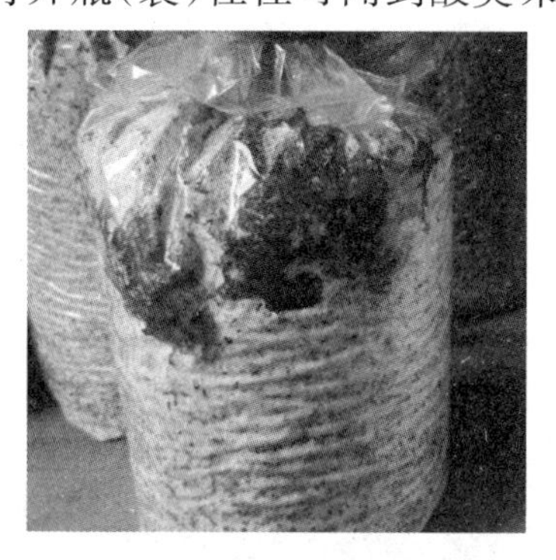

图1-70 感染细菌形成大量黄水

图1-71 菌种干涸萎缩

害虫通常为螨虫、线虫，多从瓶（袋）口侵入，通常表现为自瓶（袋）口表面开始退菌，如因瓶（袋）破损侵入，则从破损部位开始退菌。

• 长势。菌丝生长健壮、速度正常为优质菌种。菌丝的生长情况、浓密程度、速度与子实体发生的时间和数量不一定成正比，有时菌丝生长相对较慢且较稀疏、爬壁不强的黑木耳菌种产量反而高。

• 菌龄。750mL菌种瓶或15cm×28cm菌种袋在正常条件下发菌，从接种至长满瓶（袋）时间以45~50d的为好，在脱温（阴凉）条件下以培养7~10d、菌龄52~60d的菌种为好。菌龄可从培养基的干涸萎缩程度（图1-71）、菌丝长势（直立或倒伏）、色泽（自然变黄）、耳芽大小与形成数量（图1-72）、有无黄水等予以判断，一瓶菌种中，呈上老下嫩分布。

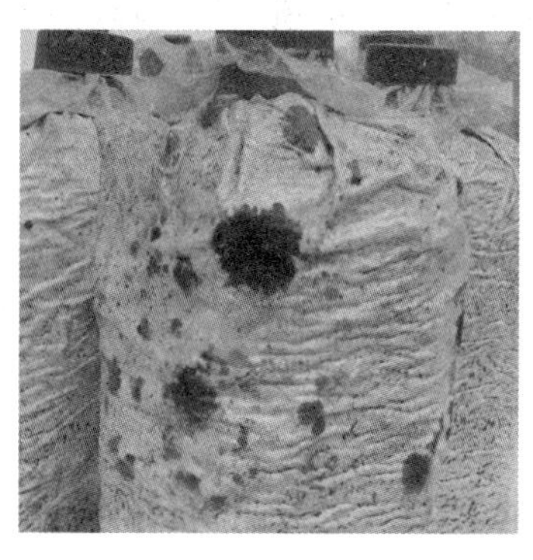

图1-72 菌种形成大量耳芽

图1-73 菌种转为米黄色、分泌黄水

孢子萌发配对形成的菌丝活力旺盛，到发生子实体所需的时间相对较长；而反复转管的菌丝越来越接近生理成熟阶段，容易形成原基，耳芽形成量大。

• 色泽。菌丝体从白色至米黄色（图1-73），出现黄斑，培养基变为浅茶褐色或分泌出黄水等则表示菌种已逐渐老化。

• 耳芽。瓶（袋）壁与培养料间有少量淡黑色原基形成正常菌种；如果菌丝未长满瓶（袋）就形成大量耳芽（图1-74），可能是由于继代过多或培养环境避光不足所致。通

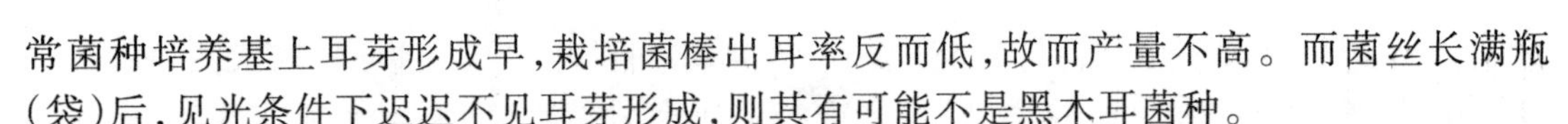

常菌种培养基上耳芽形成早，栽培菌棒出耳率反而低，故而产量不高。而菌丝长满瓶（袋）后，见光条件下迟迟不见耳芽形成，则其有可能不是黑木耳菌种。

• 均匀度。菌丝生长均匀，整瓶（袋）表观菌丝生长均匀，培养料连结成一整体，掰开时有韧性，料内菌丝浓密均匀（图1-75），具有黑木耳菌丝特有的香味。

图1-74　菌种培养期间耳芽过早形成

图1-75　菌种剖面菌丝均匀健壮

③菌种质量的实验分析。如通过上述直观鉴别方法不足以准确分析判断黑木耳菌种质量时，可采取以下实验方法加以分析：

• 显微观察。

a. 黑木耳菌丝观测。挑取少许菌丝置于载玻片水滴上，盖好盖玻片，在显微镜下观测菌丝形态特征。黑木耳菌丝透明，呈分枝状，有横隔，锁状联合明显。

b. 杂菌与螨虫显微检测。挑取少许怀疑不纯的菌丝料置于载玻片水滴上，盖好盖玻片，在显微镜下观察是否存在杂菌孢子（菌丝）、螨虫、线虫等。

• 菌丝生长速度检测。将供测菌种与标准对照菌种接入新配制的试管斜面培养基上，置于适宜条件下进行培养。如果菌丝生长速度正常、整齐浓密、健壮有力，则表明是优良菌种；若供测菌种的菌丝生长显著慢于或快于标准对照菌种，菌丝稀疏无力、参差不齐、形状衰老，则表明是劣质菌种。

• 耐高温测试。将供测菌种和标准对照菌种转接于试管斜面，在适宜条件下培养1周后分别取部分试管置于32℃环境下培养，24h后再放回适温下培养。如果菌丝仍然健壮、旺盛地生长，与标准对照菌种表现一致，则表明供测的菌种具有与标准对照菌种相同的耐较高温度的优良特性；反之，如菌丝生长缓慢，且出现倒伏发黄、萎缩无力现象，则可认为是不抗高温菌种。

• 吃料能力鉴定。将供测菌种和标准对照菌种接入原种培养基中，置于适宜的温度条件下培养，1周后观察黑木耳菌丝的生长情况。如供测菌种与标准对照菌种表现一致，吃料萌发快，则说明其吃料能力强；反之，则表明该菌种对培养基的适应能力差。

• 出耳（栽培）试验。经以上4个方面的实验分析后，认为还需进一步考查其栽培性状的，则可进行出耳（栽培）试验，以鉴定分析该菌种的栽培性状和实际生产能力。

五、黑木耳代料栽培技术

浙江省的黑木耳代料栽培技术研究始于20世纪90年代，90年代后期有所突破，建立了黑木耳代料露地栽培技术模式，21世纪初开始实现了生产性发展，由于具有成本低、周期短、效益高三大优势，生产规模不断扩大。但在代料栽培黑木耳生产发展之初，由于存在菌棒成品率不稳定、受天气影响大、烂棒控制难、出耳率不稳定等问题，耳农栽培风险大。近年来随着对黑木耳代料栽培技术的深入研究，尤其是针对上述技术问题开展的联合研究攻关与示范，栽培技术水平不断提高。下面介绍浙江省代料黑木耳的最新栽培技术：

1. 工艺流程与栽培季节

（1）工艺流程。原料准备→配料→拌料→装袋→灭菌→冷却→接种→发菌培养→刺孔养菌→排场见光→出耳管理→采收。

（2）栽培季节。栽培季节的合理选择是代料栽培黑木耳稳产、高产的关键因素之一。黑木耳代料栽培按出耳时间可分为冬季栽培和春季栽培。由于南方春季多雨，气温回升快、变化大，容易引起烂棒、“流耳”，栽培风险大，因此应以栽培冬耳为主。试验、调查和生产实践表明，在一般气候条件下，浙江省低海拔（300m以下）地区宜在8月20日（处暑）前后至9月20日（秋分）前后制棒接种，10月中下旬至11月中旬排场出秋冬耳，次年2月下旬、3月份开始出春耳，4月底、5月初结束；海拔高度在800m以上地区可安排在7月中旬至8月中旬制棒接种，9月中旬至10月中旬排场出秋冬耳，翌年的3、4月出春耳，5月底前结束。

夏秋气温不高的年份，发菌场所控温条件好、发菌管理水平高的耳场可适当提前制棒接种和排场出耳，以争取多出秋冬耳（图1-76），提高产量。但过早制棒接种与刺孔排场出耳，易受高温影响，导致接种成活率低，刺孔排场烂棒率高；而过迟制棒接种与刺孔排场出耳，则由于排场后的冬季气温低，难以形成耳芽，须待来年春季气温回升后出耳。南方春季气温回升快，一般只能采收一茬春耳，而且浙江春季往往雨水多、湿度大，容易引起烂棒，更影响产量，同时与冬耳相比春耳耳片往往较薄、色泽较浅（图1-77），价格低，影响栽培效益。

图1-76　冬耳

图1-77　春耳

因此，代料栽培黑木耳的季节安排的关键是避免过早，使栽培受高温影响，但也不能过迟，至少要能采收一潮秋冬耳，以保证稳产、高产、高效。再者，不建议栽培春耳（春季开始出第一潮耳）。

2. 原料准备

（1）塑料筒袋准备。选用规格为15cm×（53～55）cm×（0.0045～0.0055）cm的高密度低压聚乙烯袋作为黑木耳代料栽培袋，要求其柔韧性、抗张性好，半透明。如采用双袋法制菌棒，套袋的规格为17cm×55cm×0.001cm。

需注意的是，采用双袋法制菌棒，料袋可稍薄一些，一般厚度为0.004 7cm左右；而采用单袋法制菌棒，料袋应选厚一些，一般厚度为0.005~0.005 5cm。太薄，装料时易被扎破；太厚，装料后袋口不易扎紧、密封。采用折角料袋效果较平底料袋好。

（2）基质原料准备。大部分阔叶杂木如桑枝条，梨、葡萄等果树枝条，大豆秸、棉秆等农作物秸秆，以及麸皮、米糠、砻糠、棉籽壳等农副产品都可作为基质原料用来栽培黑木耳，综合各种原料资源的丰富程度、经济成本和栽培效果三大因素，浙江袋栽黑木耳主要采用以下原料进行栽培：

①杂木屑。选用的阔叶树种类不宜太单一，多树种混合比使用单一树种的产量要高，边材丰富、直径3~10cm的幼林树枝比中老龄树枝好（图1-78）。木屑颗粒宜比栽培香菇的小一些，采用专用粉碎机（图1-79）粉碎成大小为3~5mm、厚1~2mm的颗粒，伴有部分大小为1~2mm、厚1~2mm的木屑为佳（图1-80）。锯板木屑因颗粒太小不宜单独使用，可以按10%~15%的比例掺入由粉碎机粉碎的木屑中。干木屑的栽培效果比湿木屑好。

图1-78　杂木树枝

图1-79　杂木粉碎

图1-80　杂木粉碎成的木屑

②桑枝与梨枝屑。浙江桑园与梨园面积大，大量的桑枝与梨枝被废弃，不仅影响村容村貌与环境卫生，同时成为病害传染源危害梨树和桑树。近年来浙江大力促进利用废弃的桑枝与梨枝栽培黑木耳，取得了良好的效果。将桑树、梨树上修剪下来的枝条晾晒成半干后堆放（图1-81、图1-82），在7~8月选择无霉变的枝条进行粉碎（图1-83、图1-84），其中桑枝韧性强，需采用桑枝专用粉碎机进行粉碎，粉碎颗粒大小要求与杂木屑相同。

图1-81　收集堆放的桑枝条

图1-82　堆放待粉碎的梨枝条

图1-83 桑枝粉碎　　图1-84 梨枝粉碎

③麸皮。又称麦麸(图1-85),是食用菌栽培中最常用的辅料,也是黑木耳代料栽培的最主要辅料,能促进黑木耳菌丝对培养基中木质纤维素的降解和利用,提高生物学效率。目前市售麦麸有红皮和白皮之分、大片和中粗之分,其营养成分基本相同,都可以采用,但要求新鲜、不结块、不霉变。

④棉籽壳。脱绒棉籽的种皮质地松软、吸水性强、营养丰富,是优良的黑木耳代料栽培基质原料(图1-86)。综合经济成本与栽培效果,以棉籽壳替代5%~15%的杂木屑较好。棉籽壳要求新鲜,无霉变、无结块。

图1-85 麸皮(白皮)　　图1-86 棉籽壳

⑤砻糠。稻谷碾磨后脱下的外壳(图1-87),经粉碎后作为黑木耳代料栽培基质(图1-88),主要起一定的增加基质透气性和支撑菌料收缩的作用。

⑥米糠。分为细米糠和谷糠两种。细米糠是稻谷脱壳后精碾稻米时的副产物,由种皮、糊粉层和胚组成。谷糠是包括谷壳在内的大米加工下脚料,如图1-89所示。一般多用谷糠作为黑木耳代料栽培基质原料,既可满足黑木耳菌丝对营养的要求,又可增加培养基的透气性。然而米糠容易被螨虫侵蚀,是霉菌繁殖的良好培养基,所以米糠仓库应设在距离培养室较远的地方,且仓库应干燥,防止潮湿。

⑦糖。生产上常使用的是红糖、蔗糖,适量添加有利于菌丝萌发生长。

⑧石膏。化学名为硫酸钙,主要提供钙和硫,可调节培养料pH值,具有一定的缓冲作用,生、熟两种石膏都可用。

图1-87　砻糠

图1-88　砻糠粉图1-89　谷糠

3. 培养基配方

（1）黑木耳代料栽培配方原则。培养基配方的制定必须考虑基质中各种营养的平衡，以满足黑木耳生长发育的需要，同时须考虑基质的透气性、持水性和菌料收缩性等物理性状。在制定黑木耳代料栽培的培养料配方时，必须特别注意以下两个问题：

①控制麸皮添加量防烂棒。注意控制麸皮等营养基质的添加量，营养过于丰富的培养料极易引起烂棒。据试验，培养料配方中添加0%～20%麸皮的菌棒，烂棒率和严重度随着麸皮添加量的增大而增大，如图1-90所示。但如果麸皮添加量过少，氮素营养不足则菌丝会变稀淡，耳芽形成慢，耳片变薄，耳色变浅，影响产量和质量。

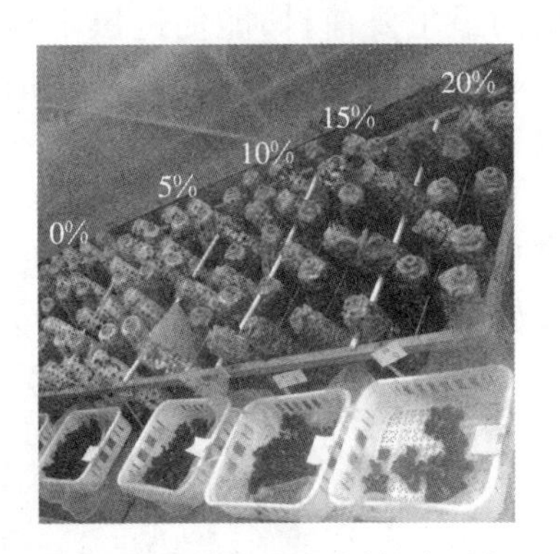

图1-90　培养料中不同麸皮添加量的烂棒与产量情况

注：图中所标百分比值为麸皮添加量

试验与生产实践表明，以杂木屑为主料的配方，麸皮添加量以5%～10%为宜，谨防超过10%；由于桑枝屑的含氮量比杂木屑高（表1-4），因此以桑枝屑为主料的配方，麸皮添加量以3%～7%为宜，超过10%容易烂棒。

表1-4　基质原料的碳、氮营养物质含量　　%

原　料	碳	氮	原　料	碳	氮
杂木屑	48.77	0.27	棉籽壳	51.02	1.40
桑枝屑	55.86	0.87	棉　竿	48.33	0.96
麸　皮	48.98	3.06	黄豆竿	46.34	0.87
甘蔗渣	48.41	0.28	玉米芯	45.37	0.61
米　糠	41.2	2.08	桃枝屑	58.69	0.29
葡萄枝屑	43.56	0.72			

②控料壁分离防憋袋耳。培养料采用桑枝屑等材质较疏松的原料时，由于菌丝生长过程中营养和水分的消耗引起菌料收缩，从而导致料壁分离，耳芽在非刺孔部位形

成，或即使在孔口部位形成，也不能从孔口长出，正常生长发育成耳片，而成为“憋袋耳”（图1-91），不仅影响产量，而且容易因袋内木耳腐烂而引起烂棒。防控“憋袋耳”的发生，除了选用合适品种、装料紧实外，也可适量添加砻糠等支撑材料，减少菌料收缩，同时根据品种特性，适时刺孔与催芽管理也是防止“憋袋耳”的主要方法之一。

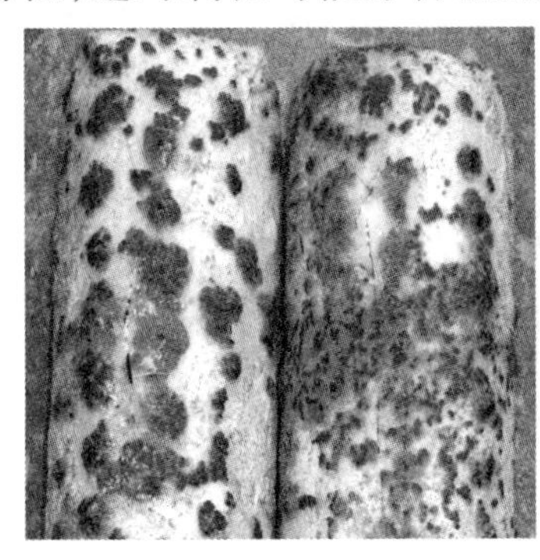

图1-91 料壁空隙处形成的“憋袋耳”

（2）黑木耳代料栽培参考配方。

①杂木屑77.5%~82.5%，麸皮5%~10%，砻糠粉10%，石膏1%，石灰1%，糖0.5%。

②桑枝屑80.5%~84.5%，麸皮3%~7%，砻糠粉10%，石膏1%，石灰1%，糖0.5%。

③杂木屑79%，麸皮5%，棉壳5%，砻糠粉10%，碳酸钙0.5%，石灰0.5%。

④杂木屑67.5%、麸皮10%、砻糠粉20%、红糖1%、石膏1%，石灰0.5%。

以配方④为例，每1 000棒大约需木屑573kg、麸皮85kg、砻糠粉170kg、红糖8kg、石膏8kg、石灰4kg，pH为6~6.5。

4. 培养基制备

（1）木屑过筛。先把杂木屑、桑枝屑等用2~3目的竹筛或铁筛过筛，剔除小木片、小枝条及其他较大的有棱角的硬物等（图1-92），以免装料后刺破料袋。结块的棉籽壳也需过筛去除，若麸皮仓库有鼠害，含鼠粪粒的麸皮需用米筛过筛去除。

（2）原料称量。须按制定的配方准确称取各种原料（图1-93），不能凭经验估计。对于用量大、含水量变化大的木屑，可先用固定的标准箩筐量取木屑，再用装袋机试装，得出每筐木屑可装的袋数，最后匡算所需木屑的筐数和其他原料量。

图1-92 木屑过筛

图1-93 准确称取各种原料

（3）预湿。棉籽壳、桑枝屑等不易吸湿的原料需在拌料装袋前一天下午进行预湿预堆，防止因存在干料块（颗粒）导致灭菌不彻底、影响菌丝生长的情况发生。具体方法是在装袋前一天下午称取所需的棉籽壳、桑枝屑等原料，分别加水搅拌2～3次，平铺成厚30～50cm的料堆，使棉籽壳、桑枝屑等原料颗粒均匀吸湿，如图1-94所示。

图1-94　桑枝屑预湿预堆（图上部）和各种辅料干拌混合（图下部）

（4）混合拌料。可用人工或机械拌料，无论是人工还是机械拌料，各种基质原料应混合均匀、含水量均匀、酸碱度均匀一致，这是这混合拌料的统一标准。

①人工拌料。先将石膏、麸皮、砻糠粉、石灰等辅料混匀（图1-94），接着将混匀的辅料均匀地铺到干杂木屑料堆或经预湿的桑枝屑料堆上（图1-95），从一边开始逐步向另一边翻拌，反复2～3次，使之混合均匀，如图1-96所示。然后将混合料堆成山形，从堆中间挖向四周成凹陷状，再把糖溶于水倒入凹陷处，用锄头或铁铲把凹陷处逐步向四周扩大，使水分逐渐渗透到料里，最后把铺平的料用铁铲重新堆成山形，从一边向另一边翻拌，反复2～3次。

图1-95　铺于主料堆上的辅料　　图1-96　主辅料（干）翻拌混合

②机械拌料。生产规模较大的专业大户或专业化菌棒（料棒）生产场，可购置合适的拌料设备，以提高生产效率和拌料质量。拌料设备主要有翻堆式拌料机（图1-97）和搅拌式拌料机组（图1-98）两类。翻堆式拌料机用于对主辅料相加的料堆进行翻混，搅拌式拌料机组是将主、辅料倒入搅拌料斗进行搅拌，往往与装袋机相连。搅拌式拌料机组生产效率高，拌料均匀。

图1-97　翻堆式拌料机拌料

图1-98　搅拌式拌料机拌料

在气温25℃以上的季节拌料时，培养料易酸变，因此可采取在拌料前一天配制干料、在加入营养辅料调湿后尽快完成拌料、石灰用量提高到1%以及在搅拌机上方加装风扇等措施防止培养料酸变。

（5）培养料含水量的控制。黑木耳培养料的适宜含水量为50%～55%。向混合料加水时，注意防止由于一次性加水过多而导致培养料过湿，可分步调至适宜含水量。以杂木屑为主料的配方，采用规格为55cm×15cm×0.005cm的塑料袋、装料高为41～42cm的料棒时，重量以1.4～1.5kg为宜，不宜超过1.7kg或低于1.3kg；而以桑枝屑为主料时，料棒重则以1.3～1.4kg为宜，不宜超过1.6kg或低于1.25kg。根据经验，用力紧握培养料时指缝间有水溢出但不下滴的含水量较适宜。

（6）培养料酸碱度的调控。黑木耳菌丝适宜生长的pH5.5～6，气温较高时，为了防止培养料酸化，可加入0.5%～1%的石灰，装袋时培养料的pH7.5～8.5，灭菌后培养料的pH值一般为6左右。

5. 装袋

（1）装袋机械。根据生产规模、投资能力的不同，可采用不同机械化程度和生产效率的装袋机进行装料，当前主要有单头装袋机（图1-99）、拌料装袋机组（图1-100）、半自动装袋机（图1-101）和拌料半自动装袋机组（图1-102）。半自动装袋指将料袋套入装料筒后，机器自动完成装料，装料紧实度和装料量较均匀。

图1-99　单头装袋机

图1-100　拌料装袋机组（多头）

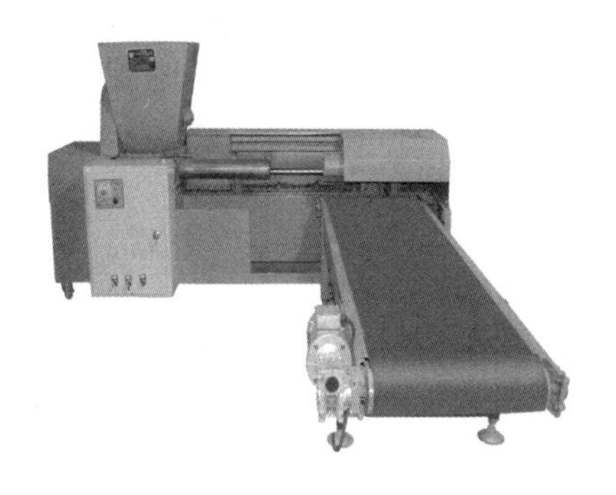

图1-101　半自动装袋机

图1-102　拌料半自动装袋机组

图 1-103　单头装袋机装料

图 1-104　单机装袋作业组

图 1-105　多机装袋作业组　图 1-106　拌料装袋机组（多头）装袋

（2）装料。拌料结束后应立即装袋，农户多采用单头装袋机进行装料（图 1-103）。先张开专用聚乙烯袋口，将装袋机出料口的套筒套入聚乙烯袋底，右手紧托，左手卡压套筒上的袋子，当培养料从套筒输入袋内时，右手顶住袋头往内紧压，使料棒装紧实，左手顺其自然后退，当装料接近袋口 6cm 处时，即可停止装料，取下料棒竖立。装袋松紧度以抓握料棒时料棒表面稍有凹痕为佳。若有凹陷感或料棒有断裂痕说明装料过松，若似木棒般坚硬、无凹痕，则说明过紧。

以单头装袋机装料为例，一台装袋机一般配 7 个人为一个作业组（图 1-104），其中铲料 1 人，套袋料 1 人，递袋 1 人，扎口 4 人。装袋数量大的，需增加作业组数量（图 1-105），以便在规定时间内完成装袋。生产大户、专业化料棒生产场可采用多头的拌料装袋机组（图 1-106）或半自动装袋机装料（图 1-107）。

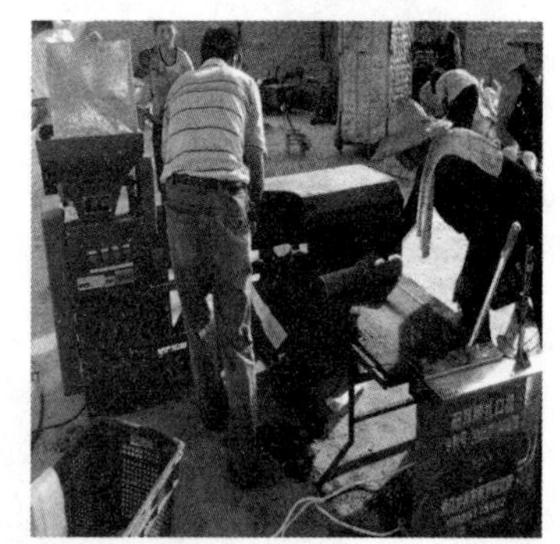

图 1-107　半自动装袋机装袋

（3）扎口。装袋机装料后，还需人工按装料量要求增减袋内培养料。一般料棒长 41～42cm，左手抓袋口，右手将袋内料压紧，边清除黏附在袋口的培养料，边收拢袋口旋转至紧贴培养料，用塑料纤维绳扎绕 3 圈，将袋口折回再绕 2 圈后从折回的夹缝中再绕 2 圈拉紧即可，如图 1-108 所示。该扎口法不仅速度快、省力，且灭菌中也不易出现胀袋现象，扎口的防杂效果好。传统的扎法是先绕 2 圈打死结，然后将袋折回扎紧，但生产实践表明，该扎法不仅费力、速度慢，而且扎口处易感染黄曲霉素和链孢霉素。

图 1-108 料棒手工扎口

图 1-109 扎口机扎口

也可用专用扎口机扎口，如图 1-109 所示。在扎口操作时，可在操作区地面铺柔软、清洁的编织袋或薄膜，防止料袋被硬物刺破；套外袋装运灭菌时应检查料棒是否有破孔，如有破孔应及时用胶带封补，如图 1-110 所示。

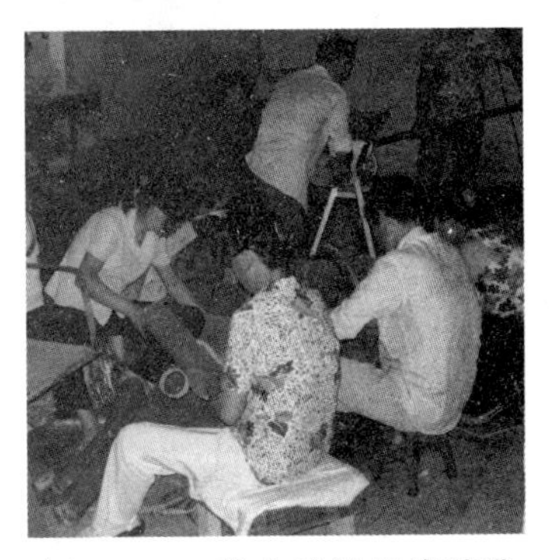

图 1-110 检查胶补料棒破孔

料棒搬运过程中要轻拿轻放，料棒叠放场所和搬运工具（图 1-111）应平滑、清洁，最好铺垫编织袋或薄膜等，防止料袋被刺破。

装袋要求在 5h 内完成，防止培养料酸化变质。另外培养料的配制量应与灭菌容量相符，培养料须当日装完、当日灭菌，避免使用前一天多余的培养料。

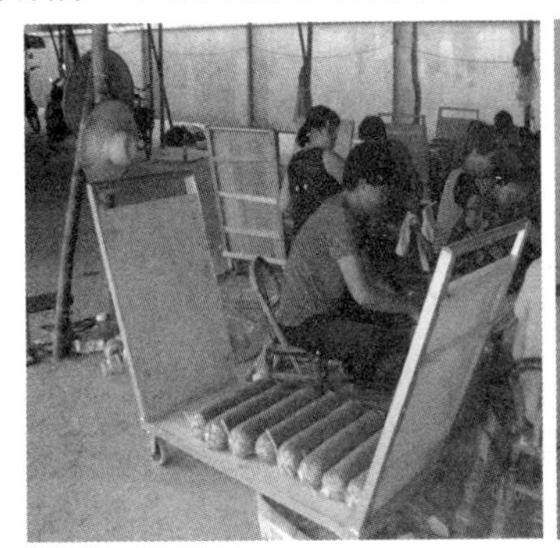

图 1-111 料棒搬运工具

6. 料棒灭菌

灭菌是黑木耳代料栽培中的一个重要环节，即采用高温灭菌的方法杀死料棒内的一切微生物。其另一作用是通过高温使培养料熟化，使菌丝更易吸收利用培养料中的营养。适当延长灭菌时间可加快菌丝生长速度，提早出耳，增加产量。

（1）灭菌灶。黑木耳料棒的灭菌一般采用常压蒸气灭菌法，采用蒸汽炉和炉灶一体式蒸汽炉产生的高温常压蒸气在各种灭菌灶中进行灭菌。常用的灭菌灶有木板灭菌灶、篷膜灭菌灶、铁板灭菌灶、砖砌灭菌灶（图 1-112～图 1-115）和节能灭菌灶等。

图 1-112　木板灭菌灶

图 1-113　篷膜灭菌灶

图 1-114　铁板灭菌灶（夹置岩棉保温）

图 1-115　砖砌灶

目前生产上较多采用各种塑料膜、彩条布等包裹的篷膜灭菌灶，其具有以下优点：一是成本低，只需在场地上用砖块或木板、木条制一灭菌垫架（图 1-116），垫上一些旧棉絮，堆叠料棒后，用双层塑料膜覆盖密封棒堆四周，也可加设外框（图 1-117），覆盖篷膜并密封后即可通入蒸汽灭菌（图 1-113）；二是生产效率高，一次可灭菌 4 000～5 000 棒；三是不占空间，可随用随建，完成灭菌后即可拆除；四是使用方便，可根据需要，在冷却室、接种室就近搭建，缩短搬运距离，省力省时，还可减少塑料袋的破损和降低杂菌的污染机会。

近年开发应用的节能灭菌灶（图 1-118、图 1-119）省能、省工、灭菌效果好。其主要由钢板制成的灭菌厢、底部储水产气厢、灭菌厢与保温层之间的烟道、保温层和炉膛等构成，热利用效率高，每灶可灭菌 5 000～6 000 棒，从升温到灭菌结束只需 24h，燃料成本为 0.05 元/棒。而传统灭菌灶一般需灭菌 48h 以上，燃料成本为 0.15 元/棒。

图 1-116 篷膜灭菌灶垫架

图 1-117 加设外框的篷膜灭菌灶

图 1-118 建造中的节能灭菌灶(示构造)

图 1-119 节能灭菌灶(进料口面)

(2)料棒堆叠。这是决定灭菌能否均匀彻底的重要环节,堆叠时须注意以下两点:一是料棒堆放要留空隙,使蒸汽能通达堆内各部位,无死角,确保温度均匀、灭菌彻底;二是堆放时注意防止料棒倒塌。砖砌灶、木板灶、铁板灶采用一字形(墙式)叠法(图 1-120),每排料棒间留一定的空隙;篷膜灭菌灶的四角采用“井”字形排列,中间采用互连“井”字形排列,可防止料棒倒塌且保证蒸汽畅通,如图 1-121 所示。有条件可采用灭菌框架(图 1-122),可以很好地保证蒸汽的穿透性,同时灭菌框架进出灶方便、效率高,如图 1-123 所示。

图 1-120 铁板灭菌灶料棒进灶堆叠

图 1-121 蓬膜灭菌灶的料棒堆叠

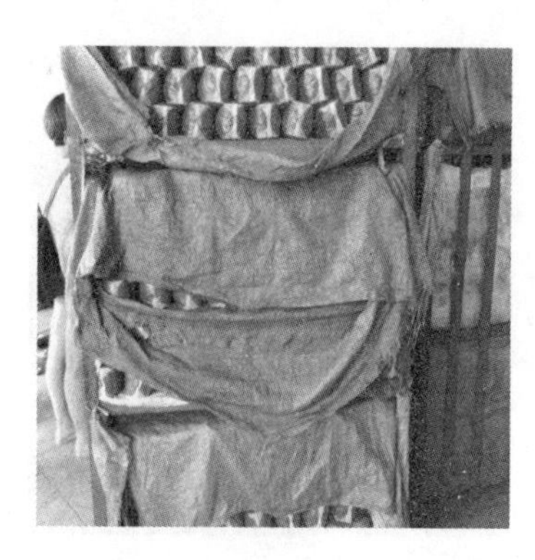

图1-122　料棒装灭菌框待灭菌

图1-123　进灶灭菌

（3）升温灭菌。升温灭菌（图1-124）需做到“猛火攻头，匀火保中间，闷灶保尾”十三字诀。“猛火攻头”指灭菌开始时，火力要旺，争取在最短时间（5h）内使灶内温度上升至100℃，以防升温缓慢、高温微生物繁殖而导致培养料酸化。建议采用感应式温度仪检测灭菌温度，将感应探头置于堆叠的料棒中间和下部等温度不易达标的多个部位，当各部位温度均达98℃以上开始计时，保持12～16h。“匀火保中间”指用匀火保温，不能停火，同时锅内水不足时须补加80℃以上的热水。补加水温低于80℃易使灭菌灶内的温度下降，影响灭菌效果。“闷灶保尾”指达到保温灭菌时间后，自然降温至80℃以下时出灶，如图1-125所示。铁板灶、节能灶等密封性较好的灭菌灶，在灭菌过程中和开灶出料时，须注意防止灶内产生瞬间压力变化而引起胀袋，如图1-126所示。

（4）出灶冷却。灭菌结束后，应待灶内温度自然下降至80℃以下后开门出灶（图1-125），趁热把料棒搬到清洁、经消毒的冷却室冷却，以4棒交叉排放，每堆8～10层的方式摆放。待料温降至28℃以下，手摸无热感时即可接种。如没有专用冷却室，冷却场所简陋、通风大、隔尘性差、环境灰尘多，则需在堆放料棒的地面上铺一层塑料薄膜，并在料棒上覆盖薄膜（图1-127），以防灰尘落在料棒上影响接种成品率。

图1-124　篷膜灶升温灭菌

图1-125　出灶

图 1-126 料棒胀袋
1—正常；2—轻微胀袋；3—严重胀袋

图 1-127 简易冷却室料棒上覆盖薄膜防尘

7. 料棒接种

目前生产上常用的黑木耳料棒的接种方式有两种，一种是接种箱接种法，另一种是接种室、接种帐"开放式"接种法。接种箱法具有接种成品率高、稳定，受场地限制少的优点，其缺点是接种速度较慢，每人每小时接种量为30~40棒。而"开放式"接种法具有接种速度快、工作效率高的优点，每人每小时接种量为60~90棒，比接种箱接种的效率高1~3倍；其缺点是技术要求较高，接种成品率不够稳定，并且消毒药品用量大。

（1）接种箱接种法。

①接种箱准备。应在开始接种前对接种箱进行彻底清洗，用8g/m^{3}的气雾消毒剂点燃消毒。

②菌种处理。袋装菌种放入0.2%的高锰酸钾、新洁尔灭等消毒液中浸泡数分钟后取出，用经消毒的利刃在菌种上部1/4处环割一圈，掰去上部1/4菌种及颈圈、棉花，将剩余3/4菌种快速放入箱内；瓶装菌种浸入消毒药液中数分钟后取出菌种瓶，等药液稍干后放入接种箱内。

③料棒装箱。将冷却后的料棒搬入接种箱内，同时将打穴棒（图1-128）、酒精药棉等物品放入箱内。

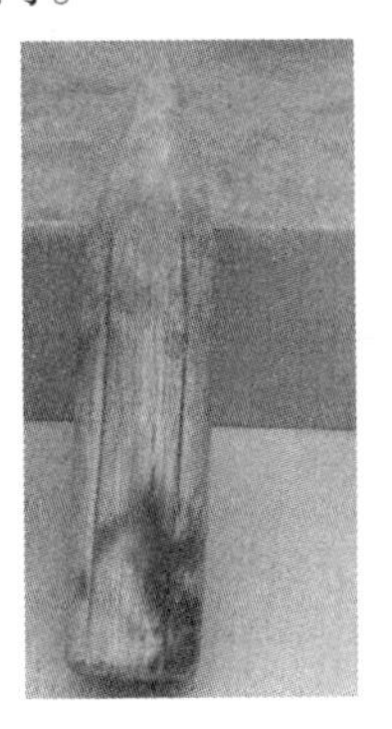

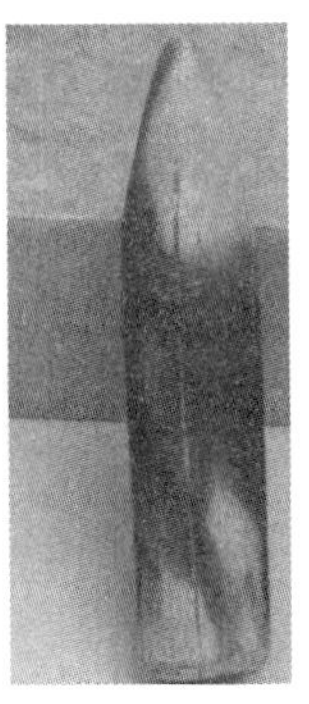

图 1-128 打穴棒

图 1-129 接种箱接种

④接种箱消毒。接种时气温较高或使用密闭性不太好的接种箱（容量为1m^3），每次需用6~8g气雾消毒剂消毒；在气温低时接种，或使用密闭性好的接种箱。每次需用

4~6g气雾消毒剂消毒。将消毒剂点燃后熏闷消毒约30min，等气雾基本散尽后开始接种。

⑤接种。洗手后将双手伸入接种箱内（图1-129），用75%酒精棉擦拭双手后，用酒精棉擦拭打穴棒，并在酒精灯火焰上方烧灼灭菌后，开始打穴接种。解开套袋活结，拉出料棒，在料棒表面均匀打3~4个接种穴，直径1.5cm左右，深2~2.5cm，之后要旋转抽出打穴棒，以防止穴口膜与培养料脱空。可将菌种切成饼块（图1-130），便于成块掰下的菌种塞入接种穴。接种时可2人一组，1人打孔，1人将菌种接入孔穴，也可1人操作，一手打孔，一手接种（图1-131）；要求菌种块与培养料、穴口膜接触紧密，菌种块略凸出穴口，如图1-132所示。接种过程中，须注意在打穴棒停歇时，应将打穴棒放在无菌的菌种盆内（图1-133）或悬空挂放，避免打穴棒与接种箱底板、料袋等任何物体接触，以免附着在接种箱底板和料袋上的杂菌随打穴棒进入料棒，影响成品率。接种时不可用力捏或搓菌种块，避免菌丝受损、出水渍，影响成活。逐孔接种后，套上套袋，打活结扎口（图1-134），换接另一袋。

图1-130　切成饼状的菌种块

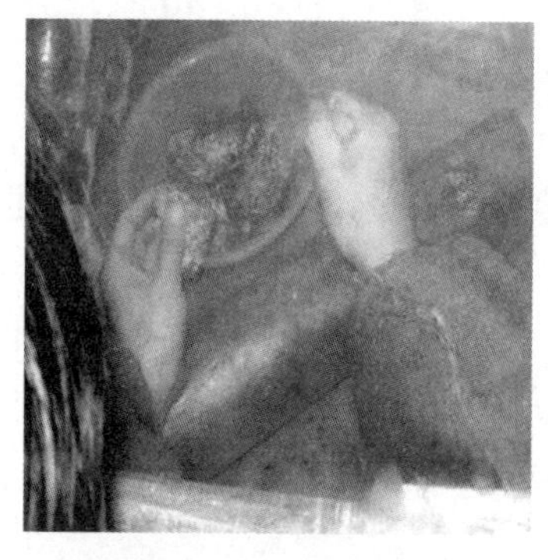

图1-131　打孔接种

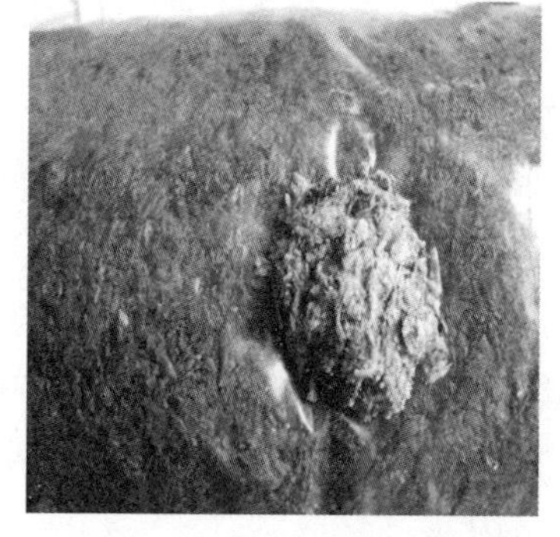

图1-132　菌种块略凸出穴口

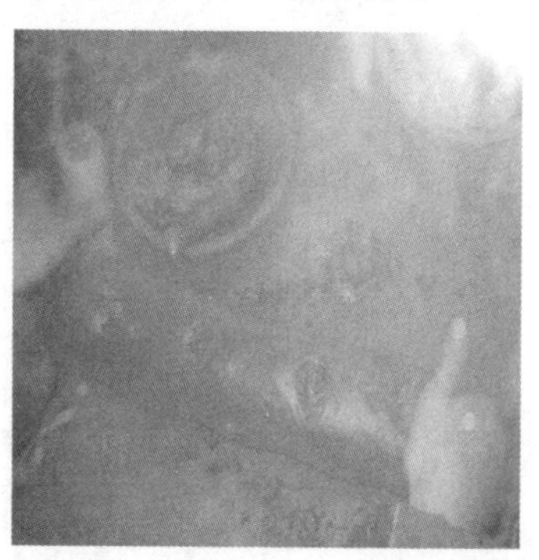

图1-133　打孔棒停歇在菌种盆内

图1-134　套袋、打活结扎口

（2）“开放式”接种法。由于“开放式”接种的无菌环境可控性与接种箱存在较大差距，因此在接种过程中更需严格遵守无菌操作规范。

①冷却与接种场所。“开放式”接种法的冷却场所即为接种场所，因此要求周围环境卫生条件好、密封性好，冷却接种室面积不超过50m²，接种前须事先进行清洁消毒。如

果冷却接种场所空间较大，则要用8丝农用薄膜制成2m×2m×2m的接种帐篷，如图1-135所示。将灭菌后的料棒搬入接种室或接种帐篷，数量以1 000~2 500棒为宜，冷却过程中需密闭接种帐篷或接种室，以防外界不洁空气进入。

图1-135　接种帐篷

②消毒。将经外表面清洁消毒的菌种及其他物品放置在接种帐篷或接种室内的料棒堆上，然后点燃气雾消毒剂4~5盒（共计160~200g），用薄膜把料棒覆盖严密，密闭接种帐篷或接种室，尽量不让气雾消毒剂的烟雾逸出，消毒3~6h。

③接种前放气。接种前将接种室门或接种帐篷门打开，再将覆盖在料棒上的薄膜掀开一部分，直到气雾消毒剂气味基本散尽后开始接种。

④接种。接种时须开门操作，以防止内部环境温度的升高。菌种预处理、接种方法与接种箱接种相同，可3~4人一组，1人打孔，1~2人将菌种接入孔穴，1人搬排放菌棒，如图1-136所示。如果在发菌场所采用接种帐篷开放接种的，接种后应清理各种残留杂物，排尽废气，菌棒就地排放。菌棒堆码排放方法见“发菌管理”一节内容。

图1-136　“开放式”接种

（3）接种环节应注意的几个问题。

①操作人员在接种前应做好个人卫生，洗净头、手，更换干净衣服。

②如栽培种含水量低、菌种块较干燥，可稍用力将菌种块压入穴口；含水量高的菌种块须注意轻压，防止种块压出水渍而死种、感染霉菌。

③高温季节接种应避开中午高温时间段，宜安排在晚上至凌晨接种，以提高成活率。

8. 发菌管理

黑木耳菌棒的发菌管理是黑木耳代料栽培的关键环节，菌丝生长的好坏与黑木耳的质量和产量密切相关，发菌期管理也是控制烂棒的关键环节，因此也是栽培成败的关键环节之一。温度、氧气、光照是影响菌丝生长的最主要因素，因此发菌阶段的管理重点是调控温度、氧气和光照三大环境因素，使之满足黑木耳菌丝生长发育的需要。

（1）发菌场地要求。发菌场地要求远离畜牧场、垃圾场、食用菌原（辅）材料堆放场或仓库、黑木耳老栽培场，尤其是要远离污染菌棒、废菌种堆放场等污染源。发菌室、发菌场地要求阴凉、通风、干燥、避光。

（2）发菌场所准备。

①发菌场所选择。发菌场所主要有发菌室和发菌棚两大类。

发菌室可采用专用食用菌培养室、空闲房屋、仓库等（图1-137），要求清洁卫生、通风、阴凉。

图1-137 利用空闲的大会堂作为发菌室

图1-138 发菌棚

发菌棚可采用竹木、黑白膜搭建（图1-138），这种竹木结构发菌棚具有通风、降温、省工省本等优点。可选择在耳田附近阴凉、通风的田块上建发菌棚（图1-139），棚宽10m以上，高2.8m以上，顶部为圆弧形或“人”字形结构；棚顶上方安装喷水带，用于高温时喷水降温；四周挂可卷放的遮阳帘，向阳面用黑白膜、阴面用遮阳网悬挂遮阳，棚顶可覆盖草帘等遮阳降温，如图1-140所示。

图1-139 耳田一角的竹木结构发菌棚

图1-140 发菌棚棚顶覆盖草帘

装配式钢管大棚改建成的双棚型发菌（栽培）棚（图1-141～图1-143）具有更好的环境调控能力。钢管大棚两端薄膜可装卸，两侧与顶部薄膜均可卷放，通过四周薄膜的启闭进行通风、调温，膜外覆一层遮光率为90%以上的遮阳网；在大棚上方50cm左右处架设遮阳外棚，采用薄膜型遮阳帘幕，遮光率为99%，安装推拉机构，根据天气情况和菌棒不同生长发育阶段对环境的要求，通过开闭遮阳帘幕，对棚内温度和光照条件进行调节；遮阳外棚和钢管大棚之间可装配喷雾降温装置，遇高温天气时进行喷雾降温。也可将连栋大棚改造后作为发菌棚，顶部与四周用遮阳网围栏遮阳。

图1-141 钢管大棚式发菌棚

图1-142 双棚型发菌棚
（上方架设的可开闭式遮阳外棚）

②发菌场所清洁消毒。黑木耳代料栽培的接种、发菌季节一般气温都较高，易滋生杂菌，因此须特别注意发菌场所及其周围环境的卫生情况，发菌场所必须事先做好清洁和消毒工作。彻底清理发菌室、发菌棚的四壁和地面上的废菌袋、废菌渣和其他杂物，以及周围的排水沟、杂草和杂物等；撒一层生石灰用来杀虫杀菌，发菌室的四壁可用石灰水涂抹一遍；用清水在培养室内喷雾两次，清洁室内空气；水泥地面可先用清水冲洗一遍，再用石灰水或漂白粉液拖洗一遍；泥土地面可铲去表层土，撒上生石灰后，在地面上铺垫一层塑料薄膜或彩条布，再撒上一层生石灰消毒；在菌棒入室（棚）前24h用气雾消毒剂或甲醛、高锰酸钾进行熏蒸消毒，操作方法与接种室消毒相同。

图1-143 连栋大棚改造成的发菌棚

（3）发菌管理。目前南方黑木耳代料栽培的发菌管理模式可分为翻堆增氧发菌管理和不翻堆控氧发菌管理两种。

翻堆增氧发菌管理有两大优点，一是通过翻堆可及时发现被杂菌污染和菌种未萌发生长的菌棒，并进行及时处理；二是通过翻堆搬动促进菌丝生长，加快发菌速度，并通过翻堆将上下、里外菌棒互相调位，促使发菌整齐一致。其缺点也有两个，一是由于翻堆刺激、菌棒增氧后菌丝生长活性与呼吸产热量激增，管理不到位容易引起高温烧菌烂棒；二是增加劳动量，费工费力。

不翻堆控氧发菌管理的优点有两个，一是整个发菌期既无翻堆搬动刺激，又不松解套袋袋口增氧，在低供氧水平下缓慢发菌，菌棒产热少，避免了翻堆管理后菌棒放热易导致的烧菌烂棒的风险；二是降低发菌管理劳动量，省工省力。其缺点也有两个，一是不能及时发现并处理杂菌污染和菌种未萌发生长的菌棒，如果接种工艺技术水平低、接种成品率低，则此法存在风险；二是由于供氧不够充足，菌棒内生长的菌丝较稀淡，使得从接种到出耳的时间延长。

①翻堆增氧发菌管理。采取该管理方法要求发菌棚宽敞、通风、阴凉，预留有疏散空间。并且翻堆增氧后须切实做好通风、散热降温工作，严防由于翻堆增氧后菌棒急剧放热而引起的高温烧菌烂棒现象的产生。

● 菌棒堆码发菌。接种后的萌发生长初期一般可采用墙式堆码发菌(图1–144),也可以采用每层四棒“井”字形交叉堆码(图1–145),堆码高度一般为10～12层。堆码时接种孔宜朝向侧面,防止接种口朝上或朝下因菌棒堆压造成缺氧或受水渍影响。含水量较多的菌棒,接种孔应朝侧上而不能朝下,防止菌种受水渍影响。每排之间留50cm的通气走道。

图1–144 接种后菌棒墙式堆码在室外发菌棚中

图1–145 接种后菌棒井字形堆码

● 翻堆。翻堆是把上下、里外菌棒互相调位并进行散堆,增强菌棒的通风散热,促使发菌整齐一致,同时检查菌种成活、菌丝生长和杂菌污染情况,及时剔除未成活和污染杂菌的菌棒。整个发菌阶段根据菌丝生长状况和天气情况一般需翻堆1～2次。

一般在接种后7～10d,菌落大小达7～8cm时进行第一次翻堆,翻堆时检查菌种萌发生长和杂菌污染情况,及时剔除未成活和受杂菌污染的菌棒。由于黑木耳菌丝生长过程中,菌丝呼吸代谢会产生热量,菌棒内的温度会随之升高,因此翻堆后需降低菌棒堆码的高度和密度(图1–146),以三棒一层“井”字形堆码,菌棒与菌棒间留空隙,以便通风散热,堆码高度在10层以内。

当菌落大小达8～10cm时,松开套袋袋口(图1–147),以增加菌丝生长所需的氧气,促进菌丝向料深层生长。如气温偏高,则不能松袋口,以免菌棒增氧发热而引起烧菌烂棒。因此,早秋气温高时接种的菌棒以不松袋口发菌为宜。

图1–146 第一次翻堆后降层堆码的菌棒

图1–147 松开套袋袋口的菌棒

当接种穴菌落生长到相连时进行第二次翻堆,脱去套袋,以进一步增加菌丝生长所需的氧气供应。翻堆时需进一步疏散菌棒(图1–148),每层三棒“井”字形堆码,高度在

8层以内，平均每平方米不超过60棒。此次翻堆时，由于菌棒内菌丝量已比较大，翻堆后会刺激大量菌丝旺盛生长，从而产生大量热量，菌棒温度往往会急剧升高，因此如发菌棚疏散空间不足、通风散热能力不佳，早秋气温偏高，尤其是遇闷热天气时，则不宜进行翻堆和脱套袋，宜采取不翻堆控氧发菌的管理方法。

菌棒翻堆须特别注意以下几点：一是气温偏高，尤其是遇气温高于30℃、天气闷热时不翻堆，并尽量少动菌棒，以免刺激菌丝生长放出热量，增大高温烧菌的风险；二是发菌期气温往往还较高，须选择晴天阴凉干爽的早晚进行翻堆，避免中午高温时和雨天进行翻堆；三是菌棒堆放量较多的培养棚（室），要分批进行翻堆（图1-149），避免集中翻堆后菌棒集中放热，推高培养室温度，若同时翻堆须及时疏散菌棒，降低堆叠层数和密度，减少培养室菌棒的堆放量；四是翻堆后须密切注意堆温和培养室温度，加强通风，及时散热，通风不畅的发菌棚（室）可采用风扇进行主动通风散热，温度超过28℃时，应采取棚顶喷水降温等措施。

图1-148 第二次翻堆后疏散堆码的菌棒

图1-149 发菌棚内分批翻堆的菌棒

图左侧一排为翻堆后疏散堆码的菌棒；

图中右侧两排为未翻堆墙式堆码的菌棒

• 温度管理。温度是影响黑木耳菌丝生长的重要环境因子，须密切监测发菌棚（室）和菌棒堆内的温度变化（图1-150），根据温度变化情况和菌棒的生长状态采取相应的温度管理措施。

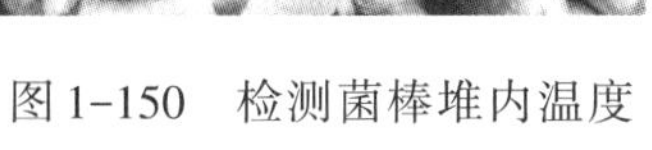

图1-150 检测菌棒堆内温度

图1-151 发菌棚顶喷水降温

黑木耳菌丝生长最适温度为25～28℃，接种后的萌发生长阶段需创造菌丝生长的最适温度环境，促使菌丝早恢复、早定植，迅速占领接种穴附近的培养料，以减少污染、提高成活率。接种10d后，随着菌丝生长量的增加，自身产热量也随之增大，使堆内温度升高，此时应密切注意室温和堆温，加强通风、散热降温工作，尽可能将培养棚(室)的温度控制在22～24℃，堆温控制在28℃以下。

由于秋季温度还比较高，且浙江一带常遇“秋老虎”高温天气，因此早期接种的菌棒管理以降温管理为重点。发菌棚(室)可在早晚打开门窗通风降温，9:00～16:00关闭门窗遮阳降温，防阳光、热气侵入室内或棚内，门窗可挂遮阳网等，防止太阳直射。遇高温天气，可在屋(棚)顶喷水以降温(图1-151)，同时加强通风散热，避免造成闷热环境。

与早期接种的菌棒相反，在后期气温较低时接种的菌棒需采取增温保暖措施，促进菌丝萌发生长。应采取早晚关闭门窗，中午通风换气等方法提高堆温。根据气温情况，适当提高菌棒堆码高度和密度，通过菌棒自身产热提高发菌温度，甚至用绒毯等覆盖保温，如图1-152所示，但还须跟踪检测堆温，防止高温烧菌而引起烂棒。

图1-152　低温期接种的菌棒盖绒毯保温发菌

图1-153　发菌棚四周挂遮阳网等控制棚内光线

• 光照控制。黑木耳菌丝在生长阶段不需要光线，光照具有刺激黑木耳菌丝从营养生长向生殖生长转变的作用，能促进耳芽形成，影响菌丝体正常生长，因此在发菌阶段须保持阴暗的环境条件(图1-153)，保持营养生长，控制耳芽形成。

• 通风管理。黑木耳为好氧性真菌，是一种对氧气较敏感的菌类。在整个发菌过程中须确保菌棒周围空气流通、新鲜，可采取加强开门窗自然通风与风扇强制主动通风，翻堆疏散菌棒、调整堆内小气候，以及解开、脱去套袋增加菌棒通气量等通风换气管理方法。这样一方面可以增加氧气供应，满足菌丝生长对氧气的需求；另一方面通过通风散热，保持合适的室温和堆温，满足菌丝生长对温度的要求，防止高温烧菌而引起烂棒。

• 湿度管理。菌丝培养前期的空气湿度宜控制在65%～70%，湿度过高不仅有利于杂菌的滋生繁殖，而且会影响空气中的含氧量而影响菌丝生长。发菌期间如遇连续阴雨天气，空气湿度大，可在培养室地面或菌棒上撒生石灰，既可降低湿度，又具有一定的消毒杀菌作用。发菌后期可适当提高空气的相对湿度，以70%～80%为宜，这样可减少菌棒的失水量。

• 发菌期虫害防控。发菌期菌棒主要会受到螨虫和菌蚊等害虫的危害。由于食用菌栽培规模的不断扩大和连年栽培，病虫源基数不断增大，虫害发生的风险也不断增大，因此须加强防控。整个发菌阶段须采取环境卫生治理，应用黏虫板与杀虫灯、定期化学杀虫等综合防控措施进行有效防控。特别是在菌棒解开套袋口后，须用除虫净、虫螨灵等低毒高效药剂对空间、地面和周围环境进行全面喷洒杀虫。菌棒受螨虫和菌蚊侵害后，不但为害菌棒内的菌丝，还会将害虫带到出耳场，在耳场传播，危害子实体。

②不翻堆控氧发菌管理。经近年来的生产应用表明，该模式既省工省力，又能避免翻堆后菌棒急剧产热而导致的烧菌烂棒风险。

由于不翻堆控氧发菌管理在整个发菌期既不进行翻堆疏散，又不松解套袋袋口增氧，只在低供氧水平下发菌，菌棒菌丝生长浓密度和生长速度往往不如翻堆增氧法，从接种至出耳的时间也往往有所延长，因此需提前到7月中下旬开始制棒接种（海拔800m以上的山区，可在7月初开始制棒接种）。由于此时气温高，须特别注意待料棒完全冷却后，在晚上至凌晨接种，以提高成活率。接种后的菌棒在宽敞、阴凉的发菌棚（室）内墙式堆码，堆码时接种孔宜朝向侧面，顶层菌棒的接种孔朝下（图1-154），以缓冲外界高温对接种块萌发生长的影响。每排菌棒间隔50cm，以便通风和操作，码高10～13层，然后每排菌棒分别用薄膜覆盖严实，阻隔外界热空气侵入菌棒堆内，如图1-155所示。接种后7～10d，菌落大小达7～8cm后，逐步向上掀起盖在菌棒堆上的薄膜，如图1-156所示。发菌棚（室）内的温度、湿度和光照等管理与翻堆增氧发菌管理相同，其管理重点是高温期的降温管理，须密切监测发菌棚（室）和菌棒堆内的温度变化，根据温度变化情况和菌棒的生长状态采取相应的温度管理措施。遇高温天气时，可通过在发菌棚（室）顶和四周喷水、通风等方法，降低发菌棚（室）内的温度。

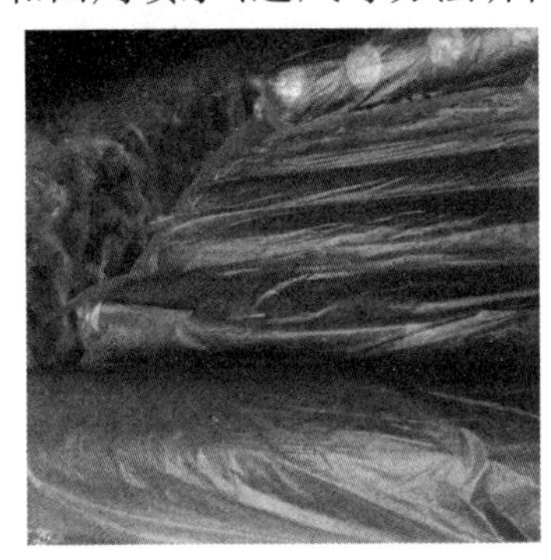

图1-154 堆码时顶层菌棒的接种孔朝下

图1-155 菌棒墙式堆码覆盖薄膜

9. 刺孔养菌与催芽管理

不同的发菌管理模式、不同天气温度下刺孔的菌棒，其刺孔后的养菌与催芽管理也有所不同。采取翻堆增氧发菌管理、气温适宜或偏低时刺孔的菌棒，一般在发菌棚（室）等设施内进行养菌与催芽管理；而采取不翻堆控氧发菌管理、气温偏高时刺孔的菌棒，宜边刺孔边排场，或刺孔后1～2d待菌丝恢复生长后，在耳场进行养菌与催芽管理。

图1-156 薄膜掀起盖在菌棒堆上

（1）发菌棚（室）内刺孔养菌与催芽管理。采取翻堆增氧发菌管理的菌棒，在适宜条件下，一般经过1.5～2月时间的培养，菌丝可长满菌棒并达生理成熟。菌丝长满菌棒后，中低海拔山区一般在10月中上旬最高气温稳定在25℃

以下时进行刺孔催耳。每棒以刺150～200个孔为宜，一般孔大3～4mm、深5～10mm。

目前有多种刺孔工具供不同栽培规模的农户和企业选择。最简便、节省成本的刺孔工具是自制刺孔板（图1-157）。用2.5寸铁钉和具手柄的长40cm、宽4～5cm、厚2cm木条板制成刺孔板，铁钉间距2～3cm、行距2～3cm，一个板上共有30～34个钉刺；打孔时一手转动菌棒，一手用刺孔板均匀拍打5～6次（图1-158），形成150～200个孔，每人每小时可刺孔150～200棒。

各地还研制了多种简易手推式刺孔器（图1-159～图1-162），刺孔速度比刺孔板的速度快4～5倍；浙江武义、龙泉、庆元等地研发的电动刺孔机（图1-163），刺孔速度更快，每小时可刺孔1 200棒，大大提高了工作效率，并且孔穴密度、大小、深浅一致（图1-164），便于后期管理。

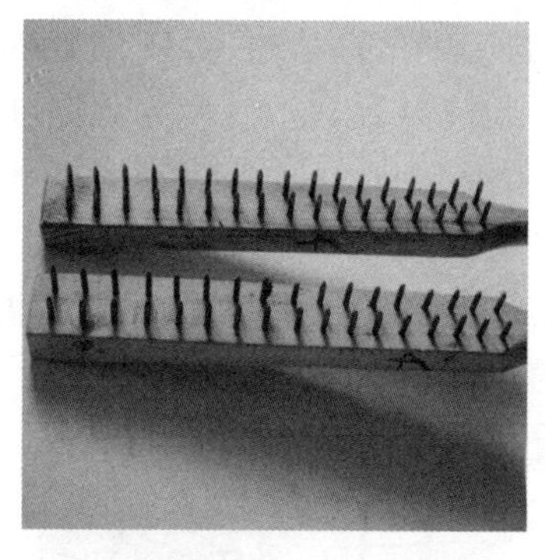

图1-157　刺孔板

图1-158　用刺孔板刺孔

图1-159　推滚式刺孔器

图1-160　推滚式刺孔器刺孔

图1-161　按压式刺孔器

图1-162　按压式刺孔器刺孔

图 1-163 电动刺孔机刺孔　　图 1-164 菌棒刺孔后的孔形与密度

由于在刺孔过程中的菌棒搬动和刺孔操作,菌料内菌丝易断裂,同时通过刺孔提供了充足的氧气,促进了菌丝的恢复性生长,使得菌丝代谢旺盛,产生大量热量,菌棒温度急剧升高。因此,刺孔后必须高度重视菌棒的通风散热,密切注意室温和菌棒温度,严防高温烧菌。刺孔后管理不当造成的高温烧菌,是导致排场后烂棒的一个重要原因。

为防止高温烧菌,在菌棒刺孔及刺孔后的管理中必须特别注意以下几点:①气温偏高,尤其是高于25℃时,刺孔后的高温烧菌风险大,必须推迟刺孔作业;②10月中上旬气温往往还较高,最好选择阴天或晴天凉爽的早晚进行刺孔,避免中午温度高时和雨天进行刺孔,尤其必须避免在闷热天气进行刺孔;③菌棒堆放量较多的培养棚(室)要分批进行刺孔,避免集中刺孔而使菌棒集中放热,推高培养棚(室)温度,同时必须及时疏散菌棒,降低堆码密度,减少培养棚(室)菌棒的堆放量;④刺孔后须密切注意堆温和培养棚(室)温度,加强通风,及时散热,温度超过25℃时,应采取降温措施。

刺孔后,必须采用"△"形或"井"字形堆码(图 1-165),以利散热及空气流通。同时打开所有门窗通风散热,提供清新的空气,创造良好的光照条件,促进菌丝生理成熟,刺激耳芽形成。孔口菌丝恢复期间要求空气相对湿度达到85%以上,因此需协调管理好通风与保湿。如果空气湿度过低,则菌丝料易风干造成死穴,不能形成原基;而通气不良,则易导致高温闷棒,影响菌棒健康,严重时导致排场后烂棒。

图 1-165 菌棒刺孔后疏散堆码养菌催芽

图 1-166 刺孔后菌丝恢复、穴口变色与耳芽形成

不同品种耳芽形成快慢有所不同,通过上述防高温烧菌、控光照、保湿和通气增氧等刺孔后养菌催芽管理,菌丝恢复生长,穴口颜色逐渐变深,一般在7d左右,穴口形成

褐色至黑色耳芽，如图1-166所示。养菌催芽管理得当，孔穴中可形成整齐耳芽，如图1-167所示。不同品种催芽程度有所不同，'新科'等见光易形成耳芽的早熟品种，在见少量耳芽形成时，就可出田排场进行出耳管理；'916'等见光不易形成耳芽的迟熟品种，则宜在较多孔穴已形成耳芽时，出田排场出耳。

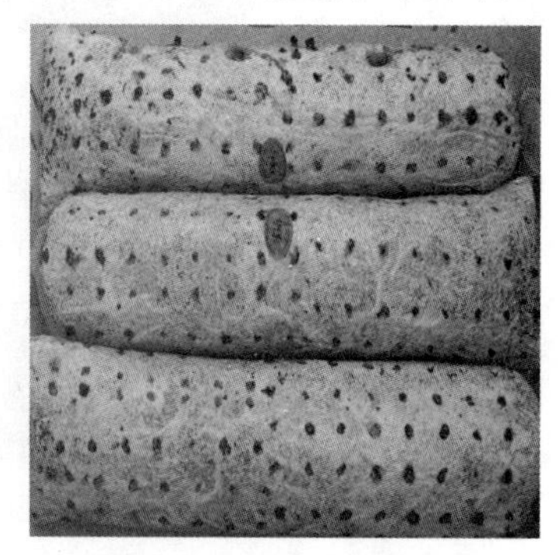

图1-167　刺孔养菌催芽后的整齐形成的耳芽

（2）耳场养菌与催芽管理。采用不翻堆控氧发菌管理的菌棒，发菌期内处于低氧低速发菌状态，刺孔增氧后菌丝将活跃生长，放出大量热量，此时必须尤其注意高温烧菌。因此在早秋温度较高的季节，采用不翻堆控氧发菌管理的菌棒，以及在空间小、疏散能力差、通风散热能力与降温能力不强的发菌棚（室）养菌的菌棒，宜采用边刺孔边排场、在耳场进行养菌与催芽管理的方法。

图1-168　刺孔后的菌棒排场养菌催芽

图1-169　耳芽开始形成

当菌棒内70%～80%的培养料长满菌丝时，做好耳场准备和耳架的搭建工作，刺孔排场前密切关注天气情况，最好选择连续晴天进行刺孔排场。采用边刺孔边排场的方式，将菌棒疏散排放到耳场（耳场准备与排场方法见“出耳管理”一节内容），在耳场进行养菌、晒棒和催耳管理（图1-168）；对于含水量偏高的菌棒，尤其需要进行晒棒管理，使菌棒适当失水减重，提高菌棒对逆境的抵抗力。一般排场养菌2～3d后，菌棒背阴面开始转白，向阳面受阳光照射后菌料逐渐失水干燥，菌丝不同程度消退，7d后将菌棒调头转面，即菌棒的上下和阴阳面进行调换，使原来的向阳面转为背阴面，恢复培养由于阳光照射失水干燥而消退的菌丝，使菌棒不同部位的含水量和菌丝生长发育趋于一致。海拔高、雾气多、湿度较适宜的耳场在菌棒调头转面后，一般经2周左右可见耳芽形成，如图1-169所示。如遇连续晴燥天气、早秋气温高时，于19:00～20:00采用间隙喷水增湿法进行催芽（图1-170），每次开机喷水3～5min，根据孔穴的干湿度喷2～3次，连续10～15d后可见从耳棒下部开始形成耳芽。若耳场养菌催芽管理得当，同样可形成整齐的耳芽（图1-171）。

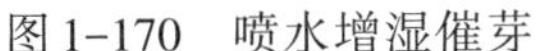

图1-170 喷水增湿催芽　　图1-171 耳芽整齐形成

需要特别注意的是刺孔排场前务必密切关注天气变化情况，如预报近期有阴雨天气，则应推迟刺孔排场，待天气转晴朗后再刺孔排场。

10. 出耳管理

目前浙江的袋栽黑木耳主要为露地栽培，或以露地为主配置简易可收放的避雨遮阳棚栽培。这种以露地为主的栽培模式受自然气候影响大，尤其是南方地区秋季气温波动大，春季气温回升快、雨水多，栽培季节常遇高温、连续阴雨等不利于黑木耳生长的恶劣天气，存在较大的烂棒和烂耳风险，产量不稳，是黑木耳代料栽培中存在的主要问题，影响了产业的健康稳定发展。近年武义创新食用菌公司与浙江省农科院开发了双棚三效设施化栽培模式，有效地解决了这一问题，取得了良好的效果。

（1）露地栽培出耳管理。

①耳场选择与准备。耳场宜选择在靠近清洁溪流或其他清洁水源、排灌方便的田块（图1-172、图1-173），同时要求以通风好、光照时间长、远离老耳场和污染源、用电方便的田块做耳场。黑木耳栽培中，水源清洁十分重要。出耳期间需经常向木耳直接喷水，使用不洁水不仅容易引起菌棒污染而导致烂棒、“流耳”和烂耳，同时会导致有害物质超标，危害木耳质量安全。

图1-172 耳场用水源——清水塘　图1-173 耳场用水——清水溪

浙江黑木耳代料栽培一般选择水田做耳场，采取“耳—稻”轮作模式（图1-174、图1-175）：前季种植的单季稻一般5月上旬播种，9月底～10月上旬收割，水稻收割整地后，10月中旬排场出耳，翌年4月底前采收结束后再种植单季稻。利用水旱轮作方式，可以充分利用山区土地和劳动力资源，这种轮作模式既能稳定粮食生产，又能增加农民收入。

图1-174　5~9月种植单季水稻　图1-175　10月~翌年4月栽培黑木耳

用老场地做耳场需在排场前1个月，每亩地施生石灰25~30kg，放满水浸田后进行翻耕暴晒，再对整个场地用杀虫、杀菌剂进行一次彻底杀虫和杀菌。

近年来，浙江省淳安、开化、桐乡等蚕桑主产县、市利用桑枝栽培黑木耳取得了良好的生态和经济效益，按每亩桑园产干桑枝400kg计，可用来栽培黑木耳500~600棒，产值1 800~3 000元。还可利用桑园栽培黑木耳(图1-176、图1-177)，按每亩桑园排放4 000棒计，每亩产值一般可达14 000~20 000元，每亩效益达8 000~12 000元。

图1-176　桑园　　　　图1-177　利用桑枝在桑园内栽培黑木耳

②整地做畦与耳床搭建。

• 整地作畦。大田栽培黑木耳，在稻谷收割后，先铲除稻桩及杂草，深翻暴晒2~3d后作畦，畦床最好是南北向，畦宽1.2~1.3m，四周挖深0.25m排水沟，以免畦床积水。平整畦面，在畦面上撒上一层生石灰。桑园栽培黑木耳，一般以桑树为支柱建耳架，耳床四周挖排水沟，平整畦面。

• 耳床搭建。耳床一般用竹竿、木杆、铅丝等材料搭建，分横排耳架和纵排耳架两种。搭建横排耳架，先在畦床的两端和两侧直立四根木桩或竹桩，而后在桩上沿畦床方向架上木条或竹片，如果畦床很长，可在中间加桩固定；四方架固定好后，再在木条或竹片上每隔0.25~0.30m，以垂直于畦床方向铺上横杆，横杆可以用竹竿、木条或铅丝等材料，两头用纤维绳或铅丝固定，耳棒交叉靠排在横杆上，如图1-178所示。横排耳架的耳棒固定性较好，但建架的用工、用料相对较费，现多采用纵向耳架。

图 1-178 横排耳架　　图 1-179 大田耳场与纵排铅丝耳架

搭建纵向耳架，在畦床两端分别打 3～4 个粗木桩，在其上绑一粗横杆作为主骨架；每隔 2～3m 在畦床横向打 4 根木桩或竹桩，桩高 25～30cm，间距 30cm，或两侧打 2 根木桩或竹桩，桩间架设横杆为副骨架；沿着畦床纵向直拉 4 根铅丝作为耳架（图 1-179），也可用 4 根竹竿直接固定在木桩或竹桩上作为耳架（图 1-180），耳棒交叉靠排在间距为 30cm 的 4 根纵向平行的铅丝或竹竿上。

图 1-180 大田耳场与纵排竹竿耳架　图 1-181 畦床覆盖地膜稻草

桑园栽培的耳架多以桑树为支柱，用纤维绳或铅丝将竹竿或木杆纵向固定在离地 25～30cm 的桑树杆上。大棚栽培的耳床可参照大田耳架搭建法，用竹竿、木杆、铅丝等材料搭建。

• 畦床覆盖。畦床需覆盖一层地膜或废编织袋、遮阳网等，再在地膜上覆盖一层稻草或干茅草（图 1-181），或直接覆盖一层黑白膜，但需注意在薄膜上打漏水孔，以免畦床积水。在覆盖物上喷一次低毒、无残留的杀菌、杀虫剂。按上述方法覆盖畦床后，不仅可防止大雨或喷水时泥沙飞溅黏附耳片，同时可防止春季杂草大量生长而影响耳床的通气性，造成闷棒。

• 喷水带的架设。喷水带的架设有两种方法，一种为高架法，即在畦床中间或畦床之间沿畦床纵向打一列高为 0.5～1.0m 的木桩或竹桩，在桩上架设专用喷水带或旋转喷头，如图 1-182、图 1-183 所示。这种方式的优点是喷水射程远，一般一根水管可以喷 2～3 畦黑木耳，可以节省水管的用量；缺点是喷雾不够均匀周到，有些角落或水压低时远处的耳棒喷不到水。

图 1-182　高架喷水带　　　图 1-183　高架旋转喷水头

另一种为低架法，即在纵向床架中间放置专用喷水带（图 1-184），桑园栽培可将喷水带设在两行耳架（桑树）之间，如图 1-185 所示。这种方式的优点是喷雾均匀，缺点是水管用量大，费用高。

图 1-184　安置在床架中间喷水带　图 1-185　安置在两行耳架（桑树）间的喷水带

喷水设施主要由小水泵和喷水带组成，离水源较远的耳场需设储水桶或建造简易储水池，同一耳场内各畦床的喷水带用三通相连形成喷水网，如图 1-186 所示。

图 1-186　连接各畦床喷水带的三通　图 1-187　钢管大棚型避雨遮阳棚

• 搭建简易避雨遮阳棚。目前浙江黑木耳代料栽培以全露地栽培为主，但排场后在遇到连续雨天、烈日高温等恶劣天气时，搭建简易可收放避雨遮阳棚可较好地减轻上述恶劣天气对耳棒的影响。可利用钢管蔬菜大棚作为避雨遮阳棚（图 1-187），也可每两畦耳床用竹片搭建一个简易拱棚（图 1-188），或在耳场内立高 2～2.5m 的木桩或竹桩架设简易避雨遮阳棚架（图 1-189），以备遭遇连续雨天、烈日高温等恶劣天气时，进行避雨遮光,减轻恶劣天气对耳棒的危害。

图1-188 竹拱棚式简易避雨遮阳棚

图1-189 竹木桩架式简易避雨遮阳棚

③菌棒排场。采用不翻堆控氧发菌管理的菌棒,刺孔后搬运到准备好的耳场排场养菌催耳(见“刺孔养菌与催芽管理”一节内容);经发菌棚(室)内刺孔养菌与催芽后的菌棒,可搬运到准备好的耳场排场出耳。无论是刺孔后直接排场,还是刺孔后经发菌棚(室)内养菌催芽后排场,排场前都须密切关注天气情况,在气温高于25℃而无风的闷热天气以及雨天排场,烂棒风险大,应推迟排场,宜选择爽朗的晴天进行排场。横排耳架,每条横杆单向放置6~7棒,棒与棒之间留3~4cm的距离(图1-190),既防止耳片生长时相互挤压,又具有较好的通风性;纵排耳架,在铅丝或竹竿(木杆)两侧“人”字形排放(图1-191、图1-192),棒与棒之间也需留一定间隙,一般每亩排放7 000~8 000棒(图1-193),桑园耳场每亩排放4 000棒左右,如图1-194所示。若排放过密会使通风换气不良,易发生闷棒、烂棒。

图1-190 横排耳架的耳棒排放

图1-191 纵排耳架的耳棒排放

图1-192 大棚耳场的耳棒排放

图1-193 大田耳场的耳棒排放

图1-194　桑园耳场耳棒排放

图1-195　耳芽整齐形成

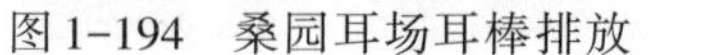

④出耳管理。在正常天气条件下，排场并完成催芽后主要通过喷水管理来促进、调控黑木耳的健康生长。

排场后，如气温稳定在25℃以下，一般采用全露天栽培，接受自然风和阳光雨露，促进出耳和耳片生长。排场后初期主要是在刺孔后养菌催芽的基础上，进一步见光催芽出耳，提高孔穴耳芽形成率和整齐度，同时促进耳芽长出穴孔。在此阶段，要重点防止穴口干燥影响耳芽形成与生长，可通过耳场沟内放跑马水等措施，保持畦床湿润，使耳场相对湿度保持在85%以上，耳棒穴口保持良好的湿度，促进整齐出耳（图1-195）；如遇晴旱干燥天气，可朝耳棒上轻喷、细喷少量的水增加空气湿度，切忌喷水过多，以免水滴流入孔穴导致死穴、“流耳”甚至烂棒的发生。

经上述催芽出耳管理，当大部分孔穴的耳芽长出穴孔后（图1-196），可开始逐步增加喷水量。喷水要掌握“干干湿湿”的总体原则，环境条件适宜木耳生长时，要开机喷水（图1-197、图1-198），且将水均匀喷布耳场内的所有耳棒（图1-199），使耳片处于充分吸水的“湿胀”生长状态（图1-200）；但长时间处于湿胀甚至过湿状态，易引起“流耳”（图1-201），因此必须间歇停水使耳片自然失水处于“干缩”歇息状态（图1-202），尤其在高温等不适宜耳片生长的状况下，要使耳片处于“干缩”歇息状态，以提高耳片对逆境的抵抗能力。因此，是否喷水要依耳片状态和天气情况而定。一般温度高于28℃时，不喷水，使耳片处于“干缩”歇息状态；温度偏高，白天温度高于25℃时，应在早晚气温低时喷水；温度低于20℃时，可在每天10:00～16:00的气温较高时喷水。采摘前1～2d停止喷水。每批黑木耳采收后将菌棒调头转面，即菌棒的上下和阴阳面进行调换，使菌棒不同部位的含水量和菌丝生长发育速度趋于一致；停止喷水1周左右，让培养基内的菌丝恢复生长，待新耳芽形成后，再按之前的管理方法进行第二批耳的管理。

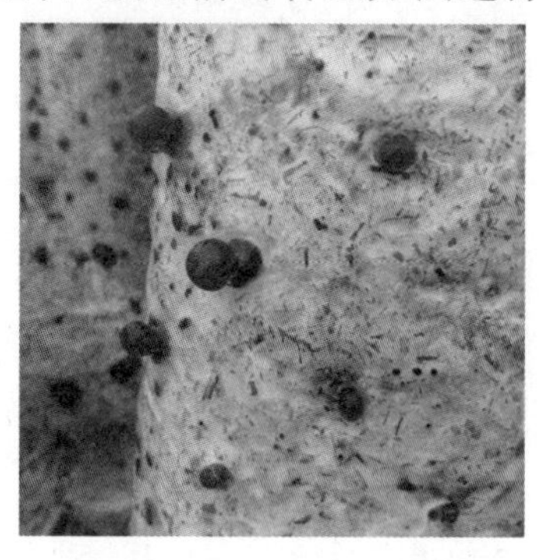

图1-196　耳芽长出穴孔

图1-197　大田耳场喷水

图 1-198　桑园耳场喷水

图 1-199　均匀喷布到每个耳棒

图 1-200　喷水后处
于“湿胀”生长状态的耳片

图 1-201　耳片
长时间过湿导致的流耳

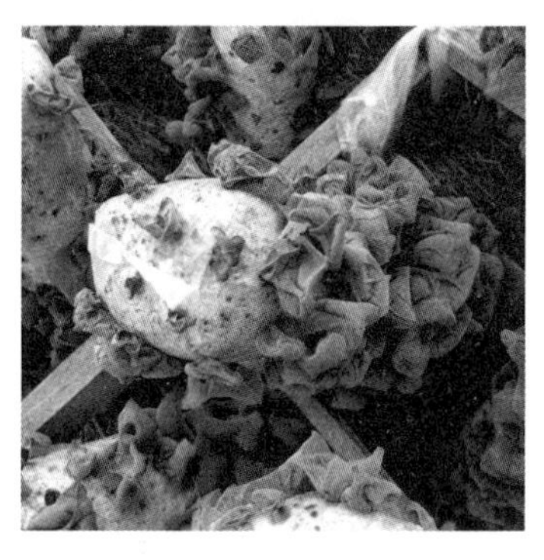

图 1-202　处于
“干缩”歇息状态的耳片

图 1-203　大雨
及连续雨天覆盖薄膜避雨

如遇连续雨天、烈日高温等恶劣天气时，尤其是排场后初期的催芽出耳阶段遇上述恶劣天气时，需在简易避雨遮阳棚上覆盖薄膜或遮阳网，以降低恶劣天气对耳棒的危害。大雨及连续雨天可覆盖薄膜避雨（图 1-203），但由于黑木耳对通风、光照要求高，最好平覆或仅覆盖拱棚上半部，下半部要保持通风，雨止后立即去膜通风（图 1-204）；烈日高温的日中，则可在棚顶部覆盖遮阳网，遮阳降温（图 1-205），早晚掀开通风受光，光照气温适宜时，及时收起遮阳网，接受自然光照，如图 1-206 所示。简易避雨遮阳棚不可覆盖过严或长时间覆盖，避免通气不良而导致闷棒、烂棒。

图 1-204　雨止后立即去膜通风

图 1-205　烈日高温时在遮阳棚上覆盖遮阳网

图 1-206　光照气温适宜时立即收起遮阳网

图 1-207　高产优质冬耳

袋栽黑木耳按出耳时间可分为冬耳和春耳。冬耳生长期菌料的营养贮备充足，气温逐渐下降，光照充足，一般耳片厚，色泽深黑（图 1-207），质量好，价格高；春耳生长期菌料的营养贮备量下降，同时南方春季多阴雨，气温回升快、变化大，耳片相对较薄、色泽浅（图 1-208），一般只能采收一潮春耳，如遇连续阴雨天气容易引起烂棒、"流耳"，栽培风险大。因此，袋栽黑木耳应主攻冬耳产量，至少采收一潮冬耳才能实现稳产高产。目前浙江省袋栽黑木耳一般采收一潮冬耳和一潮春耳，干耳产量一般为 60～80g/袋，产量高者达 100g/袋以上，如图 1-209、图 1-210 所示。

图 1-208　高产春耳

图 1-209　高产耳场

图1-210 高产耳棒

图1-211 双棚三效设施外观

(2)设施栽培出耳管理。

①黑木耳双棚三效设施建设。

• 设施主体框架结构。栽培设施主要包括用于调控栽培环境温度和光照条件的连成一体的遮阳外棚与用于调控栽培环境湿度和通风条件的GP525装配式钢管塑料大棚,如图1-211、图1-212所示。遮阳外棚顶部采用薄膜型遮阳帘幕,遮光率为99%,安装推拉装置可启闭遮阳帘幕(图1-213),根据天气状况和黑木耳不同生长阶段对环境的要求,通过开闭遮阳帘幕对栽培环境温度和光照条件进行调节;钢管塑料大棚长20m、宽5m、肩高2m、顶高3.5m,棚顶薄膜起避雨作用,棚两端薄膜可装卸,棚顶和两侧薄膜均可卷放(图1-214),通过棚顶和四周薄膜的启闭进行通风、调温和调湿,膜、网全部开启时,可基本达到全露地的通风条件。

图1-212 双棚三效设施主体框架结构

图1-213 可启闭的遮阳外棚遮阳帘幕

图1-214 钢管内棚四周和顶部薄膜可卷放

图1-215 钢管大棚内安装风机及悬挂喷头

• 主动通风换气装备。每个钢管大棚配备鼓风机一台，与自然通风相结合，根据需要进行强制通风，提高栽培环境的主动通风能力，如图1-215所示。

• 喷水增湿与喷水降温装置。钢管塑料大棚内配备喷雾喷水装置（图1-215），用于对菌棒喷水与喷雾，进行增湿降温管理；遮阳外棚和钢管塑料大棚之间，以及走道空间配备喷雾增湿降温装置，遇高温天气时进行喷雾降温，如图1-216所示。

• 耳床搭建。耳床与大田栽培一样，可用竹竿、木杆、铅丝等材料搭建（图1-217），主骨架可与大棚钢管相固定，其他搭建方法与大田耳床搭建方法基本相同。

图1-216　双棚间及走道的喷雾降温装置

图1-217　大棚内耳床

图1-218　设施大棚内排放出耳的菌棒

②菌棒排场。经刺孔养菌后的菌棒，即可搬运到准备好的设施大棚耳场排场催耳。在铅丝或竹竿、木杆两侧"人"字形排放（图1-218），棒与棒之间需留一定间隙，一般面积为100m²的大棚排放2 000棒左右。菌棒同样不能排放过密，以免通风换气不良而导致闷棒、烂棒的发生。

③出耳管理。在设施大棚内，可通过遮阳外棚启闭调控光照、遮阳，通过喷雾降温进行温、湿度调控（图1-219），以及通过大棚膜的卷放自然通风与鼓风机强制通风等管理措施，促进耳芽形成与耳片生长。

排场后初期主要是在刺孔后养菌催芽的基础上，进一步见光催芽出耳，提高孔穴耳芽形成率和整齐度，同时促进耳芽长出穴孔。在此阶段应通过设施地面浇水、空间喷雾等措施，使耳场相对湿度保持在85%以上，耳棒穴口保持良好的湿度，促进整齐出耳（图1-220、图1-221）；出耳期间，在环境条件适宜时，可将遮阳帘幕和大棚膜全部开启，充分通风，使菌棒接受自然阳光与雨露。遇烈日高温时，张开遮阳帘幕遮阳，卷起大棚膜通风降温，必要时开启双棚间与走道空间的喷头喷雾降温；遇大雨和连续雨天时，放下大棚膜避雨，必要时开启鼓风机进行强制通风，为黑木耳生长创造适宜的环境条件。喷水管理与大田栽培相同，需要掌握"干干湿湿"的总体原则，使耳片在"湿胀生长"和"干缩歇息"的交替状态中健壮成长（图1-222），以获得稳产、高产，如图1-223、图1-224所示。

每潮黑木耳采收后，将菌棒调头转面并停水养菌1周左右，待新耳芽形成后，再按第一批潮耳的管理方法进行第二批潮耳的管理。

图 1-219 外棚遮阳帘幕开启增光与喷水管理

图 1-220 排场催芽后耳芽整齐形成

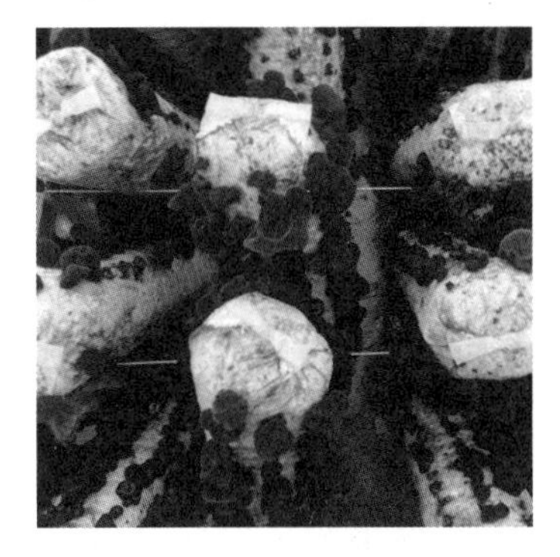

图 1-221 整齐出耳的耳棒

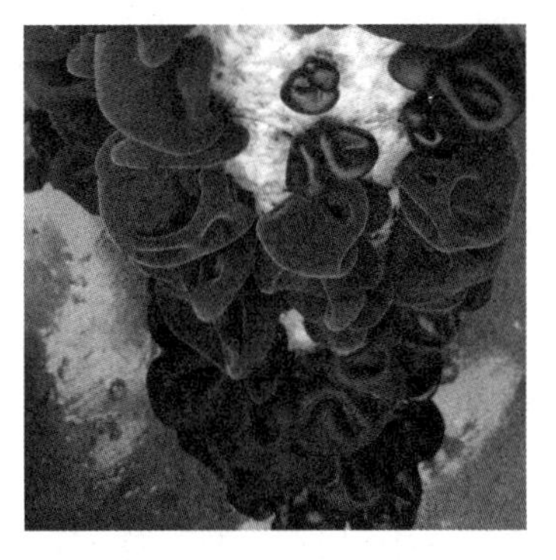

图 1-222 健壮成长中的耳片

图 1-223 双棚三效设施栽培黑木耳现场会

图 1-224 双棚三效设施栽培黑木耳高产耳床

11. 采收与干制

(1)采收。成长中的耳片边缘内卷、色深、有弹性、耳根较宽扁,之后颜色逐渐转浅,耳片舒展变软,肉质肥厚;当耳片有八九分成熟,耳根收缩变细,耳瓣舒展、略下垂时即可采摘,如图 1-225 所示。采摘前停止喷水 1~2d,待耳片被晒至半干时采收。最好是在耳片半干后,趁晴天晨露未干、耳片潮软时采摘,如耳片过干,则需轻喷水,使耳片复潮后采收,以免采摘时耳片破碎。这样采收的耳片,含水量少,容易晒干,不会出现“拳耳”,有利于提高黑木耳的产量和质量。

采摘时，用手指捏住朵根稍稍扭动即可采下（图1–226），不可硬拉猛扯，以免撕碎耳片；采摘时不留耳根在孔穴内，以免残留的耳根腐烂而影响下一潮耳芽形成。

图1–225　可采收的成熟木耳

图1–226　采收

出耳不整齐一致的耳棒，应采大留小；出耳整齐一致或基本一致的耳棒，因即将遇连续下雨天气造成不能适时采摘的，可整潮采下，以利于第二潮耳的整齐形成与管理。采下的耳片应及时清除杂质，丛生耳可按耳片状撕分开，以提高产品价值。

（2）干制。目前黑木耳的干制方法以晾晒为主，以架起离地的晾晒席晾晒为佳。离地晾晒可避免黏附泥沙和其他杂质，同时通风好、晒干快。可在耳场附近通风好、日照时间长的地块用竹竿或木条、遮阳网搭建离地0.8～1m高的晾晒架（图1–227）。晾晒过程中不要随便翻动，以免形成“拳耳”；若遇阴雨天，可铺晾在闲置的发菌棚内风干（图1–228），待天晴后晾晒；如遇连续阴雨天气，可将采收的鲜木耳放入冷库中冷藏，天晴后再晾晒。

图1–227　搭建在耳场边的晾晒架

图1–228　阴雨天铺晾在闲置的发菌棚内

图1–229　过大的耳片半干时装框压制成型

图1–230　市场交易

图1–231　挑选包装

如果采收的耳片较大，可在晾晒至半干时收拢装框压制（图 1–229），数小时后再铺开晾晒，以使耳片自然卷缩成型，提高产品外观品质。黑木耳干制后即可上交易市场出售（图 1–230），或高档产品精选后包装销售，如图 1–231 所示。

六、黑木耳代料栽培的主要问题与防控

1. 烂棒及其防控

黑木耳代料栽培中的烂棒多数发生在排场后，常表现为感染绿霉后出现的菌棒腐烂软塌，其最后的症状表现为菌棒被杂菌污染。由于烂棒是黑木耳代料栽培中严重影响产量，甚至是导致栽培失败的首要问题，因此本节对其进行仔细介绍。因灭菌不彻底、接种无菌操作不规范等造成的杂菌污染，继而引起的烂棒（多数发生在排场前）及其防控，在“菌棒杂菌污染及其防控”一节内容中介绍。

（1）烂棒的发生与症状。烂棒发生时（一般在排场后），先表现为菌棒逐渐松软，黑木耳菌丝逐渐消退，继而往往在菌棒的着地端背阴侧局部出现绿色霉斑（图 1–232），切开菌棒可见菌丝稀淡、绿色霉斑深入菌料（图 1–233），最后蔓延到整个菌棒，使整个菌棒腐烂软塌，如图 1–234 所示。也有部分烂棒先表现为局部出现黄水（图 1–235），继而被霉菌、细菌感染，导致局部、整体烂棒。首潮耳形成前发生绿色霉斑型烂棒，往往会因整体性烂棒而导致绝收；出耳后的菌棒发生烂棒时，烂棒部位不能出耳（图 1–236），已形成的耳片也会随之发生烂耳，如图 1–237 所示。

图 1–232　菌棒着地端背阴侧霉斑

注：图中菌棒已转向以便于拍摄

图 1–233　菌棒内的霉斑

图 1–234　软塌的烂棒

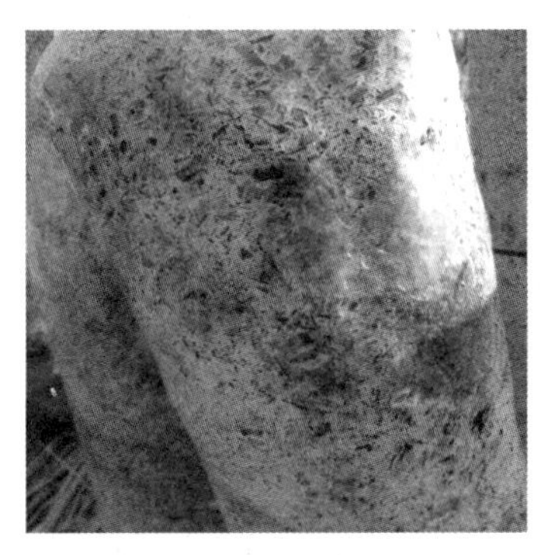

图 1–235　菌棒局部吐黄水

图1-236　引发烂棒的部位不出耳

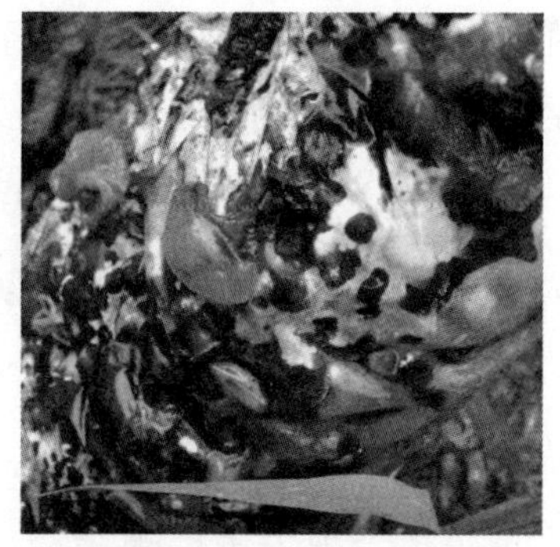

图1-237　烂棒导致的烂耳

(2)烂棒发生的原因与诱发因素。

①烂棒发生的原因。烂棒的发生多数为菌棒中的菌丝受逆境伤害、老化衰退等导致抵抗力下降,甚至退菌消亡后,受绿色木霉、细菌等侵染所致,其中最严重、蔓延最快的是受绿色木霉侵染所发生的烂棒。

②烂棒的诱发因素。经浙江省黑木耳代料栽培技术协作组几年来的调查、试验研究,认为烂棒的诱发因素主要有以下几个方面:

• 培养基配方营养过于丰富。试验表明,配方中麸皮添加量越高越容易发生烂棒。一是由于营养丰富使菌丝"徒长"而导致抵抗力下降;二是由于营养越丰富,菌丝生长越旺盛,呼吸产生的热量越大,越容易导致菌棒"高温烧菌",排场后引发烂棒。

• 菌棒发菌期的高温损伤。菌棒在发菌及刺孔后的养菌期间,由于遇环境高温以及菌棒呼吸自身产热,尤其是刺孔后菌棒呼吸大量产热,而通风、散堆等散热降温措施不到位导致高温烧菌,排场后引发烂棒。

• 排场后的高温高湿。排场后,尤其是早期气温较高时,遇连续阴雨高湿天气,菌棒在闷热高湿环境中窒息而引发烂棒。

(3)烂棒的防控。根据上述烂棒发生的原因和诱发因素,重点采取以下措施防控烂棒的发生:

①培养基配方科学合理。以杂木屑为主料的配方,麸皮添加量以5%~10%为宜,不宜超过10%;以桑枝屑为主料的配方,麸皮添加量以3%~7%为宜,超过10%容易烂棒。

②菌棒防高温烧菌。菌棒在发菌期间,重点是翻堆、刺孔后,尤其是刺孔后的养菌期间,注意防止发生高温烧菌。严密注意发菌环境和菌棒堆内的温度变化情况,采取通风散热、降低菌棒堆码密度、棚顶遮阳喷水、分批翻堆与刺孔等有效降温、控温措施,严防菌棒高温烧菌,培养健壮、高抗的菌棒。发菌条件不理想、防高温烧菌能力弱的发菌场,宜采取不翻堆发菌管理和边刺孔边排场的发菌催芽模式,避免由于翻堆、刺孔后菌棒放热引起高温烧菌。

③排场后防高温、高湿。排场阶段需密切关注天气变化情况,雨天和连续阴雨天即将来临时,推迟排场。排场后遇连续阴雨或烈日高温,需采取避雨和遮阳措施,同时需注意通风换气,有条件的可开启通风装备进行主动通风;雨止和烈日高温缓解后,必须立即敞开通风,防止菌棒在闷热高湿环境中窒息而引发烂棒。

2. 菌棒受杂菌污染及其防控

(1)菌棒受杂菌污染的发生与症状。黑木耳代料栽培中的菌棒杂菌污染多数在发菌培养前期发生,但发菌后期甚至排场后的出耳阶段也有发生。

发菌培养前期发生的杂菌污染在袋栽黑木耳技术发展初期较严重(图1-238),现已得到较好控制。但近年来在发菌后期,甚至排场后的出耳阶段的污染发生数量有所增加。

图1-238 杂菌污染的菌棒

图1-239 接种口感染木霉

菌棒受杂菌污染主要是由于灭菌不彻底、接种环境条件不合格、接种操作不规范、破袋、菌种带菌等,使菌棒感染以下竞争性微生物所致:

①真菌。菌棒的真菌污染多数是由于接种时的无菌操作不严格、不规范、料袋存在破孔和灭菌不彻底等问题,使菌棒感染了木霉、青霉、曲霉、毛霉、根霉、脉孢霉、裂褶菌等竞争性杂菌而引起的。

• 木霉。主要有绿色木霉(*Trichoderma viride*)、黄绿木霉(*Trichoderma glaucus*)、康氏木霉(*Trichoderma kronigii*)等,是导致菌棒污染的主要杂菌,其竞争性强,不仅与黑木耳菌丝争夺养分和空间,还会分泌毒素杀伤、杀死黑木耳菌丝,严重时引起烂棒(见“烂棒及其防控”一节内容)。在接种时通过接种口感染木霉的,接种块上有青绿色斑点,孔穴附近出现绿色菌落,菌落内的木耳菌丝消亡或不吃料(图1-239);通过菌棒破孔感染的,首先在破孔处形成菌落,逐渐向整个菌棒蔓延(图1-240),并侵入菌棒内(图1-233);菌棒抵抗力弱、木霉生长条件适宜时往往通过菌棒下半部或阴面刺孔后形成的孔口感染杂菌而引起烂棒(见“烂棒及其防控”一节内容)。在木耳生长期感染木霉会导致烂耳,继而引起烂棒。

图1-240 木霉蔓延到整个菌棒

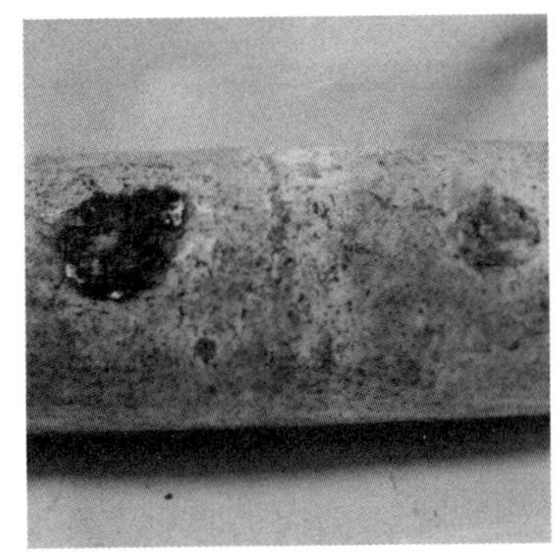

图1-241 接种口感染青霉

• 青霉。常见危害黑木耳菌棒的种类有产黄青霉(*Penicillium chrysogenum*)、圆弧青霉(*Penicillium cyclopium*)、白青霉(*Penicillum albium*)和软毛青霉(*Penicillium puberulum*等,菌丝生长较慢,而分生孢子产生快。青霉种类不同会产生蓝绿、灰绿、黄绿和青绿等不同颜色的分生孢子,多发生在接种口和菌袋破孔处(图1-241),其竞争性不是很强,菌落容易被木耳菌丝掩盖,不及时检查剔除,后期会危害子实体,使耳片由耳根而上软化腐烂。

• 曲霉。常见危害黑木耳菌棒的曲霉有黄曲霉(*Aspergillus flavus*)、黑曲霉(*Aspergillus niger*)、灰绿曲霉(*Aspergillus glaucus*)和烟曲霉(*Aspergillus fumigatus*),主要发生于灭菌不彻底的料棒、菌棒的封口处和接种块周围,以及菌棒破口处。初期出现白色绒毛状菌丝体,扩展较慢,菌落较厚,很快转为表面着黑色或黄绿色粉状孢子的菌落,生长势强的黑木耳菌丝会将其覆盖。黄曲霉和烟曲霉生长速度较慢,感染面小,不严重时对出耳影响不大,未感染的部位可正常出耳,如图1-242所示。而黑曲霉菌生长速度较快,能很快布满料面,使整支菌棒报废,如图1-243所示。同时,黑曲霉会产生毒素,危害人体健康,须严格防控。

图1-242 感染曲霉的耳棒

注:木耳在未感染部位正常生长

图1-243 菌棒感染黑曲霉

• 毛霉。黑木耳代料栽培中较普遍感染的一种杂菌,常见的种类有高大毛霉(*Mucormucedo*)、小毛霉(*Mucor pusillus*)、总状毛霉(*Mucor racemosus*)和刺囊毛霉(*Mucor spinosus*),主要通过接种口和菌袋破孔侵入菌棒。菌丝呈灰白色、粗壮、稀疏,生长速度明显快于黑木耳菌丝(图1-244),温度高时很快就能长满菌棒,菌落逐渐增浓、增厚,出现细小、黑色的球状分生孢子囊,最后变成黑色。菌棒受毛霉感染后,菌丝生长受到抑制,菌棒出耳少,严重时不出耳,有些菌棒出一潮耳后发生烂棒。

图1-244 菌棒感染毛霉

图1-245 菌棒感染脉孢霉

• 根霉。黑木耳代料栽培中较普遍感染的一种杂菌，常见的有匍枝根霉（*Rhizopus stolonifer*）、黑根霉（*Rhizopus nigricans*），主要通过接种口和菌袋破孔侵入菌棒。初期在菌落表面出现匍匐菌丝向四周蔓延，匍匐菌丝每隔一定距离，长出与基质接触的假根，通过假根从基质中吸收营养物质和水分。后期在菌落表面形成许多具柄的圆球形、颗粒状孢子囊，菌落逐渐由灰白色或黄白色变成孢子囊成熟后的黑色，整个菌落上如一片林立的大头针。

• 脉孢霉。俗称链孢霉，是一种常见杂菌，常见的有好食脉孢霉（*Neurospora sitophila*）和粗糙脉孢霉（*Neurospora crasssa*），主要通过接种口和菌袋破孔侵入菌棒。菌丝生长迅速，可在袋内突起形成白色至橘红色的分生孢子团（图1-245），多数从孔口突出一团白色至橘红色的粉状分生孢子团（图1-246），稍受震动，孢子便散发到空中，很快传播蔓延。因此，发现脉孢霉污染时，忌搬动菌棒，以免孢子散发传播，可用薄膜将受感染的菌棒、区块进行密封隔离培养。脉孢霉的感染有一个发生、发展和消退的过程，如感染不严重，菌棒中黑木耳菌丝存活良好的，随着气温的下降和脉孢霉的逐步消退，黑木耳菌丝能生长覆盖受脉孢霉感染的部位，如图1-247所示。

图1-246 突起于接种口的脉孢霉分生孢子团

图1-247 黑木耳菌丝在脉孢霉感染部位生长

1—脉孢霉分生孢子团；2—脉孢霉感染部位；3—黑木耳菌丝向感染部位生长

• 裂褶菌。裂褶菌（*Schizophyllum commune*）主要通过破孔和刺孔后的孔口侵入菌棒。在裂褶菌菌丝生长期菌棒无异常，难以分辨是否感染裂褶菌，多数在排场后从破口或刺孔口长出裂褶菌子实体才能发现，如图1-248所示。感染裂褶菌的部位不能形成黑木耳子实体（图1-249），黑木耳只能在未被裂褶菌感染的部位形成和生长，如图1-250所示。

图1-248 裂褶菌子实体

图1-249 整个菌棒感染裂褶菌

图1-250　黑木耳能在未被感染部位生长　图1-251　发菌棚内感染葡萄座腔菌的菌棒

• 葡萄座腔菌。葡萄座腔菌科、毛色二孢属的可可毛色二孢（*Lasiodiplodia theobromae*）主要通过破孔和刺孔后的孔口侵入菌棒，因该菌感染后整个菌棒呈黑色，耳农称之为"黑霉"。葡萄座腔菌感染在黑木耳代料栽培发展初期就偶有发生，耳农称菌棒感染该菌后，菌棒坚硬，不会烂棒软塌，能较正常形成耳片，认为是黑木耳的有益菌。经浙江省农业科学院园艺研究所研究，初步鉴定"黑霉"为葡萄座腔菌科、毛色二孢属的可可毛色二孢。该菌在破孔和刺孔后的孔口侵入后，在菌棒中蔓延，由于生长的菌丝很快变成黑色并产生黑色素，菌棒也慢慢变成黑色（图1-251、图1-252），最后菌棒表面可触摸到坚硬的颗粒状突起，为其形成的分生孢子座，如图1-253所示。试验表明，虽然该菌能与黑木耳菌丝共存于菌棒中，不易受绿霉等感染、不易烂棒，菌棒还具有一定的出耳能力（图1-254），但该菌的感染会不同程度地影响黑木耳产量。

图1-252　耳场内感染葡萄座腔菌的菌棒　图1-253　感染葡萄座腔菌的菌棒表面颗粒状突起

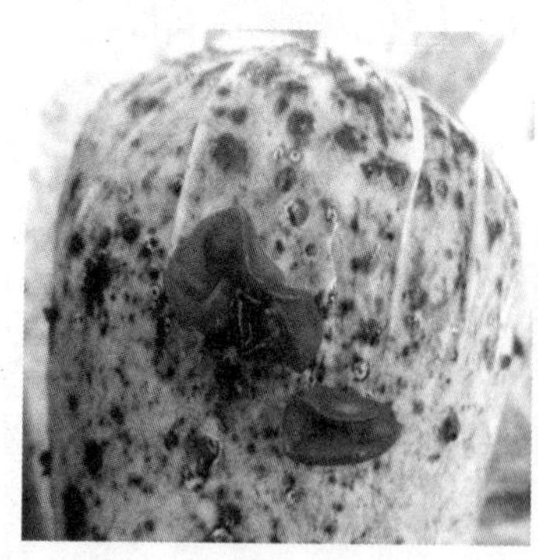

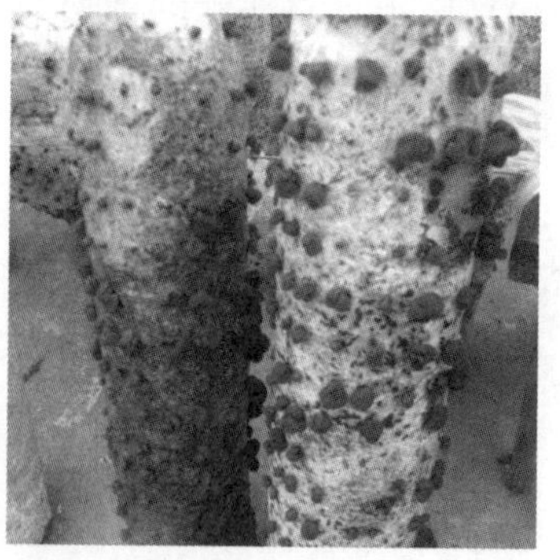

图1-254　感染葡萄座腔菌的菌棒出耳

②细菌。菌棒的细菌污染往往是由于料棒灭菌不彻底所致。菌棒中的细菌繁殖抑制黑木耳菌丝生长而形成秃斑,受感染部位黏湿、色深,伴有酸臭味,严重时培养料发臭、腐烂。

③酵母菌。菌棒的酵母菌污染往往是由于料棒灭菌不彻底所致,受酵母菌感染部位会形成黏稠状菌落,伴有酒酸气味。

(2)菌棒杂菌污染的防控。菌棒的杂菌污染应采取综合防控措施加以防范和控制,必须着重做好以下几方面工作:

①搞好菌棒制作、培养环境的净化工作,减少杂菌菌源基数。制棒与培养场所要求远离污染源,并参照相关章节的介绍做好冷却室、接种室(箱)和发菌室的清洁消毒工作。

②科学合理配方,把好培养料的配制关。按要求选用新鲜无霉变原料和科学合理配方,进行规范化配制。

③防止料袋产生破孔。选用厚薄均匀、料面密度强、无砂眼的专用塑料袋。制棒的每一个环节都必须小心操作,防止破孔产生;装灶灭菌与出灶时都要检查料袋破损情况,一旦发现破袋,应用透明塑料胶带立即补上。

④料棒灭菌严格彻底。按“料棒灭菌”一节内容所述的灭菌程序和工艺要求进行严格灭菌,确保灭菌彻底。应特别注意灶内蒸气畅通,不留死角。

⑤严格进行无菌接种操作。按“料棒接种”一节内容所述的无菌接种操作程序和工艺要求进行接种。

⑥选用优质纯菌种。选用抗性强、长势强、纯度高、不带杂菌的优良菌种,淘汰老化、退化的菌种,对疑含杂菌的菌种均应废弃不用。

⑦加强发菌与出耳管理,培育健壮菌棒。按“发菌管理”“刺孔养菌与催芽管理”和“出耳管理”几节内容所述的发菌与出耳管理要求进行管理,培育健壮菌棒(耳棒)。

⑧及时检查,科学处理。在发菌与出耳过程中经常检查杂菌发生情况,做到及时发现,及时销毁处理,避免更大范围的蔓延传播。对链孢霉等易散发孢子的杂菌,应用潮湿的布等包裹后取出销毁。污染的菌棒可以采用以下两种方法处理:一是在生产季节早期发现的污染菌棒,灭菌后掺入新料中,重新利用;二是将污染的菌棒深埋或烧毁。切忌将污染的菌棒乱扔,或者将污染的菌棒未经任何处理就脱袋摊晒,使病菌孢子到处飞扬传播,造成污染。

3. 虫害及其防控

为害黑木耳的害虫有菇蚊、菇蝇等,这些害虫在目前浙江省袋栽黑木耳的栽培过程中危害程度较轻,未构成较大的危害和损失。菇蚊、菇蝇等害虫可采用黏虫板、杀虫灯、糖醋诱杀等无公害物理防控措施进行防范和控制,如图1-255所示。这里着重介绍对黑木耳栽培危害大、近年来日趋严重的螨虫害的发生与防控。

图1-255　耳场挂黏虫板诱捕害虫　图1-256　蒲螨为害后引起的退菌

(1)害螨的发生与症状。螨虫俗称菌虱，为害黑木耳的主要有蒲螨、粉螨和木耳卢西螨，主要通过菌种、接种口和刺孔口侵入菌棒。螨虫繁殖力极强，直接取食菌丝。取食接种块菌丝导致料棒接种后不发菌，取食菌棒中的菌丝会出现退菌(图1-256)，造成毁灭性损失，危害极大。

①蒲螨。蒲螨呈白色或棕色(图1-257)，个体微小，肉眼难见，行动较慢，大量繁殖后喜成团聚集在料面、袋壁或耳片上，似落了一层"灰"，如图1-258所示。蒲螨是危害最严重的类群，一旦侵入菌棒，几天内就能毁灭全部菌丝，造成绝产。

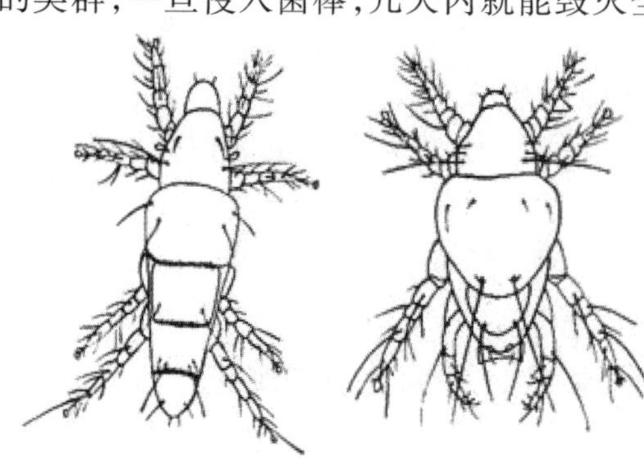

图1-257　蒲螨雌虫(左)与雄虫(右)

图1-258　聚集在菌棒外壁的蒲螨

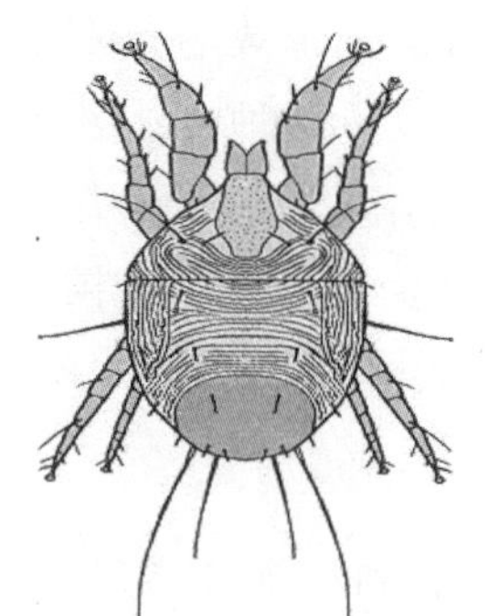

图1-259　粗脚粉螨　图1-260　聚集在耳片表面的粉螨

②粉螨。粉螨(图1-259)体形较大较圆，呈乳白色，肉眼可见。粉螨大量繁殖后聚集于料面、袋壁或耳片表面，呈粉状(图1-260)，能取食菌丝和耳片，同时也是为害仓储的主要螨虫，可为害黑木耳干品，导致其霉变而不能食用。

③木耳卢西螨。木耳卢西螨个体微小，肉眼难见，个体呈黄色，大量个体聚集在一起呈锈红色、粉末状。怀孕雌螨（即膨腹体）呈球形，肉眼可见，一般直径为1.27mm，最大可达2.79mm，初为晶莹无色，以后逐渐呈白色至乳白色，常多个在一起。为害黑木耳菌棒时，在接种口周围及子实体原基周围可见许多大小不等，形似鱼子的白色颗粒——木耳卢西螨的膨腹体，如图1–261所示。木耳卢西螨不但取食菌丝，形成褐色秃斑（图1–262），还取食子实体，甚至将整袋菌丝取食殆尽。受害较轻的菌棒能出耳，但朵形小，拆开塑料袋可见培养料中有许多大小不等的球形膨腹体。

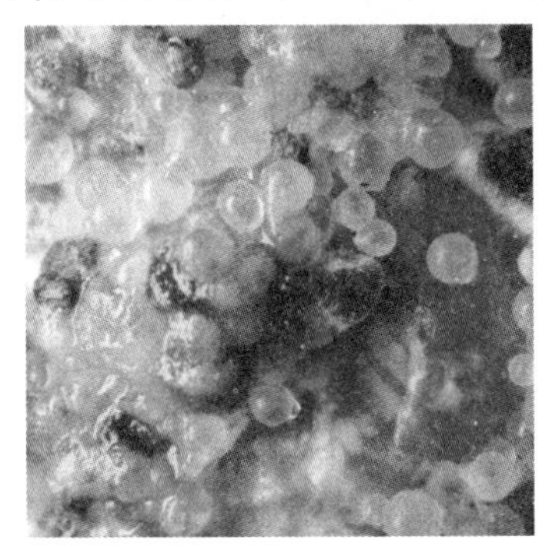

图1–261 木耳卢西螨的膨腹体（引自曲绍轩等）

图1–262 木耳卢西螨为害的菌棒（引自曲绍轩等）

（2）害螨的来源。害螨主要来源于米糠、棉籽壳、麸皮等原料的仓库，鸡舍，潜伏有害螨的发菌棚和耳场，以及带有害螨的菌种，也可通过昆虫传播进入发菌场所和出耳场所。

（3）害螨的防控。

①清洁环境。做好发菌室与耳场周围的环境卫生工作，远离原料仓库、饲料仓库和鸡棚、鸡舍等。

②发菌室严格清洁杀虫。发菌室应经常保持洁净，无诱发螨虫取食繁殖的残料，使用前每100m^3空间用1kg敌敌畏和1kg甲醛进行密闭熏蒸消毒杀虫，并用天王星、三氯杀螨醇、炔螨特、三唑锡等杀螨剂喷杀螨虫。

③严格检查菌种，避免使用带螨菌种。可用放大镜检查瓶口周围，如发现有螨虫的菌种切不可使用，必须高温杀灭后废弃。

④发菌期药剂防控。发菌期间应经常检查螨害发生情况，做到及时杀灭，对曾发生螨虫害的发菌室更需严加防范。定期在发菌室走道、四壁墙角、各入口及其周围喷施杀螨剂，整个发菌期至少喷2～3次。

⑤出耳期防控。出耳期不可喷药，危害较轻时，可用诱杀法防治。在第一潮耳采收后、第二潮耳形成前，在耳场及其周围用天王星等高效低毒、残留期短的杀螨剂进行喷杀。

4. 憋袋耳及其防控

憋袋耳是指耳芽不在孔穴处形成或在孔穴处形成而不能长出孔口，使之“憋”在袋内生长的黑木耳，如图1–263所示。由于其不能像长出孔口的耳片一样自由良好地生长，长时间“憋”在袋内成为烂耳(图 1-264)，不仅导致耳棒产量下降，同时导致耳棒早衰，甚至诱发烂棒，是目前黑木耳代料栽培中影响产量的主要问题之一。

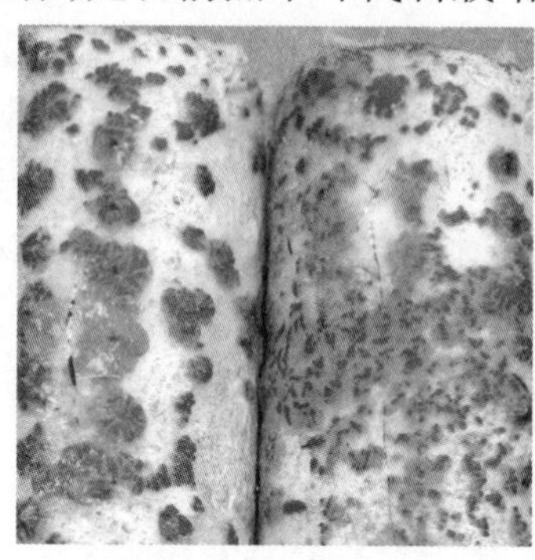
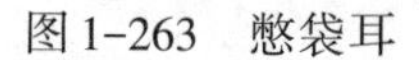
图 1-263　憋袋耳

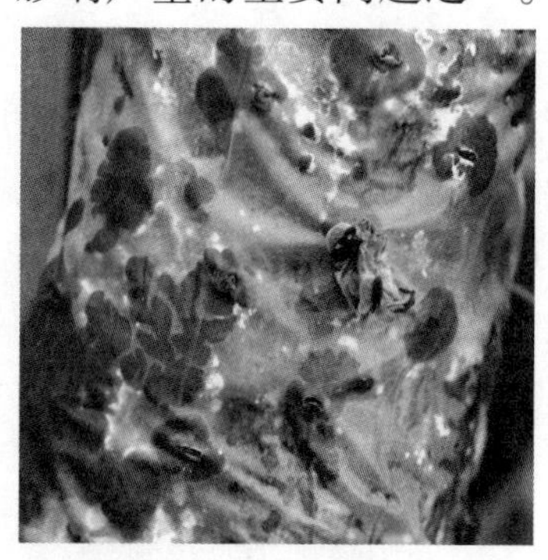
图 1-264　憋袋耳诱发的烂棒

憋袋耳的形成主要与黑木耳品种、装料不紧实、菌料收缩引起料面与袋壁间产生空隙和刺孔后孔穴干燥难以形成耳芽等因素有关。

装料不紧实、灭菌胀袋和发菌后菌料收缩等原因产生的料壁分离是憋袋耳形成的最主要原因，可通过在培养料中添加一定量的砻糠粉，装料时把握好合适的紧实度，灭菌时防胀袋，以及刺孔、排场后保持菌料湿度，避免菌料因过分失水而收缩等措施，防止菌料与袋壁间产生空隙。

对见光易形成耳芽的早熟品种，发菌室应保持黑暗，防止未刺孔前形成耳芽。刺孔后养菌催耳和出耳期间，须掌握好光照、保湿和通气增氧协同催耳技术，尤其是刺孔后的养菌催耳期间，必须注意使孔穴部位的菌料保持良好的湿度，促进菌丝恢复和耳芽形成。

第二章　香菇栽培技术

一、概述

香菇，又有香蕈、冬菇等别称，有花菇（图2-1）、光面菇（图2-2）等类别，日本称之为椎茸。香菇是最早进行人工栽培进行的食用菌之一，目前已经成为世界第二大食用菌。我国是香菇生产大国，年生产量达200万t，占全球总产量的90%。浙江省丽水市是全国香菇的主要产区，年栽培量达5亿袋，产量约为40万t。

图2-1　花菇

图2-2　光面菇

1. 香菇的营养与保健价值

（1）香菇的营养价值。香菇因其香气沁人而得名，它味道鲜美，营养丰富。据分析，干香菇固形物含粗蛋白17.53%、粗脂肪4%、可溶性无氮物质67%、粗纤维7%、灰分4.47%。香菇中的蛋白质由18种氨基酸组成，其中人体所必需的8种氨基酸香菇中就含有7种。香菇还富含多种对人体有益的微量元素、维生素，每100g香菇菌盖含钙40.40mg、磷778.06mg、铁11.30mg、维生素B_1 0.21mg、维生素B_2 1.49mg、维生素B_5 25.20mg。特别是香菇中维生素D原的含量很高，维生素D原经过太阳光照射后转化为维生素D，维生素D对促进人体钙的吸收、防止钙的流失、防治佝偻病等具有积极的效果。因此，营养学家把香菇誉为“植物性食品的顶峰”。

（2）香菇的保健价值。香菇不仅是味道鲜美、营养丰富的食物，而且还是一味传统中药。明代著名医药学家李时珍在《本草纲目》中记载“香菇乃食物中佳品，味甘性平，能益胃及理小便不禁”，并具“大益胃气”“托痘疹外出”之功。现代医学研究发现，香菇中占67%的可溶性无氮物质为香菇多糖（β-1,3葡聚糖）。香菇多糖可调节人体内具有免疫功能的T细胞的活性，对癌细胞有强烈的抑制作用，如对小白鼠肉瘤180的抑制率

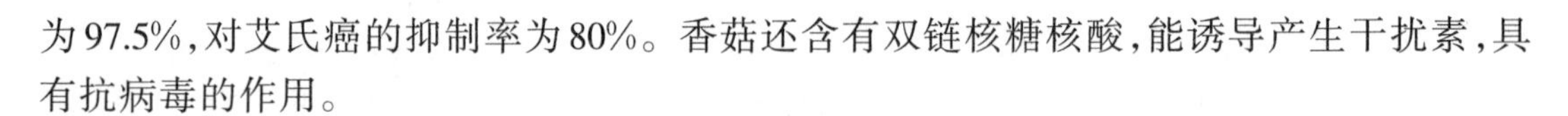

为97.5%，对艾氏癌的抑制率为80%。香菇还含有双链核糖核酸，能诱导产生干扰素，具有抗病毒的作用。

2. 香菇人工栽培发展历程与现状

(1)香菇人工栽培起源。早在850年前，浙江省庆元县的山民吴三公(1131—1209)发明了一种叫“砍花法”的香菇栽培技术(图2-3)，其核心是利用自然孢子作为菌种，通过一定的管理措施，使原木出菇。这一方法自发明后世代相传，一直沿用了800多年，造福了一方百姓，开创了人工栽培香菇的先河，因此吴三公被历代菇民尊称为“菇神”。庆元县西洋殿、景宁畲族自治县英川镇、龙泉市凤阳山和下田村等地都修建有菇神庙，庙中奉祀的菇神就是吴三公。

(2)香菇人工栽培技术的变迁。1931年丽水市成立了我国第一个香菇专业改良农场——龙泉县(现龙泉市)香菇种子繁育场，开始进行香菇纯菌种栽培的初步试验。该试验利用“旧木菌丝当种木”和“香菇菌褶阴干磨成的孢子粉当菌种”等接种方式，对应用了800多年的原木砍花法进行了革新。

到20世纪中后期，随着菌种生产技术的成熟，生产香菇的“砍花法”逐步被菌种接入法取代。龙泉市、庆元县、景宁畲族自治县的10万多菇民利用传统剁花法的优势，结合菌丝播种技术，使段木香菇(图2-4)的产量大幅度提高，然后逐渐过渡到段木纯菌丝播种技术，并引进了优良的段木香菇品种，使香菇产量成倍增加、生产周期大大缩短，为我国香菇生产开创了崭新的局面。段木纯菌种播种法，揭开了被神化了的古法种菇面纱，但段木栽培香菇的整个生产周期仍为3~4年，每立方米段木一般只能生产5kg左右的干香菇，生产周期长，效益较低。

图2-3　香菇砍花法栽培技术中的剁鱼鳞口

图2-4　段木栽培的香菇

香菇段木栽培技术仅用了30年，就被福建省古田县科技人员发明的一种全新的技术——代料栽培法取代。由于香菇代料栽培使用的培养料营养比段木更加丰富、合理，生产管理也能够更加精细、科学，因而产量和效益得到了大幅度的提高，木材资源得到了更充分的利用。丽水市食用菌科技人员利用该技术创造性地开发了大棚秋栽、半地下式栽培、夏季高温地栽、高棚层架栽培等一系列国内外领先的栽培模式，保持了浙江省在国内香菇栽培技术创新中的领头羊地位，对我国香菇产业发展起到了巨大的作用。

(3)香菇人工栽培的发展趋势。进入21世纪，随着我国经济、社会的迅速发展和城市化、工业化的快速推进，大量农村劳动力向城市转移，进入工厂，一家一户的香菇生产方式已经难以可持续发展。香菇生产正面临转型，由一家一户手工操作为主向合作社、机械化、集约化、规模化、工业化方向发展，即由传统的第一产业向第二产业融合发展，专业分工越来越明显，香菇生产也迎来了新的发展机遇。哪个地区先主动转型，哪个地区先完成转型，哪个地区就将获得新一轮发展的先机。

3. 香菇的生物学特性

（1）香菇的分类地位。香菇，学名*Lentinus edodes*，属真菌门（Eumycophyta）、担子菌亚门（Basidiomycotina）、层菌纲（Hymenomycetes）、伞菌目（Agaricales）、侧耳科（Pleurotaceae）、香菇属（*Lentinus*）。

香菇的生命周期从孢子萌发开始，经过菌丝体的生长和子实体的形成，到产生新一代的孢子而告终，这就是香菇的一个世代。

（2）香菇的营养需要。香菇生长所需的主要营养成分是碳源和氮源，以及少量的矿物质和维生素等。

①碳源。碳源是香菇生长发育最重要的营养元素，主要的碳源是糖类。香菇对碳源的利用以单糖类（如葡萄糖、果糖）最好，双糖类（如蔗糖、麦芽糖）次之，淀粉最差。段木和代料培养基中的木屑是香菇最主要的碳源。

②氮源。氮源用于细胞内蛋白质和核酸等的合成。香菇菌丝能利用有机氮（蛋白胨、氨基酸、尿素）和无机氮。麦麸、米糠等是香菇最主要的氮源。

③矿物质。香菇生长所需的矿物质中以磷、钾、镁最重要，铁、锌、锰同时存在时能促进香菇菌丝的生长，它们是细胞和酶的组成部分。

④维生素。维生素可对香菇的酶活动产生影响。在马铃薯、麦芽、麸皮、米糠等材料中维生素含量较多，一般使用这些原料配制培养基时可不必再加入维生素。

（3）香菇对生长环境的要求。香菇生长发育所需要的环境条件主要是指温度、湿度、空气、光照以及适当的酸碱度等。

①温度。香菇菌丝生长的温度范围广，在5～34℃均能生长，而以22～26℃最适宜。香菇菌丝体比较耐低温而不耐高温，子实体发生的温度一般要求为5～24℃，而以15℃左右为最适温度。在生产中，6～10℃的温差有利于子实体原基的发生，若最高温度为18℃、昼夜温差达10℃，则出菇最多，质量最好。

②湿度。菌丝生长阶段，基质含水量以50%左右为宜，空气相对湿度以65%～75%较好。子实体形成时，菇木含水量以60%左右、空气相对湿度以85%～90%为宜。菇木经过一段时间的干燥后，一旦得到适量的水分，便能大量出菇。

③空气。充足的氧气是保证香菇正常生长发育的重要生态因子，因此培养场地应通风良好，以保持空气新鲜。

④光照。香菇是需光性菌类，菌丝生长阶段可以不需要光线，但在子实体形成阶段则要求有一定的散射光，所以栽培场应有良好的遮阳条件。

⑤酸碱度。香菇喜酸性环境，在pH3～7的条件下，菌丝均能生长。最合适的pH4.5～5.5，此时菌丝生长快而健壮。

4. 主要栽培品种

（1）早熟品种。

①'L-868'。属早熟中低温型品种，出菇温度为8～25℃，子实体中大型，菌盖茶褐色、圆整，肉较厚，柄细短，抗杂能力强，出菇快，菌龄60d以上，自然转色好，产量高，适鲜销，是浙江省武义县、江苏省姜堰市以及辽宁省、江西省等地的当家品种之一。但由于菇质较软，现已被菇质结实的'L808'等品种替代。

②'L-26'。属早熟中温型品种，出菇温度为10～25℃，子实体大型，菌盖茶褐色，肉厚，柄较短，抗逆性强，出菇较快，产量高。该品种菌龄65d以上，是适宜大棚秋季栽培模式的当家品种，缺点是菇质较软。

③'LS-10'。属早熟中温型品种，子实体大型，菌盖浅茶褐色，转潮快，产量高，菌龄65d以上，是干制、鲜销的优良品种，深受菇农青睐。但由于菇质较软，栽培面积不断萎缩。

④'Cr66'。属早熟中温型品种，出菇温度为10～23℃，子实体中型，菌盖黄褐色，肉厚，柄细短，菌丝抗逆性较强。该品种出菇早，高产，易管理，菌龄60d以上，缺点是菇质较软。

⑤'Cr33'。属早熟中温型品种，出菇温度为8～22℃，子实体中型，菌盖黄褐色、圆整美观，肉较厚，柄细短，抗逆性强，出菇快，产量高，属边转色边出菇的品种，易管理。该品种菌龄55d以上，缺点是菇质软，生产上已很少使用。

⑥'Cr04'。属早熟中温偏高型品种，出菇温度为10～28℃，子实体大型，菌盖茶褐色、圆整，肉厚，柄较短，菌龄80d以上，产量高，为高海拔地区中高温季节的出菇品种。

⑦'申香2号'。属早熟中高温型品种，出菇温度为8～28℃，子实体中大型，形美，到后期也能保持良好朵形，菌盖茶褐色、圆整，肉厚，柄较短，产量较高，菌龄75d以上，是干制和鲜销的良种。菌棒宜提前（8月上旬）制作，第一潮出菇温度需在18℃以上。

（2）中熟品种。

①'L808'。是丽水市大山菇业研究开发有限公司选育的香菇新品种，属中熟中高温型品种，菌龄100～120d，出菇温度为12～25℃。子实体中大型，朵形圆整，菌盖直径4.5～7cm，半球形，深褐色，颜色中间深、边缘浅，菌盖丛毛状鳞片较多，呈辐射状分布，肉质厚，组织致密，不易开伞，菌柄短而粗，如图2-5所示。因此，'L808'既有'939'菇质结实的优点，又有早熟品种菇柄短的优点，市场售价高于现有品种1～3元/kg，是目前最受市场欢迎的品种。它广泛用于南方秋冬季出菇、北方和高海拔地区中高温季节出菇，是目前国内香菇栽培中最主要的当家品种。

②'浙香6号'。是浙江省农业科学院园艺研究所与武义创新食用菌公司联合选育的优质高产香菇品种，如图2-6所示。属中温中熟型品种，菌龄90～120d，出菇温度范围集中，潮次明显，适合设施化栽培。原基分化温度为10～24℃，最适温度为15～20℃，菇蕾形成期需有6～10℃的温差刺激。

图2-5 中熟中高温型品种‘L808’

图2-6 中熟中温型优质品种‘浙香6号’

子实体单生、中小叶，个别为大叶型，圆整，盖厚，尖顶少，盖径3～8cm，盖厚1～3cm，菇盖干燥时色浅偏白，喷水潮湿后呈褐色；层架式栽培，雨天湿度大时，菇盖色浅比808白，鳞毛明显，但比‘808’略浅；菌柄白色、圆柱形，较‘808’细，柄径1～2.5cm，长度1～6cm，着生浅，易采摘，木屑培养基粘连少。菌肉白色，组织结实致密，不易开伞，口感好、风味佳、品质优。袋均产量为700～750g，优质商品菇产量为600～650g。

③‘939’（‘9015’）。属中熟中低温型品种，出菇温度为8～23℃，最适温度为12～16℃。子实体大型，菌盖黄褐色，盖边缘有白色鳞片，菌肉肥厚、致密，不易开伞，不易破碎，柄较粗长（图2-7），产量高。秋栽模式菌龄达85d以上，春季接种菌龄为150d左右。菌丝耐高温能力强，春季制棒可安全越夏，秋季长菇，适应性广。该品种发菌后期若气温低于20℃，遇震动易出菇，易形成花菇，是生产花菇的主要栽培品种，也是出口鲜菇的优良品种。

④‘庆科20’。属中熟中低温型品种，出菇温度为8～25℃。子实体中型，菌盖黄褐色、圆整，盖边缘有白色鳞片，菌肉肥厚、结实，柄特短（图2-8），出菇均匀，产量高，极易形成花菇。菌丝抗逆性强，菌龄90d左右，为鲜销特优种。

图2-7 中熟中低温型品种‘939’

图2-8 中熟中低温型品种‘庆科20’

⑤‘908’。属中熟中低温型品种，形态特征、出菇管理要求与‘939’基本一致，只是菌盖颜色较‘939’浅，偏黄，为黄褐色，菌肉肥厚、致密，不易开伞，不易破碎，柄较粗，产量高。菌丝耐高温能力强，春季制棒可安全越夏，秋季长菇，适应性广，是要求菌盖偏黄色地区栽培的优良品种。

(3)晚熟品种。

①‘135’。属晚熟中低温型品种,出菇温度为7~20℃,最适温度为9~13℃,子实体中大型,菌盖茶褐色,有鳞毛,菌肉肥厚,边缘内卷,菌柄细短,极易形成花菇,如图2-9所示,菇品价格高,菌龄约200d,是浙江省丽水市中、高海拔地区的主要栽培品种。该品种抗逆性较弱,制棒含水量宜低,否则越夏易烂棒;培养转色过程中要避光,以防菌皮太厚影响出菇。

图2-9　晚熟中低温型品种‘135’

②‘241-4’。属晚熟中低温型品种,出菇温度为6~20℃,子实体大型,菌盖茶褐色、圆整美观,肉厚实、致密,不易开伞,折干率高。该品种抗杂能力强,易管理,菌龄150d左右,产量高,厚菇比例高,是干制香菇的优良品种。

(4)高温品种。

①‘L9319’。是丽水市大山菇业研究开发有限公司选育的香菇新品种,属中熟高温型品种。子实体大型、单生、扁半球形,菌盖圆整,边缘内卷;鳞片白色,边缘多、中间少,菇肉厚、质地硬实。菌盖幼时为褐色,渐变为黄褐色,湿度高时为黄褐色,湿度低时为浅褐色。菌盖直径为5~8cm,菌柄略长,一般为6~9cm。

‘L9319’是目前最受市场欢迎的高温菇品种之一,一是因为菇的品质好,表现为菇大、圆整、质地结实,市场货架期长;二是因为色泽好,菇盖呈黄褐色,鲜销受欢迎。缺点是柄略长,且菌龄较长,达100~120d。

②‘931’。属早熟高温型品种,出菇温度为8~35℃。该品种出菇温度范围广,温度高时出的子实体中等,温度低时子实体大型。菌盖茶褐色、圆整,肉较厚,柄较短。菌龄为60~75d,温度低时达90d以上。该品种抗高温及杂菌能力强,是目前浙江省丽水市低海拔地区夏季高温栽培香菇的主要品种,属高温特优品种,现已推广至全国各地。

③‘武香1号’。属早熟高温型品种,出菇温度为10~30℃,在34℃的菇棚中其子实体仍能生长。子实体较大,茶褐色,菇圆整,柄短,菌龄70d左右,耐高温,抗逆性强,是浙江省丽水市、武义县及全国各地夏季高温栽培香菇的主栽品种之一。

二、香菇菌种繁育技术

1. 菌种场布局

香菇菌种场地要根据生产种的级别、生产规模和实际场地的条件进行科学布局,科学合理的布局有利于提高菌种生产效率和菌种制作的成品率。

(1)功能区设置。香菇菌种生产场包括母种生产区域和原种、栽培种生产区域。母种生产区域包括培养基配置、灭菌、接种、培养等区域;原种、栽培种生产区域包括原料堆放区、拌料装瓶(装袋)区、培养基灭菌区、料瓶(料袋)冷却区、接种区、培养区、菌种暂存销售区等功能区。此外,还要设置洗瓶区、污染瓶(袋)处理区,大型菌种场还需要有配电房、原料(木屑)粉碎场所等。

(2)功能区布局的基本原则。母种生产由于所需的面积较小,各功能区可安排在一起,有些可以在同一个房间布局,如试管清洗、培养基配置与灭菌可以在一个房间,接种和培养可以安排在另一个房间。当然,如果条件允许,灭菌和接种应尽量与其他功能区分开。

原种和栽培种生产区域的木屑原料粉碎场、原料堆放区、洗瓶区、污染瓶(袋)处理区应与装瓶(装袋)区、培养基灭菌区、料瓶(料袋)冷却区、接种区、培养区、菌种暂存销售区等生产功能区分开并保持一定距离,装瓶(装袋)、灭菌、接种、培养等生产功能区应尽可能相近,灭菌区与冷却区、接种区尽可能相连。

2. 菌种分离方法

(1)组织分离法。组织分离在遗传学范畴上属于无性繁殖,能较好地保持原有的遗传特性。组织分离就是在无菌的条件下,切取部分香菇子实体组织(菌肉、菌柄)块,放置到经过灭菌的培养基中,经培养获得纯菌种的方法。在进行香菇子实体组织分离时,选取不同菇场的种菇、不同菌棒的种菇、同一种菇的不同部位组织进行分离时,栽培效果差异很大,应引起制种者高度重视。

组织分离方法的优点是操作方便,分离成功率高,分离获得的菌种菌丝活力强,基本能保持原菌株的优良特性,是目前生产和科研中获得菌种最常用、最有效的方法,也是进行菌种复壮的有效途径。其缺点有:①若不慎选用感染病毒的子实体进行分离,获得的菌种常会带有病毒,且肉眼无法分辨,容易给生产带来损失;②如果不对分离的菌种进行出菇对比试验,生产上将出现与原菌种的差异。

香菇组织分离法的操作步骤如下:

①分离用的器材。分离用的器材有解剖刀(或小刀)、镊子、接种针、酒精灯、药棉、75%的酒精等。

②培养基的准备。要准备的培养基有马铃薯葡萄糖综合培养基(PDA)、马铃薯蔗糖培养基(PSA)。

③种菇的选择。一是选菇场,通过走访,选择出菇早、出菇均匀、无病虫害的丰产菇场;二是选菌棒,选择转色好、出菇较多、菌棒收缩良好、无病虫害感染的菌棒;三是选种菇,选择菇体硕壮、菌盖圆整、肉厚、柄短、未开伞的符合品种特性的子实体作为种菇。

采集分离种菇最好到第二潮出菇的菇棚中直接选择合适的菇作为种菇。还可以选择出菇量较多、不丛生的菌棒,摘除多余的菇蕾,集中营养供应留下的1~3个菇蕾,将其培养成壮硕的种菇。

④种菇的消毒。将采集好的种菇及时用吸水透气的面巾纸、信封、报纸等单独包好,带回,忌用不透气的塑料袋。先去除菇体表面的杂物、污物,切去菇柄基部带培养基的部分,然后将分离器材、培养基一起移入接种箱,常规消毒后再进行分离,也可以将处理好的种菇放置于超净工作台上分离。

⑤切取组织块。分离前先用75%的酒精药棉将双手消毒,然后在接种箱中用经过消毒的刀将种菇的菌柄从基部分开,双手向上将其一分为二地撕开,用锋利的小刀在菌

柄、菌盖交界处偏上部分的菇体上切取约0.5cm×0.5cm的组织块，再用经过消毒的接种针或镊子将切取的组织块移入斜面培养基的中点偏内处即可。

⑥培养。将接入组织块的试管置于25～27℃的恒温条件下培养，夏季分离的组织块最好放到生化培养箱中培养。一般经24～48h，组织块表面开始恢复，四周长出一层短绒状白色菌丝，72h后组织块与培养基接触部分的菌丝在培养基上定植并蔓延生长。此时要注意观察，若发现细菌、霉菌污染的试管，则应及时淘汰。当菌丝在培养基上生长2～3cm时，选择菌丝生长较快、健壮的试管，用接种工具先轻轻捻平前端1cm的气生菌丝，然后用接种针切割成约0.5cm×0.5cm的小块，再移入新的斜面培养基上，经培养成为母代母种。

⑦检验。母种质量检验是一项非常必要的工作，只有通过检验的母种才能应用于生产。通常的检验方法有显微镜检验法、出菇试验法。

• 显微镜检验法。一是观察组织分离获得的母种是否是双核菌丝；二是观察菌丝是否具有锁状联合。将分离获得的母种采用压片法制成菌丝压片在显微镜下镜检，正常的菌丝必须是双核菌丝，即菌丝的每一个细胞都有两个细胞核。如果分离获得的母种菌丝在显微镜下是双核菌丝，表明菌丝正常，具备结菇能力。此外，再查看在细胞横隔处是否有锁状联合，通常认为锁状联合越多，出菇能力越高。

• 出菇试验法。通过镜检的母种在大面积应用前，还须经过出菇试验鉴定，只有出菇正常后才能投入大面积应用。

（2）孢子分离法。香菇孢子分离属有性繁殖，它是通过收集成熟子实体弹射的担孢子，在培养基上萌发生长成菌丝体而获得纯菌种的方法。孢子分离分为多孢分离和单孢分离。

香菇属异宗结合的交配系统，香菇单个孢子萌发获得的菌丝体是单核菌丝，不能形成子实体，必须由不同性别的单核菌丝体经配对结合成双核菌丝后才能形成子实体。香菇多孢分离获得的菌丝体由于含有不同极性的单核菌丝，能形成子实体，但其后代在生产性状上容易产生分离变异。

单孢分离技术广泛应用于香菇的杂交育种，它将不同遗传背景的香菇子实体单孢分离获得的单核菌丝进行配对，获得优于亲本的杂交后代，目前已在香菇新品种培育方面取得非常良好的效果，是香菇育种的基本方法。

香菇多孢分离由于后代产生分离，生产性状表现差异大，因而在生产上几乎无人采用直接用多孢分离获取生产应用的菌种。但近年来香菇多孢分离也开始应用于香菇育种的复壮和筛选。

（3）基质分离法。基质分离是获取菌种的一种有效方法，它直接切取部分含菌丝体的菌棒或菇木置于培养基上，从而培养出纯菌种。该方法通常在无菇的情况下或野外采集时采用。基质分离是一种很好的复壮手段，即将菌棒和菇木置于生产环境下，菌棒和菇木内的菌丝经过季节的变换和风吹雨打的考验，其野性和抗逆性得到恢复，因而具有较好的复壮效果。

①分离用的基材的选择。分离用的基材的优劣直接关系到分离得到的菌种的成功率和应用于生产后的产量和质量。分离用的基材选择有两点要求，一是分离用的基材

应无病虫害、无杂菌,二是基材内菌丝生长良好,基材出菇正常。如应选择转色好、出菇较多、收缩良好、无病虫害的菌棒。

②基材的处理。出菇期的基材往往含水量较高,而含水量较高的菌棒或菇木由于附着有大量的细菌和霉菌,若直接分离,成功率较低。应该将菇木表面的杂物清除干净后,在自然条件下风干,若天气潮湿,也可以将基材带回后置于干燥器内,待基材表面干燥后才可用于分离。

③基材表面消毒。基材表面消毒可分为四步,一是清除基材表面的杂物;二是用75%的酒精药棉进行擦洗消毒;三是把菌棒或菇木在酒精灯火焰上方往返灼烧多次,以杀灭其表面的杂菌;四是将基材置于接种箱内用气雾消毒剂熏蒸。

④组织的挑取与培养。将表面消毒好的菌棒或菇木放于无菌箱内,用镊子、锯条、凿子、榔头和解剖刀从基质内部取少量菌棒培养基或小木块,置于PDA斜面上,于25℃环境下培养。当菌棒培养基或小木块长出的菌丝至一定的范围时,应尽早切取菌落边缘尖端的菌丝移至新的培养基中,通过培养获得纯菌种。

3种分离方法中以组织分离法最常用,它广泛应用于香菇生产菌种的获取、复壮以及菌种种性的保持。孢子分离法广泛应用于香菇育种,单孢分离、单核菌丝配对是目前香菇生产上最有效的育种方法,而多孢分离法多应用于种性复壮和筛选育种。基质分离法多应用于野生香菇的采集、分离,以及在无菇的条件下获取菌种时使用。

3. 菌种生产

香菇菌种分为母种、原种和栽培种,或者称为一级种、二级种和三级种。母种或一级种是指在PDA、PSA等试管装的斜面培养基上培养而成的菌种,通常也称为试管种。原种或二级种培养时,多数使用玻璃菌种瓶作为容器,再装入木屑、麦麸等固体培养基,灭菌后接入母种,以提高成品率。栽培种或三级种与原种培养使用的培养基、容器、生产工艺一样,只不过接入的菌种不是母种,而是原种。

(1)母种生产。用于培育母种的培养基称为母种培养基。通常将试管作为容器,装入培养基后趁热摆成斜面状,因此又称斜面培养基。

①培养基配方。培养基中只要配有碳源、氮源和适量的无机盐,香菇就能生长良好。香菇母种可用的培养基配方很多,常用的如下:

• 马铃薯葡萄糖琼脂培养基(PDA,图2-1)。马铃薯(去皮)200g,葡萄糖20g,硫酸镁1.5g,磷酸二氢钾3g,琼脂18～20g,水1 000mL,pH值自然。

• 玉米粉蔗糖琼脂培养基(CDA)。玉米粉40g,蔗糖10g,琼脂18～20g,水1 000mL,pH值自然。

• 木屑麦麸米糠琼脂培养基。杂木屑(干燥)200g,米糠或麸皮(新鲜、无霉变)100g,硫酸铵1g,葡萄糖或蔗糖20g,琼脂20g,水1 000mL,pH值自然。

②配制。

• PDA的配制。先将琼脂称量后,置于清水中浸泡。再称取去皮的马铃薯(发芽的一定要挖去芽眼)200g,切成薄片,放入盛有约1 200mL水的锅中,煮沸后保持15～

20min，以薯片酥而不烂为宜（切忌煮烂），然后用2～4层纱布过滤，去渣取薯汁汤。把薯汁汤置于洁净的锅内，再加入经清水浸泡透的琼脂，继续加热至琼脂溶化。溶化过程中要用玻璃棒等物品不断搅拌，以防焦底或溢出。待琼脂全部溶化后加入葡萄糖，糖溶解后再用2～4层纱布过滤，加水补足至1 000mL，趁热分装试管，每支试管分装量为试管长度的1/5～1/4。

琼脂的用量与琼脂质量和气温有关，质量较差的要增加用量，质量好的可以减少用量；气温低时减少用量，气温高时增加用量，具体添加量要根据使用后的效果确定。培养基分装时要注意装量均匀，勿把培养液沾到管口上。若不慎沾到管口，则用纱布擦干净后，塞好棉塞。棉塞松紧要适中，以利通气，还可以用硅胶塞代替棉塞，效果也很好。

• CDA的配制。称取玉米粉40g，用少量冷水搅拌成糊状，放入盛有约1 000mL水的锅中煮沸并保持1h。先用单层纱布过滤，把滤液置于洁净的锅中后加入琼脂，加热使其慢慢溶化，待其全部溶化后，再用2层纱布过滤取汁。滤汁加水补足至1 000mL，再放入蔗糖，待糖加热溶化后趁热装管，塞好棉塞，捆扎。

• 木屑麦麸米糠琼脂培养基的配制。将200g杂木屑、100g米糠或麦麸用清水1 500mL加热煮沸，边煮边搅拌。煮沸保持15～20min后滤去残渣取液，加入琼脂，用文火加热，使之溶化，然后用2～3层纱布过滤取液。再加入硫酸铵和葡萄糖（或蔗糖），搅拌使之溶化，加水补足至1 000mL，趁热分装试管，塞好棉塞，捆扎。

③灭菌。把装好培养基、塞好棉塞的试管按7支一捆用绳或皮筋扎好，棉塞部分用牛皮纸包扎好，竖直放入灭菌锅内灭菌。一般试管装的培养基放手提式高压锅内灭菌，只要在冷气放尽后，在1.05kg/cm^{2}的压力下保持30～45min即可达到灭菌效果。灭菌是母种生产的重要环节，关键是把握灭菌的压力和时间。

④摆斜面。灭菌后将取出的试管培养基搁成斜面。在桌上或架上放一条小方木，将试管逐支倾斜排放，使培养液斜面为试管长度的2/3～3/4，然后盖上干燥、清洁的毛巾，使培养基慢慢冷却凝固成斜面。摆放斜面的关键是如何减少试管壁上的冷凝水。冷凝水形成是由于试管中的热培养基在摆放成形的过程中试管内外的温差所导致的。内外温差越大，冷凝水越多；温差越小，冷凝水越少。因此减少试管壁上的冷凝水有两个具体措施。一是抓紧时间摆放斜面，减少试管直接接触冷空气的时间；二是要做好摆放完毕试管后的保温工作，以减小试管内外的温差。

⑤转管培养。分离获得、引进或保存的母种在转接前，要先检查菌丝是否健壮、棉塞松紧度是否适宜、棉塞上是否有杂菌，特别是保存时间长的母种，其试管内的棉塞上往往长有黄曲霉（肉眼就能见到）。此外还要检查试管编号是否清楚。

将检查好的母种及制作好的斜面培养基、酒精灯、接种工具、75%的酒精药棉一起放入接种箱内，用气雾消毒剂2包（4g），高温季节可增加至3包（6g），点燃熏蒸消毒40min。将手用75%的酒精药棉擦涂消毒，或用新洁尔灭溶液洗手后，伸入接种箱内，点燃酒精灯，将接种针、接种铲用酒精药棉擦涂后在酒精灯火焰上反复灼烧其正反面，使其灭菌，然后使其自然冷却，注意冷却过程中不要碰到其他物品。

左手取种源（母种），将棉塞一段靠近酒精灯火焰，右手的拇指和食指夹住棉塞旋转往外拔出，拔出后注意用酒精灯火焰封口。将接种针伸入试管内，把气生菌丝和培养基最薄的约1cm的部分钩出试管外弃去，用接种针将斜面菌丝纵横划成（0.3～0.5）cm×（0.3～0.5）cm的块状。用右手取灭菌后待接种的试管，交给左手，与种源（母种）一起持平，右手无名指和小拇指夹住棉塞旋转外拔，拇指、食指、中指持接种针挑取母种划成的菌丝体小方块，接入斜面培养基中央，最后塞回棉塞，将其从左手抽出，放在箱内，即完成一支母种的转接。重复操作，直至完成所有需要转接的母种。一般每支试管可转接30～50支新试管。接种后每支新试管最好马上贴上标签，注明菌号、接种日期，以防混杂。

转接的试管放入24～27℃恒温箱中或适宜的自然条件下培养，培养过程中要注意检查菌丝是否恢复正常、菌丝形态是否正常、有无细菌和霉菌污染等，及时淘汰有细菌、霉菌污染的试管。若菌丝形态有问题，则要查明原因，坚决弃用。菌丝长满全管后就可用于生产原种或保藏。

（2）木屑原种生产。原种是母种应用到生产的关键环节，因为母种和原种的培养基成分差异很大，需由马铃薯葡萄糖培养基变为以木屑等木质材料和麦麸为主的培养基。原种用于扩繁栽培种用，常用的原种因培养基的不同，有木屑原种、木条原种、麦粒原种、玉米粒原种等之分，依装料的容器不同可分为瓶装原种和袋装原种。

①配方。

- 杂木屑78%，麦麸20%，糖1%，石膏1%，pH值自然，含水量50%～55%。
- 杂木屑60%，棉籽壳20%，麦麸18%，糖1%，石膏1%，pH值自然，含水量50%～55%。
- 杂木屑78%，麦麸18%，玉米粉2%，糖1%，石膏1%，pH值自然，含水量50%～55%。

以上三个配方是经生产实践证明的优秀配方。

②料瓶制作。

- 原料配制。

方法一：第一步先把木屑主料称量后拌均匀成混合料堆；第二步是将石膏粉与麦麸、玉米粉混合均匀，再与木屑翻拌2～3遍，拌匀；第三步是将糖溶于水中，然后边洒水边拌混合干料。拌好的培养料最好堆放0.5h，让木屑内部也能充分吸水。含水量保持为50%～55%，一般料水比为1∶（0.9～1.2）。

方法二：提前数小时或提前一天将木屑加水预湿，让木屑内外干湿均匀，然后再将石膏粉与麦麸、玉米粉混合均匀后与预湿的木屑拌匀，适量加水即可。这种方法对颗粒状木屑尤为适用，原料的含水量容易掌握准确，培养的原种发菌非常理想。培养料的酸碱度为自然，若气温高、制种配料量大时，可在配料时加入0.5%～1%的石灰，以防培养料酸化。

- 装料。

a. 手工装料。配制好的培养料要及时装瓶，当天拌的料应当天装完，不能过夜。洗净的玻璃瓶装料前要沥尽瓶内积水。装料时用左手握住瓶颈，右手将料徐徐灌入瓶中，当料装至瓶口时，提起料瓶，用力震动，使瓶中的料上下松紧一致，然后用鸭脚板（扁形铁钩）把料面托平，压紧至低于瓶肩处。

b. 采用装瓶机装料。该装瓶机是采用振动下料的原理自制的装瓶机械，由振动部分、装瓶装料筐和支撑脚三部分组成，如图2-10所示。该装瓶机结构简单，容易制作，不但效率很高（每分钟可装36瓶），而且装料均匀、质量好。装料时先将菌种瓶整齐地排列在装瓶筐中，然后扣上装料筐，装料筐底部的孔与装瓶筐内的菌种瓶口对应，用钩扣好成一个整体。装料时只需将培养料倒入装料筐，开启振动开关，料就会通过装料筐底部的孔快速地漏入菌种瓶内。操作人员需要用一根木棒来回拨料，使木屑快速地漏入瓶中。待料瓶装满后，关闭振动开关，解开钩扣，取下装料筐，将装满培养料的菌种瓶取出，用鸭脚板压平料面即可。

图2-10　装瓶机装料

- 料瓶清洗。洗净瓶口内外壁上残留的培养料，以减少污染。

方法一：先准备好洗瓶的水，水深应在30cm以上，然后将装料瓶的瓶口朝下浸入水中，洗去瓶外壁上残留的培养料。因瓶内有一定的空气，水不会流入瓶中，需提起装料瓶，将瓶颈斜浸入水中，当进入瓶口的水快浸至料的表面时，再转动瓶子，洗净瓶颈的内壁。清洗时应防止水进入料中使培养料的含水量过大。洗净瓶内外残留的培养料后，擦干瓶口或待瓶口风干后塞好棉塞。如果瓶口未干就塞好棉塞，灭菌后棉塞会与瓶口粘连，不易拔出。瓶塞要光滑，松紧要适中，与培养料间要留有一定的距离，以防接入菌种后棉塞接触菌种导致菌种的水分被棉塞吸收而影响菌种“吃料”。

方法二：将料瓶整齐地排在地上，在瓶口上方用洒水壶均匀地喷水，直接将瓶口、瓶肩内外的原料冲刷掉，达到洗净的目的。该方法的优点是速度快、效率高；缺点是不容易洗干净，喷水量较难控制准。

③灭菌。常用的灭菌方法有高压灭菌和常压灭菌两种。高压灭菌具有燃料消耗少、灭菌彻底、灭菌时间短、效率高的优点。虽然高压灭菌锅造价高，但对于专业菌种生产显然是十分必要的，也是经济的。其灭菌原理与手提高压锅的灭菌原理一样，首先在锅内添加足量的水，然后在蒸架上叠放菌种瓶，也可用周转箱叠放，放满后盖好锅盖或锅门。打开放气阀，加热，待放气阀冒出急促的蒸汽时关闭放气阀。待压力表指针达到0.5kg/cm^{2}时打开放气阀，放冷气至压力表指针回零，然后关闭放气阀，当压力表指针达到设定值时开始计时保温。压力设定值的高低取决于培养料的种类、装料的容量。一般木屑培养基的高压灭菌压力为1.5kg/cm^2，保持90min；木屑棉籽壳培养料的灭菌压力为1.5kg/cm^2，需要保持120min才能达到理想的灭菌效果。

没有高压灭菌锅时，也可以使用常压灭菌锅。常压灭菌锅使用时要注意两个关键点，一是必须排尽冷气；二是必须使料温在100℃的条件下保持10～12h，以达到灭菌效果。袋装原种装料多时，可以将指针式温度计的探头插入料中，以减少无谓的保温时间。

灭菌完毕后，待高压锅压力表指针回0后，及时打开锅门，待料瓶温度降至不烫手后，及时取出放置于接种房间，用薄膜盖好，防灰尘，以提高接种成品率。

④接种。待用的母种要仔细检查菌丝是否健壮，对保存一段时间的母种要特别检

查棉塞上是否有霉菌，最好使用菌丝刚长满管的母种。将检查好的母种整捆扎好，棉塞向下整捆倒置浸于4%的漂白粉液中，片刻后拿出，以对试管外部及棉塞进行消毒。甩干多余消毒液，放入接种箱中。

将灭菌后冷却的料瓶及接种工具放入接种箱或接种室内，每立方米用气雾消毒剂4～8g点燃熏蒸灭菌0.5h，即可开始接种操作。将手用75%的酒精药棉擦涂一遍，或用新洁尔灭溶液洗手后伸入接种箱内，点燃酒精灯，将接种针、接种铲用酒精药棉擦涂后在酒精灯火焰上反复灼烧其正反面，使其灭菌，然后自然冷却，注意冷却过程中不要碰到其他物品。

左手取母种，将棉塞一端靠近酒精灯火焰，右手的拇指和食指夹住棉塞旋转往外拔出，拔出后注意用酒精灯火焰封住母种管口。将接种针伸入试管内，把培养基最薄的约1cm部分钩出试管外弃去，用接种针将斜面菌丝横割成5～6块。取待接的料瓶，用右手无名指、小拇指和手掌的一部分夹住棉塞旋转外拔，拇指、食指、中指持接种针挑取母种划成的菌丝体方块，接入料瓶中央，然后塞回棉塞，完成一个料瓶的接种。接种时以菌丝面朝上为好，这样菌丝恢复和吃料快。重复操作，直至完成所有料瓶的转接。一般每支试管可接5～6瓶原种。接种完毕后，马上贴上标签，注明菌号、接种日期，以防混杂。

防止混杂的有效方法：一是一个接种箱、一批料瓶或一天只接一个品种，这样可以有效地杜绝错种；二是一个接种箱接完后，逐瓶用记号笔写明菌号，这样可以防止摆放过程中错种。

⑤培养管理。培养室要求干燥、洁净，能控制温度，通风换气。将接好的原种移至培养室的培养架上培养，原种培养期间的管理工作包括温度调节、湿度控制、通风管理、光照控制及杂菌检查。

• 温度调节。培养室初始阶段温度应该较高，控制在26～27℃为好，接种15d以后室温宜控制在22～24℃。

• 湿度控制。培养室的空气相对湿度应控制在60%～70%，湿度过高，易滋生杂菌；湿度太低，易使瓶内表层培养料失水而导致菌种吃料困难或发菌缓慢。

• 通风管理。通风可以减少废气，增加培养室的氧气。通风也是调节培养室温度的手段。气温高时，通风应在早晚进行；气温低时要减少通风，可选择在中午气温高时通风。

• 光照控制。香菇在菌丝生长阶段不需要光线或只需微弱的散射光，因此菌种培养要在避光条件下进行。

• 杂菌检查。原种检查的重点应放在接种块恢复后到菌丝布满培养基表面的这段时间内，一旦发现杂菌，应立即剔除。菌种瓶原种应在菌丝封面之前勤检查，封面后检查可减少。袋装原种检查时直接用肉眼看，若发现污染，则小心取出，尽量减少对其他菌袋的影响。尽量减少拿袋检查的次数，因为每动一次菌袋，就增加一次污染。

（3）袋装栽培种生产。栽培种基本都是用塑料袋装种。栽培种与原种生产工艺基本一样，所用的生产原料可以完全相同，只不过接入的不是母种而是原种。栽培种是指原种接入培养料培育出来的菌种，但由于栽培种用于接菌棒，生产量远大于原种，因而在配料以及容器选择方面有所不同。

袋装菌种与瓶装菌种差异较大，袋装菌种的优点是装料快、容量大、接种方便；其缺点是袋装菌种容易受挤压而导致袋内外空气交换并感染杂菌，因而成品率往往低于瓶装菌种。

①配方。

• 杂木屑培养基配方。杂木屑78%，麦麸20%，石膏1%，糖1%，料水比1∶(1～1.2)。

• 杂木屑棉籽壳配方。杂木屑63%，棉籽壳20%，麦麸15%，石膏1%，糖1%，料水比1∶(1～1.3)。制袋的杂木屑应采用长条状与颗粒状的混合物，以达到最佳的生产效果。

②菌种袋的选择。菌种袋可选用聚丙烯料，也可选用低压聚乙烯料。聚丙烯料的特点是能耐2.5kg/cm^{2}的高压，透明度好，但较脆，尤其气温低时易断裂；低压聚乙烯料只能耐1.1kg/cm^{2}以下压力，透明度较差，但韧性好。高压灭菌时应选用聚丙烯袋，常压灭菌时宜选用低压聚乙烯袋。菌种袋有14cm×27cm×(0.004～0.005)cm、15cm×30cm×(0.004～0.005)cm两种规格的折角袋，现都选用折角袋。

近年来，在生产中有许多菇农选用15cm×55cm×0.005cm的筒袋，效果也不错，但这与菌种标准不符。

③料袋制作。

• 配料。按配方将杂木屑、麦麸、棉籽壳、石膏等干料混匀，然后把糖溶于水中，均匀地洒在干料上，再充分拌匀，放置0.5h后，以手握料，指缝间有少量水迹印即可。

• 装料。手工装料可准备一块长30cm、宽比袋口小2～3cm的木板或铁板，将袋口撑开后，左手提袋口，右手握住板的中部，横着铲料后，将木板竖直连料插入袋口(木板一端伸入袋口约10cm)，料面压实后，达到袋高的2/3左右即可。这种方法与常规用手铲料相比，速度快(熟练工每小时装150～200袋)，袋口干净(粘料很少)。

大型菌种厂采用机械装料，可选用自控压式装袋机装料，不仅速度快，而且质量好。小型菌种厂可以使用简单带离合的筒料装袋机，用脚控制装料的量，到一定量时松开脚踏开关即可。

④灭菌。

方法一：装料完毕后套颈圈和无棉盖体后装入周转箱内并叠放好，再在周转箱内进行灭菌、接种与培养。这种方法制作袋装栽培种的优点是成品率高、稳定，工作效率高，能降低用工成本；缺点是投资较大，但这点投资还是值得的。

方法二：装料完毕后袋口以三角折叠法封口，整齐地装入蛇皮袋中，整袋叠放，而颈圈塞好棉塞后装入菌种袋内，扎好袋口与料袋一起送入灭菌锅内灭菌，这是丽水市老区的菇农最常用的方法。接种时在接种箱室内接入菌种后套上颈圈、塞好棉塞，送至培养室培养。其优点是因采用三角折叠法封口，故折袋部分紧贴料而在灭菌后的接种过程中袋内外空气交换少，而且在袋内灭菌时加上棉塞与颈圈，料袋不会受潮，因此成品率一般可稳定在90%以上；其缺点是接种速度稍慢。

采用塑料袋制种的因装料量比瓶子多，灭菌时间需相应延长，一般要求在压力1.5kg/cm^{2}的条件下保持2h。常压灭菌在料温达100℃时应保持10～12h。

⑤接种与培养。选择发到瓶底7～10d、浓白、健壮的菌丝(原种)接种最理想。接种要从底部破瓶往上接，上部弃去3cm左右不用。栽培种制作大都处于气温较高的5～8

月，接种要选在早晨或夜间进行，避开中午高温时间。具体接种方法及程序与瓶装菌种相同。塑料袋装菌种培养室或场地要清洁、干爽、通风良好，能够控温、控湿、遮光。在排放上，其袋间距要适当比瓶子大一点。检查时直接用眼看，发现污染应小心取出，尽量减少对其他菌袋的影响。

（4）香菇胶囊菌种的繁育。香菇胶囊菌种（图2-11）技术最早出现于日本，主要应用于段木香菇栽培中。2000年庆元县食用菌科研中心从韩国引进该项技术，结合我国袋料香菇生产模式加以改进、完善和创新，并在一定范围内得到推广和应用。

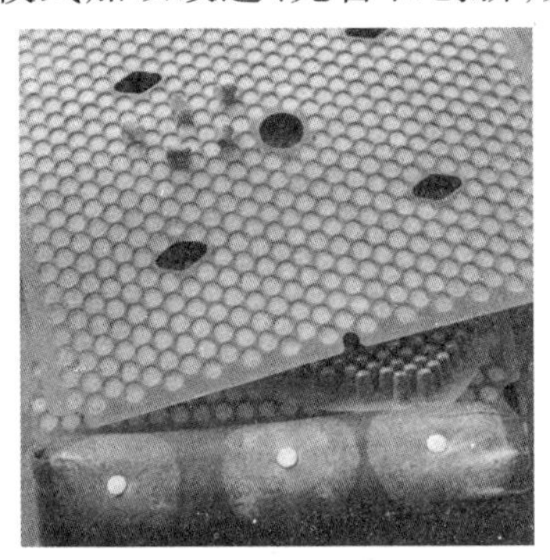

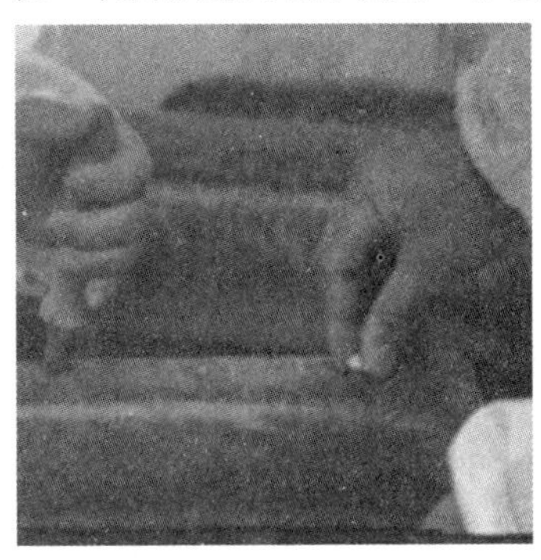

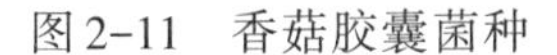

图2-11 香菇胶囊菌种　　图2-12 香菇胶囊菌种接种

①胶囊菌种的特点。与普通的固体菌种相比，胶囊菌种具有以下优点：一是接种后发菌速度快、污染率低。胶囊菌种接入菌棒接种孔内后（图2-12），与培养料紧密结合，利于菌丝迅速萌发定植，接种成活率比较高。二是胶囊菌种接种操作简单，接种效率高。胶囊菌种整颗呈锥形，取用方便，省去了菌种掰块和封口的工序，具有省时、省力、提高工作效率等优点。

②生产步骤。

• 培养料选择。培养基木屑应为适合栽培香菇的阔叶树木的细木屑，并过孔径为4mm的筛子去除粗木屑。

• 培养基配方。使用胶囊菌种专用培养基。

• 菌种生产。将配制好的培养基装入瓶中，经高压灭菌、冷却后，接入菌种，在25℃左右的环境下培养，培养至菌丝生长满瓶后使用。

• 胶囊菌种生产设备。胶囊菌种生产设备包括菌种粉碎处理器、固定孔板、进种料孔板、压制成型机等设备及胶囊菌种托盘、泡沫板等耗材。胶囊菌种制作要求在无菌室中进行，胶囊菌种托盘、泡沫板等耗材需要提前购买或制作。

• 无菌室设备开启。提前30min以上开启无菌室设备。胶囊菌种托盘、泡沫板提前进入无菌室，并开启紫外线消毒，要求平均每立方米不少于1.5W，照射时间不少于30min。

• 菌种粉碎。紫外线消毒后，将挑选过的发菌好且无杂菌的木屑菌种放入无菌室内，操作人员的双手和工具用75%的酒精消毒，再用消毒剂对菌种瓶（袋）外表进行消毒，然后从瓶（袋）中取出菌种，利用机器打碎或手工捏碎菌种，去掉菌皮后使用。

• 菌种胶囊制作。首先将模具进行消毒处理，再将胶囊菌种托盘放在模具上，然后放上塑料孔板。将菌种放在带孔的板上，用塑料板或玻璃板将菌种来回移动使其装入孔内，并填满孔隙。最后放上泡沫板（泡沫板被切割成600个圆片，但有部分连接），再放上塑料孔板，用压制设备压实菌种，之后取去泡沫盖边角料，完成在胶囊菌种口加盖圆片泡沫盖，用气泵枪吹去表面剩余的菌种。制作好的菌种在25℃下培养1周，待菌种重新萌发生长并固定成型，即可使用。

③胶囊菌种的保藏。胶囊菌种要保藏于干燥、洁净、避光、阴凉的环境中，有条件的最好保藏在1～4℃冷藏库中。在20℃的常温条件下，胶囊菌种的保藏期为20d左右，在15℃下保藏期为25d左右，在10℃下保藏期为30d，在1～4℃的低温条件下保藏期则可达60d以上。无论在何种温度下保藏，都必须采取一定的保湿措施，以防止胶囊菌种脱水。保藏于低温冷库中的胶囊菌种需在使用前一天取出，放置于20℃的常温条件下活化，才可用于接种菌棒，但取出后最好在6d内使用完毕。当每张胶囊菌种的质量低于600g时，表明胶囊菌种脱水量已过大，菌种活力受影响，不宜再使用。

④胶囊菌种质量鉴别。香菇胶囊菌种每张600颗，要求菌种颗粒饱满无缺口，托盘无破损，盖片紧贴无脱落，菌丝洁白、健壮，无杂菌感染，成熟度适宜，含水量适中（使用时每张重量以600～800g为宜）。

（5）液体菌种生产技术。液体菌种是指利用生物发酵技术，将颗粒型、固体型菌种培养基质改为液体基质，在接入菌种、高通量氧气的条件下，完成菌丝的快速增殖。香菇液体发酵的主要流程为母种→液体摇瓶种→一级发酵→二级发酵→接种（菌棒、菌袋）应用。现以发酵罐二级发酵法为例介绍香菇液体菌种生产技术。

①液体专用母种的制作。香菇液体专用母种的制作与常规品种相同，常规品种一般于24～27℃、7～11d即可长好（长到1/2培养基长度即可）。菌丝生长健壮、洁白，均匀一致，无任何杂菌污染的菌种为合格菌种。

②液体摇瓶种的制作。

• 容器准备。一般常用500mL盐水瓶，配以直径0.8cm的玻璃管。将300～350mL的液体培养基装于盐水瓶内，再将玻璃管通过橡胶塞插于瓶内，玻璃管的外口以橡皮管加玻璃球的方式封口。

• 培养基的配制。液体摇瓶种的培养基配制与液体发酵罐的培养基基本相同，但对培养基的过滤要求更高，要增加一次过滤。培养基的配方（按1 000mL计算）：去皮马铃薯100g，磷酸二氢钾2g，硫酸镁1g，麸皮30g，蛋白胨2g，红糖10g，葡萄糖10g。培养基在灭菌后置于洁净处冷却到30℃以下再用于接种。

• 接种培养。接种箱或超净工作台经过消毒灭菌后才能用于接种，操作时按照无菌操作的要求操作。解开盐水瓶口，迅速把培养好的试管香菇0.5cm×0.5cm的母种种块（1～3块）放入盐水瓶中，塞好瓶口，放到摇床上培养。培养温度为23～26℃，摇床旋转频率为130r/min，幅度为5cm。

• 菌种判断。摇瓶在摇床上培养4～7d就可达到使用的要求，可以用肉眼观察来判断菌种发酵的好坏和使用时机。若菌液澄清透明，未变混浊，则表明未受污染；形成的菌球应色白，大小均匀，下沉于下部的体积占总液体体积的50%以上。达到以上指标的摇瓶菌种就可以应用于下一级的发酵扩大培养。

③一级液体菌种生产。

• 100L的发酵罐发酵完成的液体菌种可以接种4 000多个孔口。发酵设备要求安装在相对洁净的环境中，而且要有相对独立的空间，有进排水口，电路独立，接地良好。每个发酵罐都配有空气进气管、排气管、接种管和底部的排液管，同时还配有空气粗过滤器和精过滤器。

• 发酵罐的清洗和灭菌。在空罐使用前要清洗，并进行灭菌。要求对罐体内外、管路、开关进行清洗和检查，清除霉斑和污物，检查开关是否密封良好。空罐的灭菌是将清水加到70%的容量，安装好盖体，关闭开关，接好电源，调节温度控制开关，加热灭菌；保持在110℃下30min后，关闭电源，降温，打开阀门放水。

• 培养基的配制。

培养基的配方（按1000mL计算）：马铃薯（去皮）100g，麸皮40g，红糖15g，葡萄糖10g，蛋白胨2g，磷酸二氢钾2g，硫酸镁1g，维生素B_1 1片，泡敌0.3mL。

培养基的配制：100型液体菌种培养器的容积是100L，而有效容积是70L，所以要按70L计算各培养基的配制原料（同母种培养基制作），并补足培养基总体积。

• 装罐。把配制好的培养基70L装入发酵罐中，盖好发酵罐盖子，关闭阀门，注意夹层应加满水。

• 培养料灭菌。调节温度控制继电器到110℃，开启加热电源，微开发酵放气口、夹层上排水口，排出加热后的多余水，接好蒸汽灭菌的管路，当继电器显示培养基温度达到110℃时，慢慢开启夹层排水口开关，利用夹层水蒸气对通气管路进行蒸汽灭菌。在通入蒸汽时，把空气过滤器的下排开关半开，排去冷凝水，并打开空气外排开关，保持空气外排口有蒸汽持续喷出并维持30min，以对管路和空气过滤器进行灭菌。

• 接种管的灭菌。在空气过滤器灭菌的同时，利用“三通”把蒸汽通入接种管路中，维持蒸汽喷出状态15min，然后使用止血钳关闭蒸汽的出入口。再微开接种开关，放入经灭菌的培养基后关闭，使接种管路不会处于真空状态。

• 培养料的冷却、空气过滤器的灭菌和吹干。培养基在110℃下维持30min后，关闭加热电源，同时把经蒸汽灭菌的空气管路从蒸汽出口上卸下，直接把管口接到气泵上，用空气吹干管路和空气过滤器，一般持续30min。30min后灭菌结束，用冷水对培养罐的夹层通水，下进上出，罐内温度显示接近100℃。同时，通过阀门的开闭，向培养罐内通入洁净的空气，微开培养罐通气口，用空气搅拌罐内的培养基，从而加速冷却。当培养罐内的培养基温度显示在28℃以下时，就可以结束通水冷却，进行接种操作。

• 接种。先对发酵罐所在的培养室以降尘和空气过滤等方法提高空气的洁净度，然后在酒精灯火焰的保护下，把盐水瓶用于摇菌种的玻璃管外的封口球脱去，与培养罐的接种管相连，要求动作敏捷、迅速，利用虹吸原理把菌球吸入到培养发酵罐中，关闭接种口开关。

• 发酵培养。发酵培养要注意两点：一是培养温度，即调节温度控制继电器为25℃；二是通气，即开启进气开关和排气开关，调节发酵罐的通气量和罐内气压，用空气流量表测定通气流量，一般设置通气量为20L/min，罐内气压控制为0.01～0.02MPa，每间隔12h对空气过滤器的下开口排一次水。这样培养香菇液体菌种4d左右，菌球密度增大，菌液流动性明显下降，液体菌种发酵到达终点。

• 菌种质量的检查。在香菇液体菌种发酵培养的过程中，每天检查发酵罐内菌丝的生长情况，通过镜口观察菌液的澄清透明度及菌球边缘清晰度情况，并对排气孔内排出的气体气味进行判断。正常发酵产生的气味开始为香甜味，之后慢慢变淡，并有一丝菌香味；若出现酸臭味，则说明发酵失败，应停止培养。

④香菇液体菌种的使用。

• 接种枪的准备。香菇液体菌种在投入使用时，要先准备好无菌的胶管和接种枪。把接种胶管与接种枪连接好，接口密封，胶管口与接种枪口用8层纱布包扎好，放入高压蒸汽灭菌锅中灭菌，完成灭菌后备用。在酒精灯火焰的保护下把发酵罐的接种口与无菌胶管相连，调节发酵罐进气口和排气口的阀门大小，使罐内压力维持在0.02MPa左右，缓慢开启接种口阀门，打开接种枪开关，可见液体菌种迅速从接种枪中喷出。

• 接种。液体菌种接种应在洁净的无菌室或接种箱中进行，考虑到接种效率，一般在无菌接种室中操作。香菇液体菌种可以接种香菇立式袋包，也可以接种香菇长袋棒，液体菌种可以直接喷洒在料包的上表面，也可以打入培养料中，让菌种从培养料内部萌发、吃料。接种液体菌种后的菌袋或菌棒要及时封好袋口，或套上套袋，减少在空气中的暴露时间，处于23℃下培养。

由于用液体菌种接种，菌种中含有较多的菌液水分，所以在制作栽培种时，培养料的含水量要少些，通常比常规用的培养料的含水量减少1%～3%。

（6）香菇菌种质量的鉴别。

①香菇各级菌种的质量要求。香菇各级菌种的质量要求见表2-1～表2-3。

表2-1　香菇母种感官要求

项　目		要　求
容　器		完整，无损
棉塞或无棉塑料盖		干燥、洁净，松紧适度能满足通气和滤菌要求
培养基灌入量		为试管总容积的1/5至1/4
培养基斜面长度		顶端距棉塞40～50mm
接种量（接种块大小）		（3～5）mm×（3～5）mm
菌种外观	菌丝生长量	长满斜面
	菌丝体特征	洁白浓密，棉毛状
	菌丝体表面	均匀，平整，无角变
	菌丝分泌物	无
	菌丝边缘	整齐
	杂菌菌落	无
斜面背面外观		培养基不干缩，颜色均匀，无暗斑、无色素
气　味		有香菇特有的香味，无酸、臭、霉等异味

表2-2 香菇原种感官要求

项目		要求
容器		完整,无损
棉塞或无棉塑料盖		干燥、洁净,松紧适度能满足通气和滤菌要求
培养基上表面距瓶(袋)口的距离		50mm
接种量(每支母种接原种数,接种物大小)		4~6瓶(袋),≥12mm×15mm
菌种外观	菌丝生长量	长满容器
	菌丝体特征	洁白浓密,生长旺盛
	培养物表面菌丝体	生长均匀,无角变,无高温抑制线
	培养基及菌丝体	紧贴瓶壁,无干缩
	培养物表面分泌物	无,允许有少量深黄色至棕褐色水珠
	杂菌菌落	无
	拮抗现象	无
	子实体原基	无
气味		有香菇特有的香味,无酸、臭、霉等异味

表2-3 香菇栽培种感官要求

项目		要求
容器		完整,无损
棉塞或无棉塑料盖		干燥、洁净,松紧适度能满足通气和滤菌要求
培养基上表面距瓶(袋)口的距离		50mm
接种量(每支母种接原种数,接种物大小)		30~50瓶(袋)
菌种外观	菌丝生长量	长满容器
	菌丝体特征	洁白浓密,生长旺盛
	培养物表面菌丝体	生长均匀,无角变,无高温抑制线
	培养基及菌丝体	紧贴瓶壁,无干缩
	培养物表面分泌物	无,允许有少量深黄色至棕褐色水珠
	杂菌菌落	无
	拮抗现象	无
	子实体原基	无
气味		有香菇特有的香味,无酸、臭、霉等异味

香菇菌种鉴别包括两方面的内容。一是鉴别所分离或引进的菌种是不是香菇，是香菇何种品种或菌株；二是鉴别引进的菌种生产性能是否优良，即使用后出菇的产量、质量如何。

②香菇母种外观鉴别。香菇菌丝在PDA斜面上表现为白色、粗壮、绒毛状，平伏生长，长满斜面后有爬壁现象。在23～25℃下培养12～14d，菌丝可长满斜面培养基（试管为20mm×200mm，斜面长12～14cm）。见光后，继续培养会产生褐色色素，形成褐色菌皮，有些品种在斜面上还能产生子实体。

③香菇菌株、品种的鉴别。一是以香菇不同菌株间是否发生拮抗反应为依据。通过在PDA平板上与现有的菌株或品种进行拮抗试验，可以有效区别两个不同遗传背景的菌株，但不能区分两个有相似遗传背景或亲缘关系较近的菌株。该方法简捷、实用，在香菇菌株的鉴定上发挥了很大作用，如今在生产上仍被广泛应用，特别在鉴别引进的菌种是否为某一类品种、在防止错种时非常简便、有效。二是分子鉴别。如随机扩增多态DNA（RAPD）技术操作简单、快捷、信息量大，检测DNA片断多态性的方法独特，已广泛应用于香菇的菌株鉴定，是目前较为准确、可靠的菌种鉴定方法。

④菌种外观质量的鉴别。一是菌种的纯度，优质的菌种必须是没有感染任何杂菌的纯菌丝体培养基。二是菌种的长势，菌丝生长快、健壮的被视为优良菌种。三是色泽，优良的香菇菌种色泽洁白，若菌丝出现红色的液滴，则说明菌种菌龄较长，趋于老化。四是均匀度，菌种纯，均匀度就好。如果原种或栽培种的菌丝初期生长均匀度好，而后期局部菌丝退化、消失，其退化部位与正常部位有明显的拮抗线，则菌种可能带病毒。若在生产上应用带病毒的菌种，其危害是巨大的。

⑤香菇内在特性的鉴定。香菇内在特性的鉴定包括出菇试验、抗热性试验和抗霉性测定。出菇试验是检验香菇菌种质量优劣最直观、最主要的手段，也是目前最有效的方法，此处只介绍出菇试验。

出菇试验方法可以按照品种特性，采用常规的栽培方法进行。每一菌株试验数量为每小区30棒，重复3次。在管理过程中要有详细的记录，包括原种、栽培种的菌丝生长情况，如菌丝萌动、菌丝浓淡、生长快慢、菌种表面有无菌皮（或菌皮厚薄）、菌苔韧性、培养基转色情况等。

菌棒式栽培应记录菌棒转色快慢、颜色、出菇快慢、子实体生长密度、子实体经济性状等，包括菇的大小、厚度、色泽、圆整程度、转潮快慢、对水分的敏感程度、菌柄长短与粗细、产量以及时间分布、优质菇比例等。通过对记载资料的分析，评价菌种生产性能，确定菌种质量的优劣。

（7）菌种的保藏。菌种的保藏分为短期保藏和长期保藏，短期保藏主要用在菌种生产和销售过程中。菌丝长满瓶（袋）后未及时销售的菌种，需要通过短期保藏以减缓菌种老化。一般将原种或栽培种放到10℃左右的冷库中保藏，如果要延长保藏时间，温度可以降至6℃。

长期保藏是指保存香菇种源，供今后生产或研究使用。保藏的目标是菌种经过较长时间的保藏之后仍然保持原有的生活能力，而且菌种基本保持原来优良的生产性能，其形态特征和生理性状不发生变异。保藏的原理是使香菇菌种代谢作用尽可能降低，抑制它的生长和繁殖，以免发生变异。低温、干燥和真空是保藏菌种的几个重要因素。

①斜面低温保藏法。斜面低温保藏法是最简便、最实用的低温保藏方法，因为技术简单，设备要求不高，并能随时观察保藏菌株的情况，目前在生产、科研上被广泛采用。

方法：将需要保藏的香菇菌种接种在适宜的斜面培养基上。培养基与生产用的培养基有所差别，在PDA的基础上加入缓冲盐类，如0.2%的磷酸二氢钾或磷酸氢二钾，并提高琼脂用量，以减缓培养基水分散失，将其置于25～27℃下培养。选择菌丝生长健壮的试管菌种，试管口用硫酸纸或牛皮纸把棉花塞包扎住，然后用牛皮纸包好，放到冰箱、冰柜中保藏；或把菌种置于铝饭盒中，再放入4～6℃的冰箱、冰柜中保藏。保藏过程中要注意检查菌种是否正常，特别要检查试管棉塞是否生霉、有无虫害以及培养基的干缩程度。如果一切正常，每隔3～4个月保藏母种需要重新移植保藏。

②石蜡封口保藏法。石蜡封口保藏法是在斜面低温保藏法的基础上改进的。选择菌丝生长健壮的试管，管口用石蜡封严，再放入4～6℃的冰箱、冰柜中保藏。该方法较斜面低温保藏法的保藏时间更长，移接期可延迟到6～12月，且培养基无干缩，转管成活率高。

方法：取培养好的试管菌种，检查无异常后剪平管口棉塞，然后将试管口浸入熔化的石蜡中片刻，使棉塞及试管口密被石蜡后取出，待石蜡冷却凝固后放入4～6℃的冰箱、冰柜中保藏。

③木屑培养基保藏法。木屑培养基保藏法是利用香菇自然生长的基质作培养基以保藏菌种的方法，它与低温定期移植保藏法一样，目前被许多单位广泛采用。其优点是取材容易，制作极为方便，抗逆性强，不易老化，保藏期长，与斜面培养基相比可减少中途转接的工作，可以置于4～6℃冰箱里保藏，也可置于温度较低的室内保存，且保存效果稳定而良好。有研究认为，该方法5年内的保藏效果与液氮超低温保藏法相近。

配方：杂木屑（颗粒状为好）78%，麦麸20%，糖1%，石膏1%，料水比约为1∶1.1。

方法：按配方称好培养基各原料并搅拌均匀后，装入18mm×180mm或20mm×200mm的试管中，在1.5kg/cm^{2}的压力下灭菌1.5h，冷却后接入菌种，置于25～27℃下培养。满管后用石蜡封闭棉塞或塞上橡皮塞并用蜡封口后，放入4～6℃的冰箱中保藏。

④液氮超低温保藏法。该法将要保存的菌种密封在盛有保护剂的安瓿瓶里，经控制冻结速度后，置于-196～-150℃的液氮超低温冰箱中保存。液氮超低温保藏法是目前保藏菌种最好的方法。因关键设备（液氮超低温冰箱）价格昂贵，液氮的来源也较困难，所以目前在国内应用不普遍。该方法的优点是保藏时间可长达数年至数十年，经保藏的菌种基本上不发生变异。

三、香菇大棚秋季栽培模式

香菇大棚（图2-13）秋季栽培模式是丽水市莲都区菇农于1990年创造的秋季栽培模式之一，以鲜销为主，兼顾烘干，现已推广、应用至全国绝大多数省、市、自治区。这一模式的主要优势，一是总产量和秋冬菇比例高。每一支菌棒（筒袋规格为15cm×55cm）产菇量为0.75～1.2kg，秋冬菇比例达60%～70%。二是秋冬菇产量高，而且质量好、售价高，经济效益显著提高。根据丽水市莲都区菇农赴全国各地调查的收益情况表明,每万袋的纯利润(已扣除生产成本和生活成本)为15 000~20 000元,高的达30 000~50 000元。菇棚取材容易,搭棚只需毛竹、薄膜、遮阳网、铁丝等材料,也可租用城郊蔬菜钢管大棚及北方日光温室大棚。

图2-13　香菇栽培大棚

1. 品种选择与季节安排

(1)品种。大棚秋季栽培模式以早、中熟品种为主,因其应用范围广,故根据不同的纬度、海拔,选用的品种不同,目前主要有L808系列('168''236')、'浙香6号'、939系列('9015''908')、'937'('庆科20')、'868'等。

(2)季节安排。秋季栽培时间的选择,最迟从接种日算起往后推60~90d为脱袋期,且日平均气温不低于12℃,这样不但菌丝能于较合适的环境中生长,而且子实体也能在适宜的温度下发育。以丽水市为例,该地处于长江流域,夏季炎热,香菇菌丝无法生长,立秋后气温下降较快,适宜制棒的季节较短。对于中熟品种,如'L808''浙香6号'和'939',为了尽早赶在适宜出菇的季节出菇、延长出菇期、提高产量及生产效益,菌棒接种期可提前到8月上旬,甚至7月中旬,有条件越夏的建议提前至5~6月。不同品种在不同海拔的适宜接种期如表2-4所示。

表2-4　不同品种在不同海拔的适宜接种期

品　种	300m以下低海拔	300~800m	800m以上
L808('168''236')	7月下旬~9月上旬	7月初~8月下旬	4~5月
939系列('9015''908')、'937'('庆科20')	7月下旬~9月上旬	7月初~8月下旬	3~5月
'868'	8月上旬~9月下旬	7月中旬~9月上旬	

近年来研发大棚设施进行淡季栽培取得良好的效益,采用优质中温中熟品种浙香6号可在9~11月制包,秋冬季培养菌棒。浙江武义多在9月底制包,10月接种发菌,次年3月20日左右开始开袋出菇,4~6月一般可采3潮菇,7月初至9月初进行高温越夏养菌,9月10日左右进行注水及振动出菇,到11月中旬左右结束,出菇期为5~6月和9~10月,属香菇淡季,栽培效益好。

2. 菌棒制作

(1)适宜做香菇栽培原料的主要树种。适宜做香菇栽培原料的树种很多,但用不同树种栽培的产量、质量有较大的差异，以壳斗科、金缕梅科的树种做栽培原料来栽培香菇最好。

图2-14 白栎的枝、叶、果

①白栎（图2-14），学名 *Quercus fabri*，壳斗科，栎属。

②枫香（图2-15），学名 *Liquidambar formosana*，金缕梅科，枫香属。

③钩栲（图2-16），别名钩锥、钩栗，学名 *Castanopsis tibetana*，壳斗科，栲属。

④青冈（图2-17），学名 *Cyclobalanopsis glauca*，壳斗科，青冈属。

⑤杜英（图2-18），学名 *Elaeocarpus decipiens*，杜英科，杜英属。

⑥麻栎（图2-19），学名 *Quercus acutissima*，壳斗科，栎属。

⑦桤木（图2-20），别名水冬瓜树，学名 *Alnus cremastogyne*，桦木科，桤木属。

⑧甜槠（图2-21），别名园槠，学名 *Castanopsis eyrei*，壳斗科，栲属。

⑨细柄阿丁枫（图2-22），别名细柄蕈树、细叶枫，学名 *Altingia gracilipes*，金缕梅科，蕈树属。

⑩锥栗（图2-23），别名珍珠栗，学名 *Castanea henryi*，壳斗科，栗属。

⑪板栗（图2-24），别名栗，学名 *Castanea mollissima*，壳斗科，栗属。

图2-15 枫香的枝、叶、果

图2-16 钩栲的枝、叶、花

图2-17 青冈的枝、叶、果

图2-18 杜英的枝、叶、花

图 2-19　麻栎的枝、叶、果

图 2-20　桤木的枝、叶、果

图 2-21　甜槠的枝、叶、果

图 2-22　细柄阿丁枫的枝、叶、果

图 2-23　锥栗的枝、叶、果

图 2-24　板栗的枝、叶、花

（2）主要栽培原料。

①木屑。木屑是香菇栽培的主要原料，主要提供香菇生长的碳素营养。适宜做香菇栽培主要原料的主要是壳斗科、桦木科、金缕梅科、槭树科等树种木材（图 2-25）的木屑。苹果、梨等果树枝条也是香菇栽培的优良木材。安息香科、樟科等阔叶树以及松、柏等针叶树因含有抑制香菇菌丝生长和出菇的物质，在生产上不宜选用。使用多树种木屑混合而成的栽培原料比使用单一树种的产量高。

将适宜香菇栽培的木材、枝条通过专用粉碎机粉碎成颗粒状，如图 2-26、图 2-27 所示。木屑大小多为（3～5）mm×（3～5）mm、厚 1～2mm，同时伴有部分颗粒大小为（1～2）mm×（1～2）mm、厚 1～2mm 的木屑最佳。此外还可以掺入 30%～50%的木制品加工的下脚料木片(图2-28)或刨花等。锯板木屑因颗粒太小而不能单独使用,但可以按10%~15%的比例掺入颗粒状木屑中。刚粉碎的木屑最好堆积发酵1周以上再使用。

图2-25 栽培香菇用的木材

图2-26 木材粉碎

图2-27 粉碎而成的木屑

图2-28 木制品加工厂的下脚料木片

②麦麸。麦麸又称麸皮、麦皮,是香菇菌丝生长所需氮素营养的主要供给者,是袋栽香菇最主要的辅料。麦麸能促进香菇菌丝对培养基中纤维素的降解和利用,提高生物学效率。目前市售麦麸有红皮和白皮、大片和中粗之分,其营养成分基本相同,都可以采用。麦麸要求新鲜、不结块、不霉变,要防止结块的麸皮吸不透水、夹心导致的灭菌不彻底等现象发生。

由于麦麸用量大,而且无香菇生产专用麦麸标准,因此容易被不法商贩掺假,导致出现烂棒、不出菇等生产事故,在购买麦麸时要特别注意鉴别。麦麸掺假主要有两种,一种是白皮麦麸易被掺入玉米芯粉、麦壳、麦秆粉等与麦麸相似的物质,这种掺假虽然不会导致不出菇,但会降低香菇产量。另一种是在麦麸中掺入含有重金属等有害物质或劣化培养基理化性状的廉价矿粉,这种掺假会严重影响出菇,甚至导致不出菇,进而造成烂棒等重大生产事故的发生。

鉴别方法:取少量麦麸,放入盛有水的盆子等容器内,搅散后仔细观察。首先看浮在水面的麦麸是否有麦壳、麦秆粉等掺杂物;若有,就是掺假。配料时要视掺假程度适当增加麦麸的用量。其次看盆子等容器底部是否有粉状沉淀物;若有,则将沉淀物滤出,放在阳光下,如果有贝壳状闪亮的颗粒,就表明麦麸中掺入贝壳粉等矿粉。这种掺假的麦麸不宜使用,要及时与经销商联系退货。

③玉米粉。玉米粉含有丰富的蛋白质和淀粉，营养丰富，可以代替部分麦麸，是香菇生产可选的主要辅料。玉米粉在香菇培养料中替代麦麸量为2%～10%，可增加碳素、氮素等营养，增强菌丝活力，显著提高产量。经试验，替代量达10%时，香菇增产幅度在10%以上。

④棉籽壳。脱绒棉籽的种皮质地松软，吸水性强，蛋白质和脂肪含量高，营养丰富，是优良的袋栽食用菌的原料，可替代杂木屑的量为10%～50%，以10%～20%最佳。适量添加棉籽壳有利于提高产量，但添加过多，会降低香菇品质，使菇形和口感变差。

⑤糖。生产上常使用的是红糖、蔗糖，它们作为双糖，适量添加有利于菌丝恢复和生长。在生产中，有用甜叶菊粉替代糖的做法，栽培效果不错。实际上，糖与甜叶菊粉的作用机理是不一样的，甜叶菊粉虽有甜味，但不含糖，起作用的是其他成分。

⑥石膏。其化学名为硫酸钙，主要提供钙元素和硫元素，具有一定的缓冲作用，可调节培养料的pH值。石膏分为生石膏和熟石膏两种，熟石膏是由生石膏煅烧而成的，两种皆可使用。生石膏需粉碎成粉末使用。

⑦碳酸钙。碳酸钙主要提供钙元素，能中和香菇菌丝在分解培养料过程中产生的有机酸，调节培养料的pH粉。轻质碳酸钙是人工合成的，纯度高，可以使用。重质碳酸钙由天然方解石、石灰石、白垩、贝壳等直接粉碎制成，由于含有较多杂质，不宜在香菇栽培中使用。

⑧硫酸镁。硫酸镁提供镁元素和硫元素。镁是一种微量元素，是某些酶的激活因子（本书建议添加的均指七水硫酸镁）。

⑨气雾消毒剂。气雾消毒剂的主要成分为二氯异氰尿酸钠，用于香菇接种的空间消毒，效果好。

⑩塑料筒袋。香菇菌棒生产使用的筒袋由高密度低压聚乙烯（HDPE，俗称塑料精）制作而成，筒袋白蜡状、半透明、柔而韧、抗张强度好，能耐120℃高温。

筒袋规格为折径15cm、长度55cm、厚度0.004 5～0.005 5cm（即4.5～5.5丝），每千克材料可做成120～150只53～55cm长的袋子。湖北省随州市、河南省泌阳县选用的筒袋折径为20～24cm，河南省西峡县选用的筒袋折径为17cm，菇农可以根据实际情况选用。

为提高菌棒生产的成活率，丽水市菇农广泛采用双袋法（筒袋加套袋）。双袋法是丽水市食用菌科技工作者发明的又一项实用新技术，即在常规筒袋装料后，套上一个薄的外袋，为菌棒接种后的菌种提供一个相对稳定、洁净的环境，对高温季节提高接种成品率具有很好的作用。套袋的折径为17cm，厚度为0.001cm，长度为55cm。采取双袋法的内筒袋宜选稍薄一些的，一般厚度为0.004 7cm左右，而单袋法栽培的筒袋厚度应为0.005～0.005 5cm，否则太薄易被扎破。

（3）培养料配置。

①香菇培养料配方。香菇培养基的配方多种多样，以下是丽水市和其他地方菇农使用较多的配方：

- 常规配方。杂木屑79%，麦麸20%，石膏1%。
- 杂木屑81%～83%，麦麸16%～18%，石膏1%，外加丰优素0.1%。
- 桑果枝39%，杂木屑39%～41%，麦麸18%～20%，石膏1%～1.5%，硫酸镁0.5%。

②培养料配置。

• 备料。备料是香菇生产重要的一环，提前做好原料的准备可以避免临时采购原料导致质差价高而使成本增加等问题。生产每万支菌棒所需要的原料数量见表2-5。

表2-5 生产每万支菌棒所需要的原料数量（丽水配方，大棚模式）

原料名称		数　量	原料名称	数　量
杂木屑	干柴	8 000kg	塑料筒袋	11 000～12 000只
	湿柴	12 500kg	塑料套袋	12 000只
麦麸		1 600～2 000kg	7.5m宽薄膜	50kg（1捆）
糖		10～30kg	酒精	3瓶（500mL）
石膏粉		100～150kg	气雾盒	30～100盒
硫酸镁		30～50kg	生产种	700～800袋
塑料绳		2.5kg	新洁尔灭	2瓶
小棚膜（2.5m宽）		25kg	药棉	2包
小棚膜（3m宽）		15kg	遮阳网（7～8m宽）	100m

• 称料。按配方要求尽可能准确称取各种原材料。实际操作中均采用体积法，即先用编织袋（购买统一的编织袋以包装木屑）或箩筐装好后用装袋机试装，得出一编织袋或一筐木屑能装的菌棒数量，然后按照生产的菌棒数量计算出需要多少袋木屑或多少箩筐木屑。麦麸用量按照一支菌棒的用量计算，如一般早期生产每支菌棒的麦麸用量为0.18～0.2kg，石膏或碳酸钙则按每1 000支菌棒加10kg计算。加水量也是根据经验判断，用皮管接水源后直接将水喷入料中，这样做主要是节省时间，熟练后加水量就能掌握得很恰当。

• 混合。先将石膏粉、麦麸等不溶于水的辅料混合后均匀地撒到木屑上（图2-29），拌匀，再将糖、硫酸镁溶于水，混入干料拌匀即可。

• 拌料。拌料是一项耗体力的工作，应尽量采用机械拌料。如用行走式拌料机拌料（图2-30），价格不高，而效率很高，反复拌料2～3次即可。如果进行规模化生产，可以采用拌料装袋机械流水线。

图2-29　石膏粉、麦麸均匀地撒在木屑堆上

图2-30　行走式拌料机拌料

• 加水。培养料适宜的含水量为50%。一般每支标准菌棒(筒装规格为15cm×55cm)的质量为1.6～1.8kg,高于1.8kg表明含水量偏高,低于1.6kg表明含水量偏低。菇农往往用感官测定菌棒的含水量,即用手握紧培养料,若指缝间有水印但不滴下,松开手指,料能成团、落地即散,则表明菌棒的含水量比较合适。

• 酸碱度调节。香菇培养料的pH值以5.5~6为宜,上述香菇配方的pH值都适宜,无需调节。气温较高时,为了防止培养料酸化,配料时应加入0.5%～1%的石灰。

③培养料配制应注意的几个问题。

• 麦麸的用量在制袋前期以19%~20%为宜。笔者研究发现,香菇培养料中的麦麸含量对香菇产量影响很大,每千支菌棒的麦麸含量至少要达到160kg,最好为180kg,低于160kg时香菇产量会受到较大的影响。

• 糖的添加量不需很多,添加0.1%~0.3%即可,即每千支菌棒添加1～3kg。绝大多数图书中介绍糖的添加量是1%,而实践表明糖添加量为1%时不仅增加成本,而且容易增加污染。丽水市莲都区的许多菇农不往菌棒中添加糖,而改用丰优素,这样不仅降低成本,而且降低污染率,增加产量。

• 硫酸镁(七水硫酸镁)的添加量以0.3%~0.5%为宜,即每千支菌棒添加3~5kg。硫酸镁所起的作用有别于糖,添加量不宜过大。

(4)装袋。

• 分装。拌料结束后即可装袋,农村一家一户的生产模式一般采用简易单筒装袋机装袋(图2-31),一台装袋机配8人为一组,其中铲料1人、套袋1人、装料1人、递袋1人、捆扎袋口4人。农户生产多采用换工形式,因而人员有时会更多。抱筒止涨螺旋装袋机(图2-32)较简易装袋机先进,装袋速度快,适合较大规模的生产户使用。目前香菇集约化生产大量出现,装袋经常使用效率更高的成套装袋机流水线,如图2-33所示。

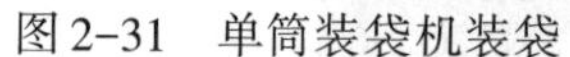

图2-31　单筒装袋机装袋

图2-32　抱筒式装袋机装袋

图2-33　成套装袋机流水线

使用成套装袋机流水线只需要10个人,8h可装2万支菌棒。装袋要松紧适宜。接种时间偏迟的菌棒,装料松的比装料紧的出菇快,冬菇产量高。装袋要抢时间,最好在5h内完成。另外,培养料的配制量与灭菌设备应相符,日料日清,当日装完,当日灭菌。

②扎袋口。左手抓袋口,右手将袋内料压紧,清除黏附在袋口的培养料,旋转袋口收拢至紧贴培养料。扎口方法有两种,一种是用纤维绳扎口,另一种是采用扎口机扎口。目前市场上有许多种扎口机,有手动的、电动的、台式的、立式的,如图2-34所示。

采用扎口机扎口必须注意在扎口机使用前调整好扎口后卡扣的松紧度，如果卡扣太紧，灭菌后会产生涨袋现象；如果卡扣太松，则容易导致扎口污染。最佳的扎口松紧度是将扎好的菌棒放入水中，用力挤压菌棒，以扎口处有小气泡断继续续地钻出水面者为最佳。

（5）灭菌。香菇培养料棒灭菌一般采用常压蒸汽灭菌法，即通过蒸汽炉（图2-35）加热水产生蒸汽对料棒进行加温，当料温达到100℃后需要保持12～14h，才能达到灭菌效果。通常有蒸汽炉加砖砌敞口盖膜灭菌法（图2-36）、塑料薄膜灭菌法等。

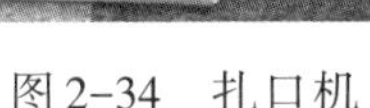
图2-34 扎口机

图2-35 常压蒸汽炉

图2-36 砖砌敞口盖膜灭菌灶

①料棒堆叠。料棒堆放要合理，一是堆放要确保蒸汽畅通、温度均匀，灭菌才彻底，二是防止塌棒。木灶、铁灶采用“一”字形叠法，每排间留一定的空隙，菌棒与灭菌锅四周要留出2～3cm的空隙。

采用塑料薄膜灭菌法（图2-37）时要在底部垫一层低压聚乙烯膜（质量好的大棚膜），在膜上放格栅木架作为料棒摆放的底座。料棒堆叠时，四角采用“井”字形（图2-38），装完后盖上低压聚乙烯膜和灭菌布等，四周用绳子捆扎，底部放好进气管与蒸汽炉，将其与蒸汽出口相连，再用沙袋将罩在菌棒上的薄膜、帆布和灭菌布压实，形成一个上下膜压成的灭菌室。

图2-37 塑料薄膜灭菌灶

图2-38 灭菌料棒四角“井”字形堆放

②温度调控。灭菌开始时，火力要旺，争取在最短时间内（5h内为佳）使灶内温度上升至100℃，以防升温缓慢引起培养料内耐温的微生物继续繁殖，影响培养料质量。

应注意使灭菌的料棒数量与蒸汽炉蒸汽发生量匹配，即料棒数量多，与之相配的蒸汽炉产汽量要大。灭菌过程中要保持盖膜鼓起，如图2-39所示。灭菌时采用“猛火攻头、稳火控中、文火保尾”的方法，同时要减少热量散发，可以在盖膜外加盖具有保温作用的材料，如棉被、厚地毯等。

③出锅冷却。灭菌结束后，应待灶内温度在自然状态中下降至80℃以下再开门，趁热用料棒搬运车（图2-40）把料棒搬到冷却场所冷却。待料温降至28℃以下、手摸无热感时即可接种。

图2-39　灭菌过程中保持盖膜鼓起

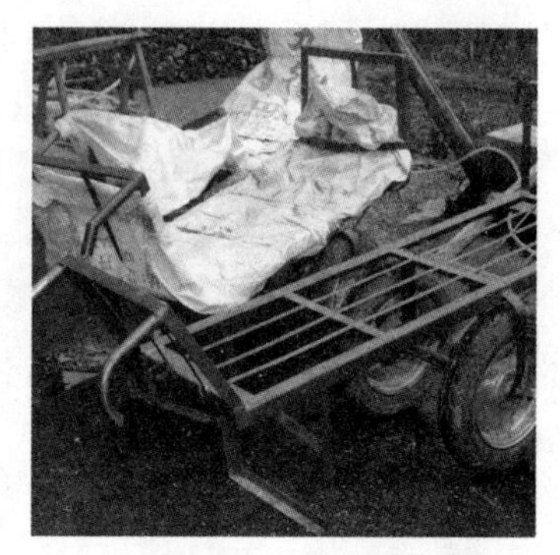

图2-40　料棒搬运车

（6）接种。接种是香菇生产的关键环节。香菇菌棒接种方式有两种，第一种是接种箱法，第二种是开放式接种法。

①接种箱法。接种箱法（图2-41）适合新种植户使用，也可在高温季节使用。接种箱法的优点是接种成品率高，适用于高温季节，其缺点是接种速度较慢。用于料棒接种的接种箱的大小应适宜。操作步骤如下：

• 接种箱清洗。在第一次使用接种箱前，用湿布将接种箱内部和外部全面擦洗干净，用气雾消毒剂等进行空箱消毒。

• 袋装菌种处理。将菌种放入消毒药液（300倍克霉灵等）中浸泡数分钟后取出，用锋利的刀在菌种上部1/4处环绕一圈，掰去上部1/4菌种及颈圈、棉花部分，将剩余3/4菌种快速放入箱内即可。

• 接种箱灭菌。将灭菌冷却后的料棒搬至箱内，同时将打洞棒、菌种、酒精药棉等物品带入。用气雾消毒剂灭菌，用量为每立方米（箱）4～8g，时间为30～40min。

• 打穴接种。双手用清洁的水洗净后伸入接种箱内，用70%～75%的酒精药棉擦洗双手后，将打穴棒（木制或铁制）擦洗消毒，并点燃酒精药棉进行烧灼灭菌。先在料棒表面均匀打3～4个接种穴，直径2.0cm左右，深2～2.5cm，打穴棒要旋转抽出，防止穴口的膜与培养料脱空。接种时取成块菌种塞入接种穴内，要求种块与穴口膜接触紧密。逐孔接好后，套好套袋、扎好袋口即可。

②开放式接种法。该方法是科技人员为适应单户种植数量增加的需要，在接种箱的基础上加以改进、创新的一种实用接种法，如图2-42所示。操作步骤如下：

图 2-41 接种箱接种　图 2-42 开放式接种的打孔、塞菌种、涂胶水

• 料棒冷却。开放式接种法的冷却场所即为接种场所，因此冷却场所必须有相对密封、卫生条件较好的环境。若空间太大，则应挂接种帐篷（用 8 丝农用薄膜制成的 2m×2m×2m 的薄膜帐）。将已灭菌的料棒搬入接种场地，冷却过程中注意保持料棒不受或少受外界灰尘的影响。

• 消毒。将菌种及其他物品放置在料棒堆上，然后将气雾消毒剂（每 1000 棒需 4～5 盒，即 160～200g）点燃，并用薄膜把料棒覆盖严密，尽量不要让气雾消毒剂的烟雾逸出来，消毒时间为 3～6h。

• 接种前放气。开放式接种前先把房门打开，用塑料棚帐式接种的则可把帐门打开，再将覆盖料棒的薄膜掀开一部分放气，一直放到接种人员能够忍受场所内的空气时才可进行接种。接种时实行开门操作，以防止室内温度升高。菌种预处理、接种方法同接种箱中的操作。

• 接种后的管理。对于不用套袋而采用胶水、地膜封口（图 2-43）或菌种封口（也称不封口）的菌棒，应将各种残留杂物清理干净，待污浊空气排完后将薄膜重新覆盖在菌棒堆上，如图 2-44 所示。每天清晨或夜里掀膜 1 次，约 5～7d 菌种成活定植即可去膜或去棚翻堆。实践表明，这样做可大大提高成活率。

图 2-43 开放式接种涂胶水、贴地膜

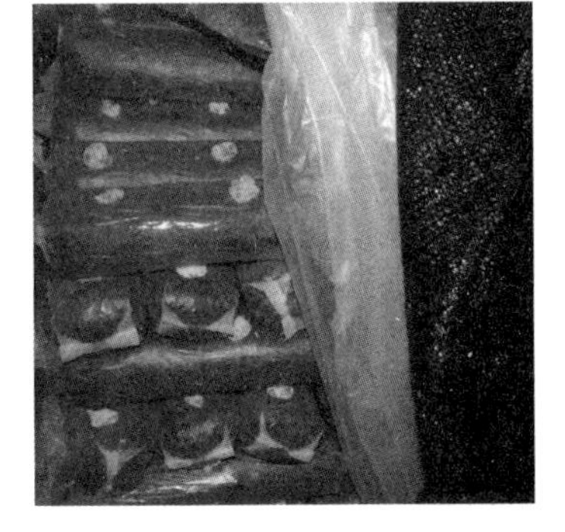

图 2-44 开放式接种后盖膜及菌种恢复

③接种环节需要注意的几个问题。

• 操作人员在接种前做好个人卫生工作，洗净头、手，换上干净衣服。

• 用于菌种封口的菌种要与接种穴膜吻合，不留间隙。接种后需把菌棒接种穴口靠紧，以防水分蒸发，并注意防止种块脱落。

● 接种应避开一天中的高温时间，秋栽早期接种应在晚上至凌晨进行，最好选在静风、无雨的天气进行，这样可以提高成活率。

3. 菌棒发菌管理

接完菌种的菌棒到脱袋期间的管理称为发菌管理。温度、氧气、光照是影响菌丝生长最主要的因素，也是菌棒发菌管理的要点。

（1）发菌场地的选择与发菌棚的搭建。发菌场地要求通风、干燥、光线暗，可以是闲置的空房，但要注意房间必须通风好，如大会堂、闲置的厂房、学校教室等。目前由于生产数量大，没有足够的闲置房，所以通常将发菌场地设在野外，将出菇棚和发菌棚合二为一，即外棚为遮阳棚，使用遮阳网（图2-45）、狼衣（图2-46）等材料，具有很好的隔热、降温效果；内棚为塑料大棚（图2-47），盖有塑料薄膜，可以避雨，四周薄膜可以掀起通风、降温。必要时在外棚顶或内棚顶设置喷水设施（图2-46），可以较好地降低棚内温度。

图2-45　内外棚遮阳网

图2-46　外棚顶覆盖狼衣草遮阳（棚顶喷水设施）

图2-47　发菌大棚（内棚）及“井”字形排放的菌棒

图2-48　菌棒“一”字形排放

（2）菌棒的堆放。菌棒的堆放方式较多，其差异在于堆温、通气的调节程度不一。刚接种后的菌棒可以采用“井”字形交叉排放，注意接种孔要朝向侧面，不能将接种口压住，否则缺氧及水渍将导致死种。也可以采用柴片式纵向“一”字形堆放方法（图2-48），使用这种方法时要注意含水量较多的菌棒的接种孔应朝侧面。层高一般在10层左右，每行或每组之间留50cm的走道，一般15m^{2}的空间可放1 200多袋，实际堆叠的层数及数量以当时的气候环境及通风状况而定。许多培菌地方就是出菇用的大棚。

(3)发菌期不同阶段的管理要点。发菌期要求培养料的温度一般控制在30℃以下，空气相对湿度在70%以下，暗光，通风良好。菌棒发菌培育通常分为3个主要管理阶段。

①菌丝萌发定植期(1～6d)。接种后的1～3d为萌发期，3～6d为定植期。室温尽量控制在28～30℃，以促进菌种迅速恢复、定植占领培养基，从而提高菌棒接种成活率。菌种恢复、定植得越快，成品率就越高。早秋温度太高，可通过棚顶喷水、晚上透风来降温。经过6d的培养，接种穴周围可看到白色绒毛状菌丝，说明菌种已萌发、定植。

②菌丝生长扩展期(7～30d)。接种后7～10d，接种穴口的菌丝直径可达2～3cm，如图2-49所示。早晚各通风1次，每次0.5h。10d后进行第一次翻堆，翻堆即把上下、里外、侧面的菌袋对调，并检查菌棒污染杂菌情况。一般接种后11～15d，菌丝已开始旺盛生长，接种口菌丝直径达7～10cm(图2-50)，菌丝代谢旺盛，棒温因菌丝呼吸发热导致料温略高于室温，此时应加强通风。当菌丝圈相连时，可以去掉套袋，或者当菌丝发满菌棒时再脱袋，脱去套袋后应成“吟”形或三棒“井”字形排放。室内培养要分批脱套袋，防止大规模脱套袋后菌丝加速生长而导致堆温过高产生烧菌现象。对于不用套袋而采用地膜、纸胶等材料封口的菌棒，当菌丝生长缓慢时，可在菌丝内侧2cm的地方用细铁丝、铁钉、竹签等刺孔。接种后21～30d，此时穴与穴之间的菌丝相连(图2-51)，逐渐长满全袋，管理上要注意适时刺孔增氧。在此段时间中，棒温高于室温5～10℃，应注意通风降温。

图2-49 接种后10d发菌情况

图2-50 接种后15d发菌情况

图2-51 接种后25d发菌情况

③瘤状物发生期(31～50d)。瘤状物发生期(31～50d)是香菇菌棒出菇前管理的主要阶段，主要是刺孔通气，既要为菌棒生长提供充足的氧气，又要防止菌棒烧菌，如图2-52所示。菌丝逐渐长满菌袋，若开始出现瘤状物，则说明菌棒缺氧，要进行刺孔增氧。第一次可用4.95cm(约1.5寸)的铁钉等物品，在接种面进行刺孔。刺孔宜浅，深度为1～1.5cm，每袋孔数为20～30个。此次刺孔为小通气，严防孔径太大、刺孔太深、孔数太多。刺孔后继续培养，菌棒开始出黄水，与袋脱离的部位开始自然转色，如图2-53所示。

图2-52　菌棒受高温热害后留下的高温圈　　图2-53　转色阶段的菌棒

(4)杂菌污染及处理。

①若在接种后短时间内发现菌棒四周不固定的地方出现花点状霉菌,则是由于培养料灭菌不彻底造成的,应及时割袋拌入新料,再重新装袋灭菌接种。

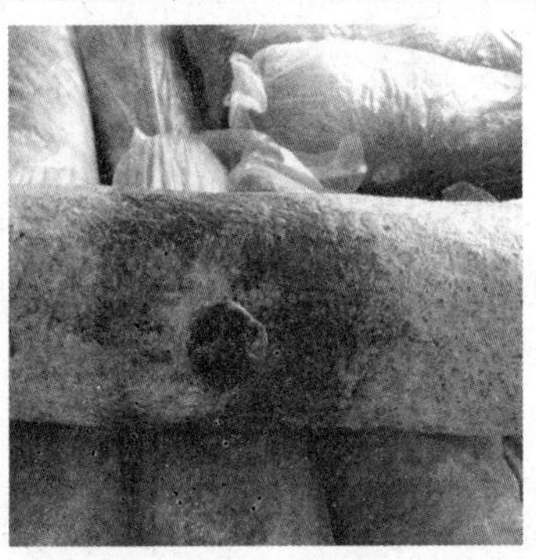

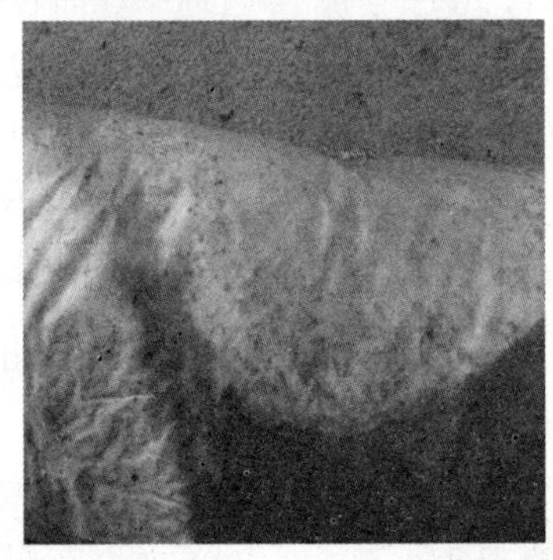

图2-54　绿霉污染的菌棒　图2-55　黄曲霉、绿霉复合污染的菌棒

②若接种口感染绿霉、青霉(图2-54、图2-55),则这些杂菌不仅与香菇争夺养分,还能分泌毒素使香菇菌丝自溶而死。若每袋接的4孔中有3孔未感染而1孔感染杂菌,那么菌棒靠头上的孔可继续保留;若4孔中有2孔以上感染杂菌,则应剖袋后重新制作。

③对于接种口感染黄曲霉的菌棒,只要香菇菌丝萌发良好并深入料内,就可继续保留,香菇菌丝最终会覆盖黄曲霉而能正常出菇。

④对于接种口感染链孢霉的菌棒(图2-56),应及时用湿布包住,从培养室内取出置于室外阴凉通风的场地或埋于土中。在通风良好的环境中,链孢霉菌丝会减退、消失,香菇菌丝能够发满全袋而正常转色、出菇,从而减少损失。若菌棒因杂菌污染需要重新装袋、灭菌,则每棒增加成本0.7元左右。

图2-56　链孢霉污染的菌棒

4. 菌棒转色管理

(1)菌棒排场脱袋。脱袋是香菇栽培管理中十分关键的环节。脱袋管理包括脱袋时机的选择、脱袋后的温湿度、通风调控等,直接影响菌棒出菇快慢、朵形大小以及产量的高低。脱袋时机的选择是初栽者甚至老种植户都难以掌握的困难环节。

①脱袋时机的选择。

• 菌龄。菌龄是菌棒从接种经发菌培养直至脱袋的天数，同一品种在相同季节接种有相对稳定的菌龄，可以作为脱袋期选择的一个参数。但具体到某一批菌棒，受菌棒发菌期间的温度、装袋松紧度、培养料配方等因素影响，菌龄也不一致。

以浙江省丽水市为例，常规季节（8月上旬～9月上旬）接种的几个栽培品种的菌龄差异较大。L808系列（'168'）等品种的菌龄为100～120d；'浙香6号'、939系列（'9015''908'）、'937'（'庆科20'）等品种的菌龄为90～120d；868的菌龄为70～80d；Cr66的菌龄为50～60d。

• 菌棒生理成熟程度。由于目前袋栽香菇的品种较多，品种特性差异较大，脱袋时间以生理成熟为标志是最确切的。菌棒生理成熟的标志为多数菌棒已转色，部分菌棒出现菇蕾，菌筒质量比接种时降低15%以上，用手抓菌棒，弹性感强。

• 天气。天气是影响脱袋时机选择的另一个关键因素。菌棒生理成熟只说明菌棒具备脱袋出菇的条件，若要顺利出好菇，还必须具备适宜的出菇温度、湿度等条件。如果温度、湿度等环境因子不适宜，即使菌棒生理成熟也不能出菇，会导致脱袋后菌皮加厚，迟迟出不了香菇。因此脱袋时的温度、湿度必须在该品种的出菇范围内。

②脱袋方法。将达到生理成熟的菌棒搬进出菇棚（图2-57），在菌棒四周均匀地刺40～60个深度为1.5～2cm的小孔，然后排放在出菇架上，再培养7～10d，以提高菌丝对新环境的适应性，促使菌丝更趋向成熟。经过7～10d的培养，方可开始脱袋，操作方法如下：

图2-57 菌棒出棚

脱袋方法有多种，第一种为一次性脱袋法。脱袋时左手拿菌棒，右手拿刀片，在菌棒上纵向交叉划割两刀，从交叉的点开始把袋膜脱去，然后将菌棒斜靠在菇架上，用薄膜罩好。第二种为两次脱袋法。按脱袋要求划破袋膜后，将菌棒斜靠在菇架上，这样就可起到破膜增氧、促进菌棒在袋内自然转色的作用，待菇蕾形成并顶空袋膜后再脱袋。该方法适用于气温过高（超过25℃）或过低（低于12℃）的天气条件下及对脱袋时间掌握不熟练的栽培者。第三种为局部逐渐脱袋法。对于已经有菇蕾但菌棒整体成熟度还不够的菌棒或当环境条件不适宜脱袋时，可对有菇蕾的菌棒先局部割袋，让菇蕾顺利长出，没有菇蕾的部分不脱袋，等时机成熟时再整体脱袋。

（2）脱袋后的转色管理。菌棒脱袋后即进入转色管理阶段。菌棒的转色是一个十分复杂的生理过程，是袋栽香菇最特别、最关键的环节之一。转色的优劣直接影响出菇的快慢、产量的高低、香菇品质的优劣、菌棒的抗杂能力及菌棒的寿命。因此，掌握香菇转色的原理及影响因子，按照对环境的要求进行科学调控，促使菌棒正常转色，对香菇生产至关重要。

①转色过程。脱去袋膜的菌棒全面接触空气，在氧气充裕、温度适宜的条件下，未转色的部位表面长出一层洁白色、绒毛状的菌丝。在通风、适当干燥的条件下，菌棒表面的菌丝倒伏形成一层薄薄的白色菌皮。在适宜的温湿度条件下，白色菌皮分泌色素，

吐出黄色水珠，菌棒由白色转为粉红色，再逐步加深至红棕色、棕褐色，最后形成一层似树皮状的菌皮。

②影响转色的主要因素。

• 品种。品种不同，菌棒转色的生理表现也不相同。在秋栽品种中，大部分品种特别是菌龄较长的品种，如L808、浙香6号、939等要在转色良好后长菇，才能获得优质、高产的生产结果。

• 温度。温度影响转色过程中菌棒表面菌丝的生长和色素的分泌。转色期间温度应保持为15~23℃，最好为18~22℃。若高于28℃，且空气湿度降低，容易导致菌棒表面菌丝失水，影响菌棒表面菌丝的恢复；或者气生菌丝旺盛，徒长而难以倒伏，影响菌皮形成；或者倒伏后形成厚菌皮，影响出菇。若低于12℃，则菌棒表层菌丝恢复得极缓慢，不利于白色菌皮的形成，也影响菌丝生理活性，使之分泌的酱色液少，转色缓慢，颜色浅。

• 湿度。湿度影响菌棒表面菌丝的生长、倒伏、色素的分泌，是影响转色的主导因素。空气湿度控制为80%~90%较理想，若湿度低于80%，菌棒表面菌丝易失水，无法恢复形成菌皮。当菌棒表面菌丝恢复至0.2cm左右时，若保持高湿状态，则导致菌棒表面菌丝徒长、不倒伏，此时要以降低湿度为主，进行通风降湿、变温，以促使菌丝倒伏，形成白色菌皮。适宜的湿度还是菌丝分泌酱色色素的重要条件，只有在适宜的湿度下，白色菌皮才能转为粉红至红棕色菌皮。若湿度太低，则白色菌皮只能转成淡黄色而难以转成红棕色菌皮，进而将影响产量、质量及菌棒的出菇寿命。

• 菌丝长势。菌棒的菌丝长势直接影响菌棒表面菌丝恢复的快慢和色素分泌的多少。在菌棒培养过程中，若因缺氧、高温导致烧菌、菌棒表层菌丝受伤，则菌丝恢复很慢，菌丝代谢活力低，转色慢，色泽差，转色后菌皮毫无光泽；有的迟迟不转色，抗杂能力很弱，一旦注水，菌棒内部菌丝极易因缺氧而导致烂棒。

• 光照。光照直接影响色素的分泌、转色的深浅，在转色过程中，要求散射光充足。直射光太强会导致菌筒表面菌丝脱水而影响转色，若光照不足，菌丝不易倒伏或倒伏很慢。此外，光照会对温度和湿度产生影响，因此光照的控制也要与二者相结合。

• 培养基碳氮比。培养基的氮含量直接影响菌棒的成熟时间，只有碳氮比达到一定的比例，菌丝才会由营养生长转向生殖生长。实践表明，袋栽香菇培养基的最佳碳氮比为63.5∶1，转色快且色泽好。若碳源过多、麦麸等氮素营养含量不足，则菌丝生理成熟快，转色快，色泽淡，出菇快，但产量低、质量差；若氮源过多，则导致菌丝生理成熟慢，易徒长，菌皮厚，转色慢，出菇迟而稀少。

• 菌龄。菌龄直接影响菌棒的生理成熟程度，影响菌丝是否由营养生长转入生殖生长，即是否进入转色出菇阶段。菌棒菌龄太短，将使菌丝仍处于营养生长阶段，脱袋后菌棒表面菌丝恢复过旺，不易倒伏，倒伏后仍会再生菌丝，使菌皮逐步加厚，从而影响第一批香菇的发生。

③管理方法。

• 菌丝恢复阶段。该阶段是菌棒转色的第一步，管理的要点是通过创造适宜的温度、湿度，使脱袋后菌棒表面的菌丝及时恢复。如果温度低于12℃，表面菌丝恢复时间长，转色时间长。因此脱袋后要及时盖严薄膜，控制湿度为85%～95%、温度为18～23℃。当温度超过25℃时，要喷水，并进行通风换气，在降低菇床温度的同时，保持菌棒表面不干燥。

• 菌丝倒伏阶段。该阶段是形成菌皮的关键阶段，管理的要点是通过通风换气促使菌棒表面的绒毛菌丝倒伏，形成菌皮。当菌棒表面菌丝恢复形成白色、浓密的绒毛状菌丝时，要及时通风，每天掀膜1～2次，并结合喷水，通过降湿、变温、变湿管理，促使绒毛菌丝倒伏。

• 褐色菌皮形成阶段。该阶段是转色的最后一环，是白色菌皮演变为褐色菌皮的过程。该阶段管理的要点是适当增加光照，温度控制为15～23℃，每日喷水并掀膜通风1次，通风至菌棒水珠消失后再盖膜。1～2周后菌皮由白色变为红褐色至棕褐色。

④转色情况与产量和质量的关系。同一品种的菌棒由于转色形成的菌皮厚薄、色泽深浅的差异，其出菇的产量和菇形大小等品质有明显的差异。

• 菌皮厚薄适中，呈红棕色或棕褐色，且有光泽，是转色正常的菌棒，如图2-58所示。这样的菌棒出菇疏密较匀，菇形、菇肉适中，菇潮明显，冬菇和整体产量高、质量好。

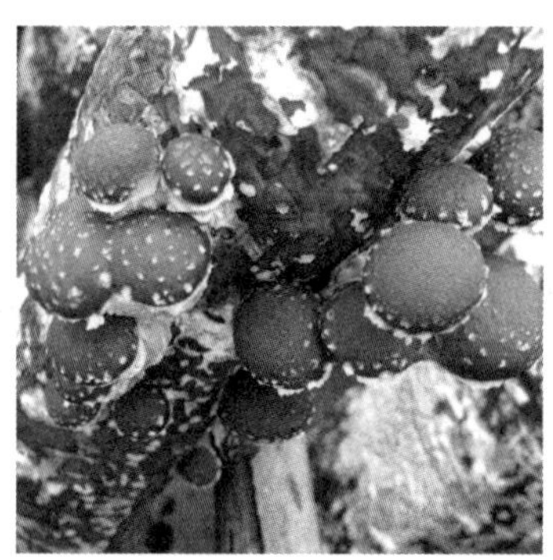

图2-58 转色正常的菌棒

• 菌皮较薄，呈黄褐色或浅棕褐色、浅褐色，是转色较好的菌棒。这种菌棒第一潮菇出菇早、个数多，菇形中等偏小，菇肉偏薄，质量较好，冬季的产量和整体产量均高。

• 菌皮薄，呈灰褐色或浅褐色夹带“白斑”，是转色较差的菌棒，通常是由于接种太迟或发菌过程中受到高温损伤导致的。这种菌棒往往出密而薄皮的小菇，质量差，且易遭霉菌侵染而烂棒。

• 菌皮较厚，呈黑褐色或深棕褐色，是转色中等的菌棒。这种菌棒出菇偏迟，菇座较稀，菇形较大，肉厚，质量优，产量中等偏上，但冬菇比例较低，产量多数集中在春季。

• 菌皮厚，呈深褐色或铁锈色是转色劣等的菌棒。这种菌棒出菇迟而稀少，个大，若不采取特殊措施，则往往秋冬菇很少，翌年春天产量也不高。

⑤转色不良的原因及补救措施。

• 菌棒不转色或转色太淡。原因：a. 菌龄不足，菌棒仍处于菌丝生长阶段，故不转色；b. 脱袋后未及时罩膜或菇床保湿条件差、脱袋时气温高，导致空气湿度小，菌棒表面菌丝失水，难以形成菌皮；c. 气温低于12℃，菌棒表面菌丝难以恢复，不能转色或转色太淡；d. 遮阳物多，光照不足。

处理措施：若湿度不足，可连续喷水2～3d，每天1次，罩紧薄膜，提高保湿性能。若气温太低，可采取拉稀遮阳物，引光增温。若气温偏高，可采取喷水降温、通风降温或加盖遮阳物的方法降低温度、增加湿度。

• 菌丝徒长。原因：a. 湿度过大，而且菇床内温度适宜，十分有利于菌丝生长，菌丝恢复后没有及时通风换气；b. 配方不合理，碳氮比失调，氮素过高导致菌丝生长过旺；c. 菌龄不足，脱袋太早，菌丝尚处于营养生长的阶段，不易倒伏；d. 菇场太阴，光照不足，影响菌丝由营养生长向生殖生长转变，拉长营养生长期，菌丝恢复后不易倒伏。

处理措施：菌棒表面菌丝恢复后要及时通风换气、变温、降湿，以促使菌丝倒伏；配方要科学合理，脱袋要适时。

• 菌皮脱落。脱袋前期缺氧，袋内成块状拱起，菌丝未达到生理成熟就脱袋，脱袋后温度突变导致菌棒表面菌丝受到刺激而缩紧，基内菌丝增生，迫使菌皮成块状脱落。

处理措施：要适时通气增氧，防止缺氧块形成。缺氧块一旦形成，要及时刺孔通气，使缺氧块倒伏。

• 菌皮厚而硬、色泽深。a. 菌龄太短，脱袋太早，营养生长旺盛，促使菌丝恢复倒伏后内部菌丝继续生长，使菌皮加厚，色泽加深；b. 制袋季节不当，菌丝已生理成熟，而外界温度适合菌丝生长，不适合原基形成，故袋内菌丝生长倒伏数回，导致菌皮厚实；c. 培养基碳氮比失调，氮素过多，菌丝徒长，延期倒伏，转色后菌皮增厚；d. 脱袋后菌棒表面菌丝恢复后，没及时通风换气或换气不够，导致菌丝徒长，形成的菌皮厚而硬，色泽加深。

处理措施：菌皮增厚，处理相当困难，只有通过特殊催菇方法（见“出菇管理”）才能促使菇蕾形成。要做好预防工作，如适时脱袋、选好季节、按配方要求配制培养基、菌棒表面菌丝恢复后及时进行通风换气等。

5. 出菇管理

(1)场地选择与菇棚搭建。场地选择会直接影响香菇出菇时的温、湿、光、气等因子，如日照短的场地，菇棚内积温会少于日照时间长的，冬菇产量就会低一点。

①场地选择。选择冬季温暖（即日照时间长）、靠近活水源、地势平坦、交通方便、土壤透水及保湿性能好的田地。

②菇棚搭建。菇棚可用竹材搭建，也可借用蔬菜钢管大棚，北方可用日光温室大棚。大棚的规格有多种，现以5m×25m的竹棚为例介绍搭建方法。

• 搭建材料为毛竹、铁丝、大棚薄膜、遮阳网。

• 棚支撑点定位。在地上拉线，用石灰每隔60cm定出拱篾入地点，即为大棚中柱、畦床、畦沟的位置。

• 棚拱的制备。将毛竹裁成长4.5m、宽5～8cm的拱篾，修整光滑后将粗端削尖，准备80根；再准备9根长2.6～2.8m的立柱，以支撑大棚中轴。

• 挖孔埋柱。挖好立柱入地孔及拱篾入地点后，将立柱埋入土深40～50cm并固定好，拱篾入土深40cm，地表基部用竹竿或木条支撑牢固。

• 棚架成形。在立柱上架好横梁并用铁丝扎好后，将两边的拱篾拉向横梁，在横梁上连接并用铁丝固定好，再用4根竹篾沿大棚纵向两列把拱篾逐根连接固定，位置为两侧1/3处、2/3处。另外，在棚每端加设2根立柱、1根横档，以固定棚门。在两根柱之间设一块通气遮阳的物件，以防通风时棚门口的菌棒因阳光直射及通风导致失水过多，如图2–59所示。

图2–59 棚架结构

图2–60 覆盖薄膜、遮阳网

• 盖膜、遮阳网。盖上7.5m×32m的普通大棚薄膜或多功能薄膜，两侧用土块压紧，最后盖上宽6~8m、遮光率为90%的遮阳网，如图2–60所示。大棚最好是东西走向，有利于日照均匀、提高棚温。

③畦床设置。每棚菇床分三畦，两边宽0.8m，中间宽1.6m，两条畦沟（兼人行道）各宽80cm，边畦与棚膜间隔10cm。畦面有下凹和上凸两种，保湿性差的地块用凹畦，保湿性好的地块用凸畦。畦面要压实，略呈龟背形。

④菇架搭建。

• 竹木菇架。在畦面纵向按间距要求打两排立桩，桩露出地面30cm，用两条竹木绑在立桩上，作为菇架的纵向架框。两行纵向框架上每隔20cm放一条比木架长10cm的横档，用绳或铁丝固定好，供菌筒靠放。每隔1.5m设一横跨畦面的弧形竹片，用于覆盖小棚膜，如图2–61所示。

• 铁丝菇架。铁丝菇架取材容易，制作简单，实用。在畦床上每隔2.5~3m设一高30cm左右的横档，横档上每隔20cm钉一枚铁钉，钉尾部分留在横档外面，然后用铁丝纵向拉线，经过横档时在铁钉上绕1圈，两端的铁丝绕在木桩上，敲打入地以拉紧铁丝，逐条拉好即完成，如图2–62所示。为了防止纵向铁丝拉不紧，可在纵向铁丝中加入螺丝扣。每隔1.5m设一拱形竹片。

图2–61 竹棚及竹木菇架

图2–62 竹棚及铅丝菇架

（2）塑料大棚温、湿、气、光的特点及调控方法。通过塑料温室大棚设施，可相当好地调控菇棚内的温度、湿度、空气、光照，能满足香菇生长发育对环境的需求，尤其可以较大幅度地提高冬季大棚内的温度，有效地提高冬季香菇的产量。

①温度。白天尤其是晴天日出以后，大棚吸收太阳辐射能量多，气温迅速上升，10:00～13:00上升最快。春、夏、秋、冬每日最高温度分别出现在14:00、12:00～14:00、12:00～15:00、13:00～14:00；最低温度分别出现在0:30、1:00～4:00、2:00～6:00、0:30～2:00。大棚内白天的垂直气温变化是上层高、中层次之、下层最低，上下层最大相差可达5℃以上。由于菌棒处于离地40cm以内的范围，因此要注意这个部位的温度变化，而不是以人走进去感觉到的温度变化为准，因为人所处的位置明显比菌棒的位置高。

温度调控方法：a. 增加太阳能吸收以提高棚温，撤去遮阳网或把遮阳网由大棚膜外移到大棚膜内，这是生产中常用的有效增温方法。此外还可将蒸汽发生炉产生的蒸汽通入大棚进行加温，夜间盖严薄膜、加盖遮阳保温物（草帘）等也可增加棚温。b. 加盖遮阳网等其他遮阳材料、在大棚外用喷水带喷水、夜间打开棚门通风可降低棚温。c. 白天关闭棚门、夜间打开棚门等可拉大棚中温差。

②湿度。保湿性好是塑料大棚的显著特点，大棚内的湿度是随着温度的变化而变化的。从一天24h的变化看，当早晨太阳出来以后，棚内空气相对湿度随温度升高而逐渐下降，14:00～15:00及在气温最高的时间点，棚内的相对湿度最低；日落时，棚内相对湿度又随棚内温度下降而渐渐升高。从棚内湿度的垂直变化看，上层湿度低，中层次之，下层最高，其变化以上层最剧烈。

湿度调控方法：a. 喷水可直接增加空气湿度，降温可增加湿度。b. 减少或停止喷水可直接降低湿度，增温（不含蒸汽加温）、通风也可降湿。

③空气。通气具有增氧及调节温度、湿度的作用。当通风换气时，三大作用同时发挥，只有主次之分，不可分开，但有时也相互矛盾，需要彼此协调。

空气调节方法：a. 通风、喷水、盖膜具有增氧、增湿、保湿的作用。b. 通常通风能够增氧，兼具降温、降湿的作用。

④光照。光照不仅促进菌棒转色和出菇，还能提高温度。大棚内的光照强度取决于季节、日照时间、遮阳材料、大棚薄膜的种类等多种因素，以夏季最强，春秋次之，冬季最弱。

光照强度调节方法：增加或减少甚至去掉大棚外的遮阳网等材料，可有效地调节光照强度。

（3）秋菇管理。秋季是香菇出菇的黄金季节，因为此时香菇新上市，价格较高，而且温度等条件较适合香菇生长。同时，如果秋季香菇出得好，尤其是第一批“领头菇”出得好，就为整个生产周期香菇的高产和高效奠定了良好的基础。长江流域的秋季气候特点为秋高气爽，湿度低，日夜温差较大。原基能否顺利发生，主要取决于温差及菌筒内外的湿差是否合适；菇体形态正常与否在很大程度上取决于通风供氧的状况；菇体的色泽与光线、温度密切相关。温度、湿度与通风之间的关系相互矛盾，栽培者必须适当调节，才能获得协调的效果。

①秋季香菇管理要点。管理要点是控高温、催蕾、防霉。一是拉大温差，刺激原基的发生和菇蕾的形成（出菇）。昼夜温差越大，越容易诱发子实体原基形成。二是保持相对湿度，此阶段最理想的相对湿度为80%～85%。三是增加通风，减少畸形菇发生。四是适时喷水。

②催蕾。进入大棚的菌棒在脱袋后要及时采取温差刺激、振动刺激等方法催蕾。温差刺激的具体方法是白天关闭棚膜，棚内畦床盖上小膜，使温度上升；傍晚打开棚门，通风1～2h，盖好畦床上的薄膜，降低棚温，使菇床温差拉大，连续3～4d，就会有大量菇蕾发生。菇蕾形成后要保持较为稳定的温度、湿度，并做好通风换气工作。在早晨或傍晚对菌筒喷水一次，并打开棚膜通风换气，待菌筒游离水蒸发后盖好薄膜。

对于温差刺激反应不大的菌棒，可以结合振动刺激甚至是湿差刺激以催蕾。要选好时机，最好在冷空气来临之前2～3d采用拍打菌棒（振动）的方法，促使其出菇，注意不能振动过度，否则将导致出菇太多、菇形太小。湿差刺激是针对含水量较少的菌棒，通过注水，以促使菌棒出菇，兼具湿差、温差刺激的作用。

③控高温、防霉。秋季大棚式栽培的脱袋时间一般是10月下旬至11月，此时最高气温还接近30℃，棚内温度可超过30℃，而空气相对湿度低，因此要控制高温，保持湿度。温度较高时，适当增加遮阳物，以降低光照强度，同时增加通风时间。但通风必须与保持湿度相结合，打开棚门膜后，先喷水增加空气湿度再通风，每天1～2次，每次约0.5h。若遇高温且下雨的天气，则把盖膜四周全部拉起通风，通过加大通风量的方式以防止或减少霉菌侵染。

若平均气温超过23℃，则白天可以在大棚一端升起棚门膜，以降低棚温；傍晚则开启两端棚门膜，对菌棒喷水1次（图2-63），然后通风30min，待菌筒表面游离水蒸发后再盖薄膜。这样既降低了温度、通了风、增了氧，又保持了较高的湿度。喷水量要视菇场的保水性能和天气情况而定。

图2-63 喷水带喷水增湿

④转潮管理。第一潮菇采收后，菌棒要养菌一段时间，以让菌丝恢复生长、积累营养，为出第二潮菇做好准备。具体方法是停止喷水、增加通风，以降低菇床湿度，减少菌棒内的水分并使菌棒内氧气增加。当采过香菇的穴位又长出白色菌丝时则养菌结束，这一过程一般为7～10d。对于含水量较高的菌棒，要放低覆盖薄膜，以拉大温差、湿差，刺激原基形成。若菌棒较轻（为原重的1/3～1/2），则养菌7d左右后注水，补充水分，以使菌棒含水量达60%左右，直至菌棒表面有淡黄色的水珠涌出为宜，同时再进行温差刺激，3～4d后就会形成第二潮菇。

⑤菌棒补水。补水有注水和浸水两种方法。注水时菌筒破损少，棒内营养不易外渗流失，水分容易控制，出菇较均匀。在栽培后期，菌棒收缩而弯曲，适宜采用浸水法补水。

补水的要领:a. 必须在适宜出菇的温度范围内进行补水,一般要求在12℃以上。若温度不适宜,补水后不仅不会出菇,反而导致菌丝缺氧、死亡和烂棒。b. 当菌棒的含水量下降超过40%或重量减轻1/3～1/2时再补水。c. 补水量以达到第一潮菇时菌棒重量的95%为宜。随着出菇潮次的增多,补水量要适当减少,否则注水太多,将导致菌棒内部缺氧、菌丝自溶、烂筒。d. 水要清洁。另外,在温度高的季节,补水的水温要低于菌棒的温度;在低温时,补水的水温最好高于菌棒温度。这样,温差越大,越有利于香菇的发生。e. 菌棒出菇后必须经养菌后方可注水。

⑥局部烂棒处理。大棚式菇床增温快、保湿好,秋季气温较高,容易形成高温、高湿的环境,易引起绿霉菌污染,导致菌棒局部霉烂。菌棒局部烂棒时,多数局部发黑,流黑水,可对准污染处喷水,用水反复冲洗后连续通风几天,以防止菌棒进一步腐烂。

(4)冬菇管理。冬季是香菇市场消费量最大、菇价最好的季节,如何提高冬菇产量、取得较好的生产效益是生产者最关注的问题。冬季气温低,菌丝新陈代谢活动弱,营养积累慢,原基分化少,出菇量不多,但子实体生长缓慢,容易形成高质量的厚菇。管理重点是采取措施提高并控制好温度,同时选择合理的催蕾方法,缩短菇蕾形成时间,增加菇蕾形成数量,从而多长菇。如果常规的拉大温差的方法(如白天盖膜、傍晚掀膜等)效果不理想,则必须采用刺激强度更大的方法。

①日照保湿催蕾法。天气晴朗时,在阳光能照射到的地方,地面垫好薄膜后把菌棒堆叠在一起,以"井"字形为好,堆高80cm,长度不限,其上盖一层稻草后用薄膜覆盖好,每天在阳光下放置4～5h,使温度达到20～31℃。若超过31℃,要及时掀膜通风,待菌棒表面水珠晾干后再盖薄膜。这样处理后,大部分菌棒经过7～10d,就会长出大量菇蕾。待菇蕾为蚕豆大小时,再移入菇床内进行管理。

日照盖膜的作用:a. 增加菌棒温度,提高菌丝代谢强度。b. 增加白天的菌棒温度,拉大日夜温差。c. 日照可使菌棒内部水分蒸发,为软化菌棒表皮创造了条件。d. 盖膜保湿会导致菌皮内短期缺氧,从而刺激原基的形成。

该催蕾法对转色太深、菌皮太厚而不出菇的菌棒效果很显著。

②蒸汽催蕾法。菌棒的叠放同日照保湿催蕾法,盖好薄膜后点燃蒸汽发生炉,用皮管把蒸汽通入。薄膜内最好用通了节、钻了孔的竹管,可使菌堆温度均匀升高。堆温保持20～25℃,4～5h停火,连续1周,菌棒就会产生大量菇蕾。待菇蕾为蚕豆大小时,再移回菇床内进行管理,以加快转潮速度,提高冬菇产量。

③增加大棚温度的方法。提高棚温是提高冬菇产量的基础条件,具体方法有:a. 把遮阳网与大棚膜内外对调,使阳光更多地射入棚内以提高棚温。b. 在气温低时,把遮阳网撤掉移入大棚内,直接覆在小拱膜上,防止太阳直射菌棒;在晴天时把遮阳网收拢,以增加透光、提高棚温,晚上再打开收拢的遮阳网,以增加保温效果。c. 利用加温设施,对保温性能好的菇棚进行加温,提高出菇数量。

④通风管理。管理上应结合采菇每天通风1次,每次30min。采菇后要及时喷水以保持棚内湿度,待菌筒表面游离水风干后,再盖好薄膜。撤去遮阳网的菇棚由于棚温增

加，菇柄会长一点，因此在催菇结束时可以根据市场行情，加盖遮阳网，增加通风，以减缓香菇成熟的时间（推迟2～3d采摘），防止与大批量香菇上市"撞车"，以获取好的收益。

（5）春菇管理。春天气温逐渐升高，昼夜温差大，降雨多，湿度大，是香菇出菇的高峰期，许多菌皮厚、冬天出菇少的菌棒在春天也能大量出菇。管理重点是控湿，做好通风、防霉工作，及时补充水分，抓好转潮管理，争取多出菇；后期结合补水及添加适量营养物等措施，以提高产量。

①早春管理。春季前期气温不高，主要是做好养菌工作。由于气温还比较低，冬菇采摘及菌棒养菌结束后应及时补水，增温闷棚，促进菇蕾发生。菇蕾发生后要根据气温及时通风，一般每天通风1次，每次30min，也可以结合采菇进行喷水、通风，视天气状况决定喷水量，直至采收。采收后及时养菌，补水催蕾。

②中、晚春管理。随着气温回升，春季白天气温很高，晚上气温低，温差大，而且降雨较多，湿度大，需要降温、控湿、加强通风以防止烂棒。降温方法：a. 加厚遮阳网。b. 大棚外喷水降温。c. 早晚喷水、通风各1次，每次30min，以达到降温、增氧、保湿的作用。采收后打开两端棚膜门养菌3～4d，在注水时加入0.1%尿素、0.3%过磷酸钙（或1.5mg/kg三十烷醇，或0.2%磷酸二氢钾，或0.01%～0.02%柠檬酸），以增加养分，提高产量。

6. 菌棒外运技术

菌棒外运技术是由丽水市莲都区菇农于20世纪90年代创造的异地出菇模式，即在丽水市制菌棒，等菌棒基本成熟后，用卡车运到上海市郊区出菇。菌棒外运是异地出菇的重要环节，其核心是在运输过程中防止出现菌棒发热导致高温烧棒的现象，确保菌棒正常出菇。

（1）菌棒要求。菌丝满袋后10～20d，菌棒与菌袋间形成一定的间隙，菌皮已经形成，多数呈点状红褐色，手捏有弹性，接近生理成熟。实际上，外运的卡车内菌棒的菌龄都不一致，总有部分菌棒刚发满袋、未达到生理成熟。

（2）外运天气要求。气温应稳定在15～23℃。在运输过程中，菌棒连续震动，相当于菌棒增氧的过程，导致菌丝呼吸旺盛，若气温太高，很容易产生烧菌现象；若气温低，出菇时间短，也影响出菇。因此，要选择在阴天或晴天夜晚运输，尽量避开高温和阴雨天。

（3）科学合理堆叠。在装车及运输过程中，菌棒受到震动，呼吸加强，堆温升高，菌丝易被烧坏。因此，在装车时采用"井"字形堆叠，留出通风口；也可采用竹制脚手架将车厢隔成两部分再装车；还可以在堆中放入打通的竹节、钻孔的竹竿通风管，把发菌彻底的菌棒装在四周，未完全发透的装在中间，以减轻烧菌现象。

（4）通风散热。菌棒上不能盖篷布，以利通风散热。

（5）车辆。要选择车况好的车辆，避免运输时间过长引起烧菌。

（6）卸车排场。菌棒运到场地后要及时卸车，分开堆放，加盖遮阳网等遮阳物品，并及时入棚排场。

(7)外运菌棒管理。有菇蕾产生的菌棒要及时脱袋,以防止在运输过程中因高温、震动大量出菇来不及脱袋而产生畸形菇或导致香菇烂在袋膜内,并要做好控温、保湿工作。

四、香菇半地下式栽培模式

图2-64 香菇半地下式栽培模式

香菇半地下式栽培模式(图2-64)是指将香菇菌棒的大部分置于凹形的菇床架上,用薄膜保湿、可移动的草帘遮阳的香菇栽培模式。丽水市云和县梅小平等科技人员针对古田县阴棚栽培香菇模式中冬菇产量低、与粮争田、搭阴棚耗材多的弊端,于1990年成功发明该栽培模式。

该模式在冬季,充分利用太阳能,可增加菇床温度,明显地提高冬菇的产量,解决了菇粮争地的矛盾。用过的废菌棒还田可提高土壤肥力,实现菇稻连作,解决了连作中杂菌污染的问题。此外还省去了搭棚架的毛竹、木材、茅草等原材料和人工费用,每亩(1亩=666.67m²)可节约成本近3 000元。

该项技术已在丽水市莲都区、云和县、松阳县、景宁畲族自治县、缙云县,杭州市桐庐县,南京市六合区,金华市及江西省、安徽省等地大面积推广。该模式使用的品种和生产季节大致与大棚秋季栽培模式相同。

1. 品种选择与季节安排

品种应根据市场对菇品的需求灵活选用,该模式选用的品种也随着更优品种的不断出现而发生变化。以往以早熟中温型品种为主,如L26、Cr04等,后来改为以中熟中低温型的939、908等为主,现在多数使用中熟中高温型的L808。

由于半地下式栽培多数安排在单季水稻收割后的田块上,而且该模式冬季菇床温度较高,因此制棒、接种时间可比大田阴棚模式推迟5~20d。具体接种季节的安排还与不同的品种、不同的海拔密切相关,必须因地制宜。以丽水市为例,在海拔400m以下的地区,选8月上旬开始接种,发菌时间为100d,在11月中下旬脱袋排筒;在海拔400~800m以上的地区,选7月中旬接种,发菌时间为100d,在10月下旬脱袋排筒;在海拔800m以上的地区,应选6月中旬接种,发菌时间为100d,在9月下旬脱袋排筒。

2. 菇场选择与菇床建造

(1)菇场选择。选择水稻收割后的略含沙性土壤的农田,要求水源清洁且无污染,排灌方便,空气流通,冬季日照时间长。

(2)菇床建造。

①田地的预处理。收割水稻后的田块要及时翻耕土壤,然后放水淹没、浸泡(图2-65),必要时可以撒入石灰以增加对土壤的消毒效果。再将翻耕的土壤耙平,然后放水,作为半地下式菇床。

图2-65 菇田翻耕浸水

②菇床制作。先在大田上用石灰或绳线划出菇床的位置，然后用锄头挖，确定畦床的位置（图2-66），纵向为南北向，长度与田块的长度相同，宽110～120cm，一行可排放菌棒6～7袋。把床内的泥土成块地铲起到两边并垒实作为走道，走道宽40～50cm。菇床深35～40cm，床底挖成“凹”字形，床四周拍实、拍平，如图2-67所示。床底中间挖一条小水沟（图2-68），深5～7cm，宽6～8cm，床底也要打实、拍平。栽培畦进水口一端要略高于出水口一端，如图2-69所示。在床壁离底23cm处，每隔25cm横放一根竹竿或小木棒作为菇架（图2-70），建成半地下式栽培场，如图2-71所示。

图2-66 定位挖畦

图2-67 作畦

图2-68 半地下畦床中间的排水沟

图2-69 半地下畦床的排水口

图2-70 插横杆

图2-71 建成的香菇半地下式栽培场

在菇床两旁每隔100cm插一根长为200cm的拱形竹片，其上扎1～3条加固的竹片，并覆盖宽为200cm的塑料薄膜。用稻草扎成200cm长的草帘盖在东西两侧，并从南到北覆盖遮阳。草帘要扎得牢固，但稻草以薄些为好。

3. 菌棒生产

参见"香菇大棚秋季栽培模式"中的"菌棒制作"与"菌棒发菌管理"。

4. 出菇管理

根据不同香菇品种的生长发育要求、半地下式菇床特点及温度、湿度、通气、光照的互动关系，通过灵活揭盖草帘、薄膜，充分发挥阳光、地热、水和空气等环境因子对香菇生长的作用，做好出菇管理的工作。

图2-72　半地下式栽培出菇情况

（1）出菇管理的流程。菌棒排场→脱袋→控温、控湿促转色（菌棒菌丝恢复→掀膜喷水→通气→菌丝倒伏→转色）→温差刺激（干湿刺激）→催蕾出菇（图2-72）→控温、控湿→采收→通风养菌→浸水、补水→重复管理至结束。

（2）出菇管理的技术要点。

①转色。当菌棒表面有70%的瘤状物突起、有黄水产生、菌龄达100d左右（视品种有差异）、有少量自然菇出现时，表明香菇菌丝达到生理成熟，可排场脱袋。脱袋后温度应保持在18～23℃，空气湿度为85%～90%，盖紧薄膜2～4d（具体时间视气温情况而定，气温高，时间短；气温低，时间长）。晴天温度超过25℃时加盖草帘，南北两端可掀起通风，或拉开纵向薄膜，露出一条缝通风。脱袋后5～6d，菌棒表面已长满一层白色的香菇菌丝时，可拉大菌筒表面的干湿差，适当地增加喷水次数，一般每天通风1～2次，每次0.5h；7～8d后菌丝局部转色，以后连续喷水2d，每天1～2次，促使菌棒加快转色。

②催蕾。由于半地下式菇床所具有的独特结构，菇床温度的变化幅度比一般模式大，特别是日夜温差，因此催蕾比其他模式容易。白天只需盖紧薄膜，草帘覆盖与否视温度高低而定。气温低时少遮或不遮草帘，使菇床温度升高；气温高时加盖草帘，控制菇床温度不超过28℃。早晨或晚上气温下降时可掀膜通气，或撤去草帘让冷空气进入菇床，以进一步拉大温差，使温差达8～10℃，连续刺激3～5d，促进菇蕾发生。冬季可在回暖时进行补水或催菇，但春夏之交气候变暖不利于出菇，可在天气短时回寒时进行浸水催菇。总之，视不同季节的气候变化，灵活掌握，科学管理，促使菌棒多长菇、获高产。

③环境管理。根据香菇出菇对温度、湿度等因素的要求，在秋、冬、春不同季节的气候条件下，灵活利用草帘、薄膜以及浸水等措施，选择灵活的管理方法，以提高香菇的产量和质量。

• 温度的调控。秋季气温较高，白天要盖好草帘，掀起菇床两端薄膜，以防温度过高；傍晚掀掉草帘和薄膜进行喷水、通风换气，待菌棒表面无水珠后重新盖好薄膜、草帘。在晚秋和冬季，气温低，早上太阳斜射时可以掀掉草帘以提高菇床的温度，傍晚盖好草帘以增加保温效果。在春夏季节，气温上升，温度高，用草帘盖严薄膜遮住阳光，适时掀开薄膜通风、喷洒冷水以降低菇床内温度。此外还可以在菇床的小水沟放跑马水降温。

● 湿度的调控。半地下式菇床保湿性能好，湿度管理较为方便，只需每天通风后喷1～2次水，待菇木表面水分散发后再盖膜。气温高时早晚各喷1次，气温低时，在午后喷1次水就可保持80%～90%的空气相对湿度。菇床底部尽量保持干燥，以防菌棒着地端因过湿而霉烂。一潮菇结束后要停止喷水数天，养菌复壮，视菌棒情况（一般采摘两批菇后）及时补水。

● 光照的调控。光照不仅促进菇蕾的形成、香菇的着色，而且直接影响菇床内温度、湿度的变化，半地下式菇床结构使这种影响更加明显。根据环境因子互动的关系，秋季及翌年夏季光照强，应盖严草帘，以降低菇床温度。在晚秋、冬季及早春，应减少遮阳物以提高菇床温度。

● 通风管理。通风换气与温度、湿度密切相关。一般每天通风1～2次（图2-73），气温高时每天2次，时间选在早晨与晚上；气温低时每天1次，时间安排在中午。湿度大时，多换气；湿度小时，少换气。换气可与采菇、喷水结合起来，即采菇后喷水1遍，通风20～30min后再盖薄膜。冬季气温低，白天应少遮草帘，在中午气温高时喷水，夜间盖好薄膜、覆盖草帘，有利于提高菇床温度，增加冬菇产量。春、夏季温度回升快，白天应遮盖草帘，挡住阳光的照射并增加通风换气次数，以降低菇床温度。一潮菇结束后，减少喷水量，增加通风量，防止烂棒出现，菌棒休息7～10d后再注水，以提高菌棒的含水量。

图2-73 畦床通风

图2-74 晾棒养菌

● 浸水。菌棒第二批菇结束后，含水量下降，不利于出菇，此时应通风晾棒养菌5～7d（图2-74），再补足水分，促使下一批菇产生。半地下式菇床为下凹结构，采用注水法操作强度大且不方便，所以都采用浸水法，如图2-75所示。将需要浸水的菌棒用铁钉板穿刺后堆放在菇床架上休息几天，然后将养好菌的菌棒堆放于菇架（横置的竹竿或木条）下，保持菌棒方向与菇床平行；将进水口打开，出水口关闭；放水，将水引进菇床，水位应高至菇架上1cm，使菌棒上浮压在架下即可；菌棒含水量达到55%～66%（达菌棒装袋时1.8kg左右）时，把进水口封住，挖开出水口即可。水排干后把菌棒放于菇架上，晾干表面水分后按原样摆好，并盖好薄膜催蕾。

图2-75　浸棒补水　　　图2-76　五六分成熟的香菇

• 采收。香菇达八分成熟时即可采摘，对于出口保鲜菇，则要在五六分成熟未开膜时（图2-76）采摘。采摘时，左手按住菌棒，右手大拇指与食指将香菇连同菇柄往顺时针或逆时针方向转动，从菌棒上连菇蒂一起摘下。采菇时尽量不要或少连带培养料，也不要让香菇粘上泥巴。温度高时每天采2次，温度低时每天采1次。

五、香菇高温季节栽培模式

所谓香菇高温季节栽培模式，是指与常规的秋季香菇栽培集中上市期错开，在香菇供应的淡季（春末、初秋）出菇上市的香菇栽培模式。

高温季节栽培香菇的出菇方式有覆土出菇方式和不覆土出菇方式两种，但两种方式前期的制棒、培养基本相同。

1. 品种选择和季节安排

（1）品种选择。每种栽培模式都需要有相应的栽培品种与之配套，品种的选择是香菇高温栽培的关键环节，不同的海拔选用的品种有差异，不同栽培条件和栽培方式选用的品种也有差异。品种选择的原则，一是适应温度的需求，选择高温型和中高温型品种；二是能满足市场对菇形、菇色、菇质等的要求。

根据当地的气候情况，选择相应的栽培品种。在海拔300m以下的气温较高处，选择耐高温、抗杂菌能力强的高温型品种，如‘L9319’‘931’‘武香1号’‘L678’等；在海拔300～500m的气温较低处，可选择菇形好、肉厚的中高温型品种，如‘L9319’‘申香2号’‘Cr04’；在海拔500～1 000m以上处，可以选菇质特优的L808系列（‘168’）、‘浙香6号’等品种。

（2）季节安排。根据市场需求，高温香菇要求在6月开始出菇，也有的在越夏以后9月开始出菇。根据生产母种、原种、栽培种、菌棒发菌转色所需的时间推算，母种选择在9～10月生产，原种选择在9～11月生产，栽培种选择在10月至翌年1月生产，菌棒选择在11月至翌年3月制作，具体时间根据海拔高低适当调节。5月中下旬排场转色出菇，在海拔高的地区，时间可提前，以免翌年1～3月气温太低，发菌缓慢，影响出菇时间。

2. 菇场选择与菇棚搭建

（1）菇场选择。菇场既是出菇的场地，也是菌棒培养的场所，所以菇场要求水源充足、水质良好、水温凉爽、排灌方便、地势平坦、通风良好、交通方便。同时，要求坐西北朝东南，这样不仅日照时间短，能避开太阳西晒，而且高温时间短、日夜温差大。

（2）菇棚搭建。高温香菇栽培的棚为平棚（图2-77），棚高要求为2.3～2.5m，棚顶覆盖树枝、茅草等遮阳物，一般为“九阴一阳”。菇棚四周用稻草、茅草等围严，以降低菇床温度。香菇栽培畦的制作方法：在平棚内栽培畦上设遮雨薄膜棚（图2-78），两畦为一棚，棚与棚之间留一空当，空当刚好是畦沟的上方，便于通风，利于雨水进入水沟。

图2-77 高温香菇栽培棚

图2-78 高温香菇栽培内棚

3. 菌棒制作

（1）原材料准备。木屑以杂木为主，最好选择壳斗科、桦木科、金缕梅科等比较坚硬的木材粉碎的木屑；麦麸要求新鲜、干燥、无霉变、无虫蛀、不掺假；选用正规的石膏粉，而非碳酸钙。此外，添加益菇粉可以减少烂棒数量。

（2）菌棒配方。

①杂木屑81%，麦麸18%，石膏1%。

②杂木屑74.5%，麦麸18%，益菇粉7%，糖0.5%。

③杂木屑80.5%，麦麸18%，石膏1%，硫酸镁0.5%。

在高温香菇栽培尤其是低海拔地区高温香菇栽培中，不宜掺入菌草粉等木质素含量低且易分解的原料，否则将影响菌棒安全越夏及其寿命。

（3）装袋灭菌。原料按配方标准称取后，先拌匀干料，再加水，控制含水量在50%～55%，选用15cm×55cm×0.005cm的低压聚乙烯袋，按常规装袋。根据制棒季节气温低、成品率高的特点，为提高生产效率，浙江省缙云县的菇农选用15cm×60cm×0.005cm的低压聚乙烯袋。装袋后及时入锅常压灭菌、冷却。

（4）接种。由于制棒接种期气温较低，所以在培养棚中直接冷却接种，以节省搬运等人力、物力。采用帐式或开放式接种法，再用菌种封口，可取得很高的成品率。

4. 菌棒培养

高温香菇的菌棒生产都在1～3月，接种的菌棒在管理方法上与秋栽模式相比有较大差异，主要表现在温度的调控上。菌棒培养前期温度低，以增温、保温、促发菌为重点；后期气温高，要注意防止温度过高而引起烧菌。

（1）促进菌种萌发、定植。一是抢温接种，在菌棒没有完全冷却（30℃）时就进行接种，这样菌丝恢复快。二是密集排放。接种后呈“一”字形墙式集中排放，高12～14层；或排放为“井”字形，每层4袋，高10～12层，以减少散热，然后盖上薄膜和麻袋等保温物。三是培养前期适当加温。采用炭火或木屑炉进行加温，以堆温不超过25℃为宜。

（2）改变堆形和增氧管理。菌丝萌发、定植后，当菌丝直径达到4～5cm时，要进行翻堆、散堆，改墙式堆放为“井”字形堆放，高8～10层。菌丝直径达8～10cm时，如有缺氧症状（发菌速度明显变慢），就要进行增氧，对有地膜封口或套袋的菌棒撤去封口地膜，或解开套袋口的绳子撤去套袋。此阶段气温不高，仍可盖薄膜、麻袋保温，注意每两天掀膜通风1次。

4月后日平均气温升高至18～20℃以上，加上菌棒的自热作用，要采取措施防止高温对菌棒的影响。撤去薄膜，改“井”字形堆放为三角形堆放，高8～10层，以增加菌棒空间。菌丝满袋后要进行增氧，即在接种孔的背面进行刺孔，深1～1.5cm，数量为20～30个。刺孔后要注意堆温，若堆温过高要进一步散堆，以加强通气。5月中旬后，菌棒变软，局部出现红褐色，标志菌丝逐渐成熟而转向生殖生长，此时可进行排场，实行出菇管理。

5. 覆土栽培模式出菇管理

由于香菇高温栽培模式的出菇阶段正值高温时节，而香菇菌棒要求出菇时有较高的湿度，因此，为让菇蕾顺利生长，同时防止自身快速失水，覆土栽培能较好地满足菌棒出菇的要求，且管理相对简单。

（1）整畦及土壤消毒。

①场地消毒。在未整畦前，清除田间杂草、秸秆，每亩撒生石灰25kg，再翻土耙平，灌水漫过土面，让土壤浸泡10～20d，然后排干水分，起垄做畦。

②做畦。先用耕作层土做畦坯，高约25～30cm，畦床宽1.4m，中间稍高，畦间留沟宽约40cm；再用沟土做畦至畦高40cm，要求畦背稍凸起并压实，用甲醛100倍溶液浇畦面，最后用薄膜覆盖3～7d以杀虫、杀菌。在阴棚内每猿畦或圆畦搭一毛竹弯弓棚，盖上薄膜至棚半腰，以防雨水溅起泥土污染香菇子实体。

（2）排场、脱袋与转色。排场、脱袋与转色是高温香菇栽培的关键环节。

①菌棒的排场。根据不同品种成熟所需要的菌龄，当培养期达到菌龄要求、菌棒瘤状物占整个袋面2/3并自然转色时，菌棒富有弹性，部分菌袋开始出现菇蕾，表明菌棒已生理成熟，可以排场（图2-79），也可以让菌棒在袋内全部转色后再排场。如果菌龄太短，气温高，未自然转色，则脱袋后埋土容易遭杂菌感染，出现烂棒、散

图2-79　高温香菇栽培菌棒排场

棒等现象。排场时将菌棒搬运至畦面上一袋袋依次排放，放置3～5d，让菌棒适应阴棚内的环境条件。

②脱袋。选择在阴天或晴天的早晨、傍晚脱袋，脱袋后将接种口朝下，背面喷高浓度（10%）的生石灰水。要边脱袋边覆膜以防菌筒表面失水而影响转色。

③转色管理。覆膜后2～3d，待菌棒表面恢复长出白色的绒毛状菌丝时，揭膜通风以促使菌丝倒伏。每天根据天气情况喷水1～2次，使菌棒干湿交替。

视菌筒转色情况翻动菌棒，促使菌棒转色均匀。若因气生菌丝较旺而仍不转色（营养配比不合理等原因导致），可用0.3%的石灰水喷3～5次，经10～15d的管理，则菌棒全部转色。

（3）覆土。

①覆土的选择。选择砂壤土、焦泥灰、山土为覆土材料较好，含沙量以40%为宜，只含有细沙、黏土的土壤不宜采用。覆土需要量约为每1 000棒400～500kg（8～10担）。

②覆土的处理。覆土材料要先敲碎，过筛后加入1%的石灰，并用0.3%～0.5%的甲醛溶液喷入土中，覆盖薄膜7d进行杀菌（焦泥灰除外），然后摊开，散气备用。

③菌棒覆土。将已转色的菌棒接种口朝上，一袋紧靠一袋分两行靠畦边缘排于畦面上，畦中间空余部分再排几段菌棒，使之与畦平行。将畦床两边缘的菌棒横面用泥浆封好，再将经过杀虫、杀菌的泥土覆盖在菌棒上面（图2-80），用扫帚轻扫使泥土填满菌棒之间的空隙，再浇水使泥土沉实，以菌棒露出土面3指宽左右为宜。

图2-80 高温香菇栽培菌棒覆土

图2-81 高温香菇栽培菌棒覆土出菇情况

（4）出菇管理。春夏期（5～6月）的气候高温、气压低、多雨、湿度大，因此覆土完成后要采取加大温差、湿差的方法来刺激菇蕾的发生。白天将拱棚上的薄膜放至棚腰部位，晚上掀开薄膜，同时喷水以降低温度，使日夜温差拉大。经过3～5d的刺激，菌棒表面就会形成白色花裂痕，发育成菇蕾，如图2-81所示。菇蕾形成后要增加通气量。出菇较多时，为了增加出口菇的比例，必须对菇形不完整、丛生的菇蕾尽早剔除，每袋保留5～8个。由于出菇处于高温期，水分蒸发大，盖膜保湿将引起高温高湿而烂棒，所以要通过喷水、通风来降温（图2-82），根据每天天气情况，晴天喷水2～4次，阴天喷水1～2次。在闷热干燥的天气，白天菇床不能遮薄膜，同时坚持少量多次的喷水原则；通风要安排在晚上，打开阴棚门进行通风，同时在畦沟内通过地下水井（图2-83）灌流动水（白天灌、夜间排）来降温。

图2-82　棚顶喷水、通风降温　　图2-83　菇棚内的深水井

夏季气温高，香菇生长快，所以一定要及时采收，应在子实体6~8分成熟，即菌膜已破裂、菌盖少许内卷时采收，宜早不宜迟。一天采收2~3次，采收后要及时出售。采收时注意把菇蒂采摘干净，保持畦面清洁，防止霉菌侵染。

采完一批菇后，要进行养菌。将沟里的水放干（约需4~5d），降低菌棒含水量，对菌棒间出现的空隙要进行补土、喷水，使菌棒与泥土接触紧密以防地蕾菇（土里长的菇）的发生。养菌完毕后，在沟里灌满水，增加地表湿度，采用喷凉水、用板或塑料拖鞋拍打等方法进行催蕾，等菇蕾形成后进行出菇管理。

在早秋（8~11月），气温逐渐降低，温度一般为20~30℃，非常适合高温香菇的发生。早秋降雨少，空气湿度小，要做好补水、保湿工作。经过出菇和越夏，菌筒含水量下降，菌筒收缩，出现的空隙要及时覆土、浇水。用小铁钉在菌棒上刺孔，钉入深度为0.5~1cm，同时拍打菌棒，然后通过喷水、灌满畦沟水、补充菌筒含水量、拉大温差与湿差等方式刺激菇蕾发生。3~4d后菇蕾形成，要增加空气相对湿度，结合天气情况于每天早、中、晚共喷水2~3次，早晚通风2次以控制温度，促进子实体的发育。

（5）越夏（7月）管理。7月气温高达35~39℃，菌棒基本停止出菇，是覆土栽培的越夏期。越夏管理的重点是降低棚温、减少菌筒含水量、加强通风、预防霉菌，让菌棒安全过夏。应加厚周围的遮阳物，气温特别高时，中午在菇棚上用喷水带喷水（图2-84），降低整个出菇棚的温度；降低水沟的水位，保持流动水，同时减少喷水次数，以保持土壤含水量较低及菌棒表皮湿软；每天傍晚气温下降后打开阴棚门通风1次，出现霉菌要及时挖去感染部位并冲洗，然后用土填上，感染面积较大的要用多菌灵液连续喷浇，以防霉菌在菌棒上蔓延。

图2-84　棚顶安装喷水带

6. 阴棚栽培模式出菇管理

该模式一般适用于夏季气温相对较低的地区，如海拔高的山区、纬度较高的北方地区。

（1）菇场选择与菇棚搭建。

①菇场选择。菇场应选择地势平坦、环境卫生、周边植被良好、通风、水源充足、水

质良好、水温低、日照时间短、土质疏松的沙壤土田块。排灌方便的早稻田、无白蚁的旱地也可作为菇场。

②菇棚搭建。菇棚结构与大田荫棚基本相同，但菇棚面积要大或棚与棚相连，棚高要达2.5m，棚柱间距2.5m。在架好纵横方向的横梁后，用树枝、芦苇、狼衣、茅草等遮阳物盖在横梁上，四周用稻草、芒秆或竹丝围实，保留能用于通风的活动门，创造一个光照少、阴凉、潮湿、透气、通风的环境，尽可能降低菇床温度。整理田块，使畦宽为1.2～1.4m，走道兼水沟宽为0.5m，把棚柱立于水沟边。将挖出的沟泥摊到畦面上，压实后成龟背形，再喷上甲醛100倍溶液杀虫、杀菌，然后在畦上设铁轨形的菇床架或铁丝架，便于菌棒斜靠。每隔1.5m，用长约2m的竹条插入畦两边成拱形，供盖薄膜使用。

（2）排场与转色管理。

①排场、脱袋。菌棒经过发菌管理，菌丝发育至生殖生长期，其特征是菌棒富有弹性，部分出现原基。排于菇架上的菌棒不能马上脱袋，要炼棒5～7d，以适应环境的改变。选择在阴天或晴天的早上、傍晚进行脱袋，脱袋后要及时覆盖薄膜，边脱袋边覆盖。

②转色管理。在夏季高温期，香菇转色的好坏与菌棒的抗逆能力有关，因此转色管理显得尤为重要。若菌棒全部转成红棕色，软硬适宜，则有利于越夏；若转色不好，太淡或部分未转色，则极易受绿霉等杂菌侵染，导致烂棒、散棒。

转色管理的操作：在脱袋后的菌棒上覆盖薄膜2～3d，通过升温、降温措施，控制菇床温度在25℃左右，空气相对湿度在90%以上。观察表层菌丝恢复情况，当菌丝长出并呈绒毛状后，及时去膜通气，喷水促使菌丝倒伏，要防止绒毛菌丝过长、过密，否则易转色成太厚的菌皮。每天喷水2～3次，早晚打开阴棚门通风1次，时间30min。注意通风要与喷水相结合，以防菌筒表皮过干。经过10～15d的管理，菌筒即可转成红棕色。如果出现绿霉等污染，要及时挖去污染部位，喷涂200～300倍多菌灵或克霉灵液，待药液渗入菌棒后照常管理；也可连续用大量水冲洗霉烂部位，通过干湿交替的方法形成菌皮，防止霉烂扩散。

（3）出菇管理。

①春夏初期出菇管理。春夏期的气候，前期高温，后期多雨，湿度大，气压低，因此春夏期出菇管理的重点是降低棚温、加强通气。

• 催蕾。采用温差刺激法，当气温更高时可用拍打催蕾法和喷冷水催蕾法。白天将薄膜盖至菇架部位，夜间掀开薄膜，通气0.5h，并喷1次凉水进行降温，然后盖好薄膜，以拉大温差。连续3～5d的温差刺激可使菌皮下的菌丝扭结形成原基继而发育成菇蕾。

• 温度管理。菇蕾形成后注意控制温度，第一潮菇时阴棚内的气温不能太高，可用清凉的清水喷洒，或把凉爽水引入走道，以增湿并降低菇棚的温度。

• 湿度管理。根据天气灵活掌握喷水方式，阴雨天可不喷水，晴天早晚通风、喷水各1次，为子实体生长创造一个温度较低、空气相对湿度适宜、通气良好的生长环境。

• 通风管理。晴天每天掀薄膜通风2～3次，每次20～30min。热天在早晚通风以减少进入菇棚的热空气，通气时注意与喷水结合。雨天要加大通气量，以防高温、高湿、缺氧导致霉菌大量滋生。

• 香菇采后管理。采收后停止喷水3～4d。菌棒含水量下降较大时要及时补水，补水可采用浸水法或注水法。浸水法是用铁钉在菌棒两端各打1个深5cm的孔，菌棒表面打10～12个2cm深的孔，然后叠放在畦边的水沟中浸水10～12h，等菌棒吸水至接近发菌初期重量时捞起，放回菇床架上。注水法就是用注水针直接插入菌棒一端注入清水。

补水后3～5天形成第二潮菇蕾。若进入梅雨季节，管理重点是控制温度，防高温，做好通气、增氧、防霉工作。阴天撤掉盖膜，全天透气（不开棚门）并适当喷水以保持较高的空气相对湿度；雨天要盖膜至菇架上部，防止雨水直淋菌棒，不喷水，打开棚门全天通气；晴天掀掉两头薄膜透气，每天喷水3～5次，起到保湿、降温、增氧的作用。

②早秋期出菇管理。补水催蕾环节与春夏初期相同，但温度、湿度的调节应根据天气变化灵活进行。早秋时的温度仍然较高，菇蕾形成后要注意降温，并结合保湿、通风进行。此外，早秋降雨少，湿度相当低，要做好保湿工作。可提高畦沟的水位，增加喷水次数，晴天每天早、中、晚各喷水1次，以降低温度、增加湿度。雨天则少喷或不喷水。

通风要选择在气温低的早晨和晚上进行，以满足降温、增氧的要求，每天通风1～2次，每次0.5～1h。

采收后要加大通气量，以降低菌棒的含水量。养菌5～7d后重新补水催蕾，进行出菇管理，一直管理到11月结束。

（4）越夏管理。夏季气温高达36～38℃，是全年温度最高的时期，而高温时香菇无法发生。应降低棚温，降低菌棒的含水量，适时通风、喷水。

①温度管理。棚温应降到32℃以下。为减少菇床高温时间，可加厚棚顶遮阳物，特别是朝西部位加严围栏，同时加速引入畦沟的水流，通过空间喷水降低温度。

②湿度。每天向菌棒喷水1～2次，防止菌棒干死。每次喷水量不宜大，只需保持菌筒表皮湿润即可。通风量大时多喷水，通风量小时少喷水。

③通风。通风应与降温相结合。选择在气温低的早晚通风，棚外温度比棚内低时，打开荫棚门。通风的同时还要适量喷水，以保持一定的空间湿度。

六、高棚层架栽培花厚菇模式

高棚层架栽培花厚菇模式（图2-85），就是将香菇菌棒平置于室外高棚内的多层培养架上，采用人工催蕾、利用风和光照催花、不脱袋保水、割袋选蕾出菇、催蕾催花等技术进行分阶段管理的一整套花厚菇培育模式。该模式具有菇棚土地利用率高、栽培环境温度与湿度易控制、优质菇（图2-86）比例高（花厚菇率达65%以上）等优点，经济、社会、生态效益显著，为目前全国应用较多的代料香菇栽培模式。

图2-85 高棚层架栽培花厚菇模式

图2-86 高棚层架栽培的花厚菇

1. 品种选择与季节安排

（1）栽培季节。花菇栽培安排在2~7月接种，10月至翌年3月出菇。生产上应根据当地海拔、气候条件特点和选用的品种特性，合理安排。

（2）花菇的主栽品种。目前生产上常用的花菇品种主要有‘939’（‘9015’）、‘937’（‘庆科20’）和‘135-5’，丽水市景宁畲族自治县、云和县等地大量使用‘L808’‘浙香6号’等新品种进行栽培，取得了很好的效益。香菇层架式主要栽培品种的技术参数和栽培特性见表2-6。

表2-6 花菇主栽品种的技术参数和栽培特性表

品　种		‘9015’‘939’	‘庆科20’	‘135-5’
类型		中温型中熟品种	中温型中熟品种	低温型迟熟品种
菌龄(d)		90~150	90~150	200以上
接种期	600m以上	2月上旬~3月中旬	3~7月	2月上旬~3月上旬
	600m以下	4月中旬~6月下旬	2~6月	3月上旬~4月上旬
发菌适温		5~32℃ 最适24~26℃	5~32℃ 最适24~26℃	5~30℃ 最适24~26℃
出菇适温		8~20℃ 最适14~18℃	8~20℃ 最适14~18℃	6~18℃ 最适7~15℃
抗逆性		强	强	弱
木屑:麦麸:石膏:糖		75:23:1:1	73:25:1:1	83:15:1:1
麦麸用量(kg/袋)		0.20	0.22	0.14
装袋湿重(kg/袋)		1.9~2.2	1.9~2.2	1.7~1.8
出菇时适重(kg/袋)		1.5~1.8	1.5~1.8	1.4~1.5
转色要求		光线适中，转色全面、棕褐色	光线适中，转色全面、棕褐色	光线较弱，转色至虎斑状、淡褐色

（续）

品　种	‘9015’‘939’	‘庆科20’	‘135-5’
进棚排场时间	5～6月，或始菇期的15d前，20℃以上	5～6月，或始菇期的15d前，20℃以上	5～6月，或始菇期的10d前
摧蕾措施	振动、温差、补水	振动、温差、补水	温差、补水

2. 菇场选择与菇棚搭建

（1）栽培场地要求。花菇栽培环境宜选择空气相对湿度较低、雾气少、光照充足、通风良好、近水源、排水性好、地势平坦之地。菇棚坐北朝南，呈东西走向搭建，要具备抵御风吹雪压的能力，棚顶覆盖物和四周遮阳物要便于调节，以利于创造适宜香菇生长发育的环境条件。出菇场所应选择不受污染源影响或污染物含量在允许范围之内、生态环境良好的区域，其出菇管理用水、土壤质量、空气质量要达到无公害标准。

图2-87　高棚层架栽培花厚菇模式菇棚

（2）菇棚构造。菇棚由遮阳高棚（外棚，图2-87）和拱形塑料大棚（内棚）组成，外棚由水泥柱、竹木等原料搭成，柱高3.4～3.6m，柱长4m，柱间距3～4m，遮阳物由竹尾、芒萁、树枝、杂草混合而成，提倡种植攀缘绿色植物遮阳。内层架由木柱、竹条、木条等搭成，顶部为拱形，离地面高2.6～2.8m，层架高2m，设6层，层距30cm。菇棚分单体式和双体式两种。

3. 菌棒生产

（1）培养料制备。杂木屑要求用优质阔叶树的枝条粉碎而成，细度为2～5mm，新鲜，无霉烂，无结块；麦麸要求优质、新鲜、干燥，没有结块、霉变、虫蛀、掺假现象；石膏粉要求选用优质、纯度高、没有掺假的石膏粉。

（2）菌棒制作。

①拌料。原料与辅料充分混合均匀，干料与湿料搅拌均匀，酸碱度适宜。

②装袋。培养料配制完成后，应及时装袋，要做到当天拌料，当天装袋灭菌。栽培筒袋一般采用规格为15cm×55cm×0.005cm的聚乙烯折角筒袋，每袋装干料0.85～0.9kg，加水后湿料为1.6～2.0kg，袋口要清理干净并扎紧。

③灭菌。采用常压蒸汽灭菌，料温在97～100℃的状态下保持12～16h，即可彻底灭菌。

④冷却。灭菌结束后，待锅内温度自然降至50～60℃时，方可趁热把料棒搬到冷却场地冷却。冷却24～48h后，料温降到自然温度，用手摸无热感时即可在接种室或接种箱中接种，如图2-88所示。

图2-88 菌棒冷却接种

图2-89 胶囊菌种接种

⑤接种。接种主要包括消毒、打穴接种和封口三大过程。

• 消毒。接种室、接种箱的空间消毒主要选用气雾消毒盒，消毒时间为30～40min。接种用具、菌袋外表及接种者双手采用70%～75%的酒精或0.2%的高锰酸钾溶液擦洗消毒。

• 打穴接种。在菌棒上用接种打孔棒均匀地打3个接种穴，直径1.5cm左右，深2～2.5cm。打穴要与接种相配合，打一穴，接一穴。接种时可用常规木屑菌种，也可采用胶囊菌种，如图2-89所示。

• 封口。接种穴采用纸胶、套袋等材料封口。

（3）发菌管理。接种后的菌棒移至清洁、干燥、适温、通风、避光的培养场所进行发菌管理。发菌管理主要根据菌丝生长和菌棒的变化情况，做好刺孔通气、控温、翻堆及发菌检查、通风降温等工作。

①适温发菌。菌丝一般在自然温度下发菌。当温度在5℃以下时，要采取必要的加温、保温措施；当温度高于25℃时，及时散堆、降温。

②翻堆及发菌检查。待菌丝长到直径6～8cm大小时再进行翻堆，不宜过早翻堆，以防菌种块脱落、培养料与袋壁分离而导致杂菌感染。翻堆后的菌棒改“井”字形或多角形堆放，堆高由原来的十几层降低为6～8层，堆间要留空隙，每两行堆间留一条操作道，以利散热、降温和操作管理。

③刺孔通气。对于接种穴封口的菌棒，当菌丝生长至直径6～8cm时进行第一次刺孔通气；而对于接种孔没有封口或用套袋封口的菌棒，一般可在接种穴一面菌丝连接在一起时进行第一次刺孔通气。刺孔时用约5cm（1.5寸）长的铁钉或竹签在每个接种孔的菌丝生长末端以内2cm处刺一圈孔，孔数为6～8个。在菌丝长满全袋后约1周时，选择在温度为20～25℃的晴天进行第二次刺孔通气，刺孔数量和深度可根据实际情况灵活掌握。

每次刺孔通气后都必须及时散堆，并加强通风散热，避免烧堆。室温达28℃以上时，不宜刺孔透气。

④通风降温。一般要求每天通风1～2次。气温在25℃以上时，必须昼夜打开门窗降温，有时还必须进行强制通风。此外，培菌室一般应保持弱光条件，严禁阳光直射菌棒。

⑤转色管理。转色管理的主要技术措施是刺孔通气、翻堆以及给予适当的光照。

刺孔通气能增加袋内的氧气量，促进气生菌丝的生长。翻堆、调整菌棒的堆叠方式可促进香菇均匀转色，同时还需根据转色的进度及气温的变化情况调节光照。

在出菇季节来临之前，要根据香菇品种的特性做好菌丝生长发育阶段的管理工作，促使菌棒正常转色。在刺孔通气的过程中，偏重的菌棒要适当增加刺孔通气量，以使菌棒中多余的水分散失；偏轻的菌棒要相应减少刺孔通气量，以免菌棒水分散失太多影响正常出菇。另外，不同香菇品种对转色的要求也有一定的差异，如‘241-4’、‘939’等品种要求菌棒全面转色至棕褐色为宜，而‘135-5’则要求转色较薄、菌皮以褐白相间为宜，否则转色太厚不利于正常出菇。因此，‘135-5’在培菌阶段应适当控制培养室的光照强度。

⑥越夏管理。从6月开始至10月出菇之前的这一段时间称为越夏期，通风降温、防止烂棒是越夏管理的主要工作。室外菇棚是最理想的越夏场所，菌棒移至室外菇棚进行越夏的时间以五六月为宜，菌棒经最后一次刺孔通气后约1周即可进棚。菌棒进棚前，要全面加厚棚顶部及四周的遮阳物，确保无直射的阳光进棚，并对菇棚进行全面地清扫，做好消毒、灭菌、杀虫的工作。

菌棒进场越夏后要定期、定点观察，发现烂棒应及时移出菇棚。高温期要通过外棚喷水、内棚灌跑马水等措施调节棚内温度，同时加强通风，避免棚内温度过高。雨后要及时排除积水，防止菌棒受淹。

4. 出菇管理

高棚层架栽培模式主要有脱袋栽培普通菇和不脱袋栽培花厚菇两种模式，这两种栽培模式在菌棒制作、培菌、转色管理以及催蕾措施等方面相同或相近，主要差别是在出菇管理的环节上。现将这两种模式的出菇管理技术分述如下：

图2-90　菌棒上架

（1）排场上架。在室外菇棚越夏的菌棒，6月前已进棚上架；在室内越夏的菌棒要根据不同品种适时排场上架。‘939’菌棒排场上架宜早，应在始菇期来临之前一个月排场上架；‘135-5’菌棒排场上架宜迟，在20℃环境下有零星菇蕾发生后可排场上架，如图2-90所示。

（2）菌棒的水分管理。培养料中适宜的含水量是香菇正常生长发育的重要条件，含水量过高或过低都将影响正常出菇。出菇时菌棒适宜的重量因品种而异，如241-4出菇时菌棒适重为1.4～1.5kg/袋，937和939的适重为1.5～1.6kg/袋，135-5的适重为1.3～1.4kg/袋。如果出菇时菌棒偏重，可再进行一次刺孔通气、排湿；如果菌棒偏轻，应及时补水。补水要求用水温低于5～10℃的清洁水。为了保持适当的含水量，补水量不宜过多，第二次补水后菌棒重量应逐次递减0.15～0.20kg。

补水措施有浸水和滴灌注水两种。由于注水补水法常因压力过大而损伤菌丝和菌棒，因此在生产中提倡使用浸水补水法。

（3）催蕾措施。

①温差刺激法。白天将菇棚内的塑料薄膜盖紧，使温度升高至20℃左右，夜间掀开薄膜，让温度降低，人为地拉大昼夜温差进行催蕾。

②湿差(补水)刺激法。对水分偏低的菌棒进行浸水或注水,补水一般要求所用的水的温度低于菌棒温度5~10℃,以同时起到湿差刺激与温差刺激的作用。

③震动催蕾法。震动拍打菌棒可达到催蕾的目的,此法最适用于939等品种。在实际操作时不可过重拍打,以免出现量多、菇小的现象。

④叠堆盖膜法。在低温季节,将菌棒移至棚外阳光充足处叠堆盖膜,白天使堆内温度升至20℃左右,夜间掀膜降温,经连续3~5d的处理可刺激菇蕾发生。

上述各种催蕾方法适用于各香菇品种,在生产实际中一般结合使用。

(4)适时割袋、合理密植。当菇蕾直径长至1~1.5cm时进行第一次优选,每袋菌棒择优保留8~10只菇蕾。用锋利的小刀片切割菇蕾四周的薄膜(图2-91),保留1/4薄膜不割断,让菇蕾从割口长出,并剔除多余的菇蕾。当菇蕾直径长至2~3cm时,再进行第二次优选,每袋保留大小相近、分布合理的6~8只菇蕾。

(5)幼菇保湿。刚割袋的菇蕾和直径小于2~3cm的幼菇尚处于十分幼嫩的阶段,要求盖膜保湿,菇棚内保持75%~85%的空气相对湿度才能确保其正常生长发育。

(6)催花管理。当菇蕾培育至直径2~3cm大小时,加强通风,调节空气相对湿度至55%~65%,进行催花管理。

(7)春菇管理。菌棒经过冬季花菇培育,养分消耗很多,菌棒收缩,外层筒袋因割口挑蕾变得"千疮百孔",而且南方春季多雨,空气相对湿度较高,较难培育出好的花菇。因此,到了春季可脱掉筒袋转入普通香菇的培育管理。早春要注意保温、控湿和适当地通风换气;晚春要严防高温,加强通风降温。适当控制空气相对湿度,加强通风,可生产出比较好的厚菇。

图2-91 切割菇蕾四周的薄膜

图2-92 采收的新鲜花菇

5. 采收管理

香菇子实体发育至适采期时,应及时采摘。若不及时采收,菌肉变薄,色泽由深变浅,菌柄纤维素增多,则质量变差。一般而言,菌盖展开6~9分的时候是采收的适宜期。为了提高经济效益,在适宜的采收期内,应按鲜售和干制的不同要求、不同标准采摘。

(1)鲜售香菇的采摘标准。当菇盖色泽从深开始变浅,菇盖全部展开,边缘尚有少许内卷,菌褶已完全伸长,孢子已开始正常地弹射,即菌盖有8~9分展开时,是鲜售菇采摘的最适期,如图2-92所示。此时菇肉质地结实,分量较重,外形美观。

(2)采摘方法。采摘时用大拇指和食指捏住菇柄基部,轻轻地将基部旋转拧下。采摘时应注意两个问题,一是不要损伤菌盖、菌褶,二是发现有残断的菇柄及死菇时,要随时用小刀将其挖干净,以防腐烂而招引霉菌。

七、香菇的保鲜与烘干

1. 香菇贮藏保鲜的原理

(1)控制贮藏温度。采收后的香菇立即预冷后放入冷库,将鲜菇放置在较低的温度下贮藏,对香菇保鲜有以下三方面的作用:一是能明显地减弱香菇的呼吸强度。因为在一定的温度范围内,温度升高,生命体的呼吸强度加大,失重也快。二是能显著减缓引起香菇褐变和腐败的酶促化学反应。三是在低温条件下,各种微生物的活动能力也减弱,从而延缓腐败。但要注意低温贮藏并不是温度越低越好,最合适的贮藏温度是1~2℃,绝对不能低于0℃。若贮藏温度低于冰点,部分菇体冻结,菇体细胞被破坏,则解冻后会加快褐变和腐败过程,菇体的质量也会受到破坏。

(2)控制、调节气体环境。采摘后的香菇仍存在呼吸作用,即吸收空气中的氧,排出二氧化碳和水,所以气体中的氧和二氧化碳与其生命活动密切相关。

(3)防止水分散失。香菇在贮藏中失水过快,会失去饱满的外观并减轻重量,应采取措施防止水分散失:一是降低贮藏温度,可防止水分过快蒸发。二是增加空气的相对湿度,可防止水分散失过快。若一般固体周围的空气流速控制在0.5m/s,则空气的相对湿度控制在85%~90%。三是采用适宜的包装。选用的包装材料既要具有很好的渗透性来满足最低的呼吸需要,又要防止水分过快蒸发。用特制的塑料薄膜覆盖香菇,具有较好的效果。

2. 香菇贮藏保鲜的方法

(1)冷藏保鲜法。冷藏可以用冷柜、冷库、冷藏车等保鲜,香菇的冷藏保鲜与运输常选用后两者。

冷柜容量小,零星散户、产量不大者、贮藏量不大者可以购买使用。有别于0℃以下的低温冷库,用于香菇冷藏保鲜的冷库温度在2~5℃,这种温度在冰点以上的冷库习惯称之为“高温冷库”,容量在几吨到几十吨不等。香菇产地分散,为了及时入库保鲜,以选用小型冷库为宜。冷藏车主要用于鲜菇运输。

冷库投资较大,应用受到一定的限制,根据山区特点和菇农的生产实际需要,介绍以下几种冷藏保鲜方法:

①气调降温保鲜法。将鲜菇运至有空调设备的小房内,迅速降温至20℃以下,以延长保鲜期,6℃可保鲜4d,可用于1h内不能运走或加工的鲜菇的短期保鲜。

②短期休眠法。鲜菇采摘后于20℃下置放12h,再放置在1℃冷风中处理24h,使鲜菇暂时处于休眠状态,然后于20℃条件下贮运,可保鲜4~5d。此法适用于有制冷条件而无冷库和冷藏车的产区。

③冰箱、冷柜贮藏保鲜法。将鲜菇装入聚乙烯塑料袋内,置于6℃冷柜中存放,可保鲜13~14d;置于1℃冷柜中,可保鲜18d。

(2)气调贮藏法。气调贮藏也称“CA贮藏”,它是在密封的贮藏系统内控制氧和二氧化碳的浓度,使其在较小的范围内变化的一种保鲜技术。若将冷藏和气调贮藏两种方法结合在一起,即在冷藏库中增加气调设施,同时控制贮藏系统内的温度、湿度和气体成分,则保鲜效果更好,被称为“气调冷库保鲜法”。

(3)减压冷藏法。减压冷藏是指把一般的冷藏库经密封处理后,增加真空泵、调温调湿机和通风装置等有关设备,即建成减压冷藏库。库中的空气压力、温度、湿度和通风可进行精确控制,从而取得显著的保鲜效果。减压冷藏与气调冷库保鲜不同,因为它在减压系统中不需要供应其他气体。减压系统能很快速地排除贮藏于鲜菇中的田间热和呼吸热,使全部贮藏物能保持一致的温度。减压系统操作灵活、使用方便,只需按实际需要调节开关,必要时可随时打开库门进行检查。

(4)薄膜包装法。鲜菇经薄膜包装后,由于呼吸耗氧而释放出二氧化碳和其他挥发物都保持在包装中,故包装内部的气体(氧和二氧化碳)达到平衡浓度后形成一种稳定的状态。薄膜包装法是一种简便的气调保鲜法,具有材料易得、保存方便、费用低、卫生、美观等特点,袋面还可印刷商标说明,以提高商品的价值,现已广泛用于鲜菇的贮藏、运输和零售等各个冷藏环节。薄膜材料以低密度聚乙烯(PE)为宜,厚度为40～70μm,以70μm厚的保鲜效果最好。

(5)速冻保鲜法。香菇的速冻保鲜是随着果蔬速冻技术发展而来的,它能最大限度地保持香菇的新鲜度、风味、色泽和营养成分,深受人们的喜爱,但设备投资较大。香菇的速冻保鲜原理同其他果蔬的保鲜原理一样,即利用制冷设备创造-38～-35℃的低温环境,使香菇在很短的时间内迅速越过最大冰晶生成带(-5～-1℃),从而达到保鲜的目的。在这种条件下,香菇细胞内的游离水同时冻结为无数分布均匀的微小晶体,这种微小晶体的均匀分布和香菇天然的液体水分布相近,因此不损伤细胞组织。在解冻时,冰晶体融化的水分能迅速被细胞吸收,恢复原状,不会像慢速降温那样在最大冰晶生成带由于水分子排列生成大的冰晶而导致细胞体积膨胀并破裂脱水、蛋白质变性、胶体结构发生不可逆的变化等。

3. 鲜菇外运、销售的简易保鲜技术

鲜菇外运、销售的简易保鲜技术是实现鲜菇远距离、低成本运输与销售的关键技术,技术流程包括香菇挑选、剪柄→称重→装袋→抽空气→扎袋口→装箱→封箱。

(1)选菇、剪柄。根据收购的鲜香菇大小、厚薄、成熟度进行挑选、分级、剪柄,再装入不同的塑料周转箱内。

(2)称重。将挑选、剪柄后的香菇进行称重。一般2.5kg/袋,或按经销商要求的重量称重。

(3)装袋。将称重完毕的香菇装入香菇包装专用的塑料袋并封袋。

(4)抽空气。将装入香菇的塑料袋口扭转,然后将吸尘器的吸入口插入扭转的袋口中,启动开关,抽去袋内空气后扎紧袋口。

(5)装箱、封箱。将已装袋、扎口的香菇装入纸箱,装满后用胶带封口。一个香烟箱可装2袋2.5kg的香菇。

4. 香菇烘干技术

（1）剪柄。将采收后的香菇剪除菇根，留菇柄长1～2cm，再分拣出花菇、厚菇、薄菇，然后按品种与不同大小摆放到烘筛上，在阳光下暴晒2～3h，以去除部分水分。摆放时应使菌盖朝下，菌柄朝上，摆匀放正，不可重叠、积压，以防伤菇而影响质量。香菇采收后6h以内必须烘烤，如果有冷藏条件，保存时间可适当延长。

（2）晾晒。晾晒是最古老的干制方法，不需要特殊设备，不需要能耗，简单易行。把整理好的鲜菇的菌褶面朝上放在竹席或竹筛上，置于太阳下晾晒（图2-93），或用线穿过香菇的菌柄，一个个串起来，挂在太阳下晒干。晒干的香菇菌盖容易反翘，无光泽，无香味，而晾晒又受天气的限制，因此现在已几乎没有人采用。

图2-93　分级、剪柄后晾晒

打算要晒干的香菇在采收前2～3d停止向菇体喷水，以免造成鲜菇含水量过大。菇体七八分成熟时，即菌膜刚破裂、菌盖边缘向内卷呈铜锣状时，应及时采收。最好在晴天采收，采收后用不锈钢剪刀剪去柄基，并根据菌盖大小、厚度、含水量进行分类。将菌褶朝上摊放在苇席或竹帘上，置于阳光下晒干，一般要晒3d左右才可以达到足干的要求。香菇晒干的方法简单、成本低，但在晒干前期，菇体内酶等活性物质不能马上失去活性，存有一定的“后熟”作用，会影响商品质量。若遇阴雨天，就更难晒出合格的商品菇。另外，晒干的香菇不如烘干的香菇香味浓郁，这对商品价值也有所影响。

图2-94　烘干机烘干

（3）烘干。香菇烘干技术非常重要，它对香菇的形状、色泽、香味起关键作用。烘干必须用烘干机才能保证烘干质量。烘干时将不同大小、厚薄、干湿的香菇分开，菇柄向上平放在烘筛上，含水量小的、厚的菇放底层，含水量大的、薄的放上层，如图2-94所示。含水量大的鲜菇可以将菇面朝上在太阳下晒1～2h后，再放入烘干机烘干。

①初步烘干期。起烘温度不能过高或过低，应掌握在35℃，这时进气孔和排气孔都要全部打开，回温孔关闭，持续3～4h。烘干温度一般每小时升高1～2℃，使温度逐步升至40℃左右。

②恒速烘干期。烘干4～5h以后，温度要逐渐升至50℃左右，每小时升高2℃左右，进气孔和排气孔关闭1/3，此阶段一般持续3～4h。

③烘干期。烘干 8~9h 时，温度要逐渐升高到 55~60℃，这时进气孔和排气孔要关闭 1/2，回温孔开启 1/2，此阶段一般持续 1~2h。

④完全烘干期。最后 1h，温度应控制在 60~65℃，进气孔和排气孔全部关闭，回温孔全部打开，使热空气上下循环，从而保证菌褶呈淡黄色并增加香气，如图 2-95 所示。香菇完全烘干后，进行分级挑选。

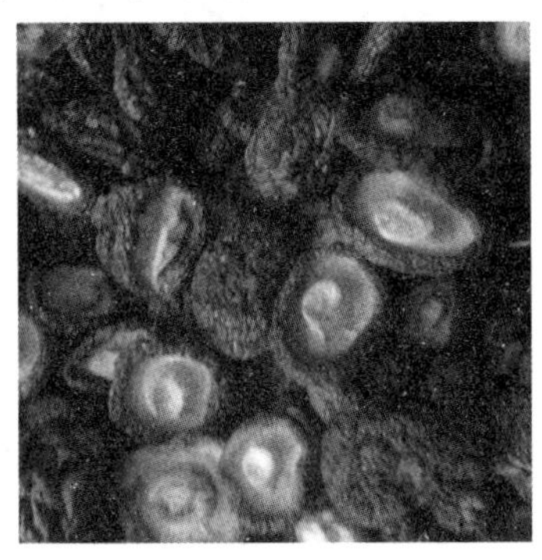
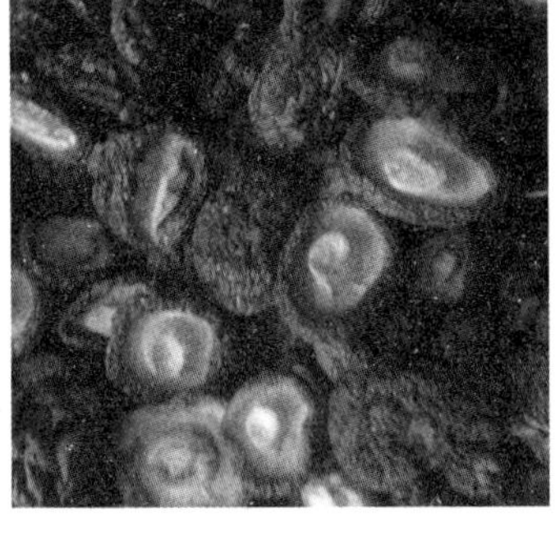

图 2-95 烘干后的香菇　　图 2-96 烘干后的花菇

（4）烘干过程中的注意事项。

①升温与降温不应过快，只能逐渐增减，否则会导致菇盖起皱，影响质量。

②最高温度不能超过 65℃，否则易烧焦。

③菇面呈白色或灰白色的菇，可以把菇面朝上平放在菇筛上，用干净的喷雾器均匀地轻喷清水于干菇面上（不能喷在菌褶上），再放进烘干房，关闭门窗，闷 30min 再进行正常烘干。1 次不行可进行 2~3 次，这样可使菇面颜色一致，如图 2-96 所示。

④烘干后的香菇要及时用专用塑料袋包装，扎紧袋口，低温、干燥、避光保存。

第三章　金针菇栽培技术

一、概述

1. 金针菇的营养价值

金针菇盖滑、柄脆、味鲜，是古今中外著名的食用菌之一，也是极有价值的保健食品。

金针菇的营养极其丰富。据上海工业食品研究所测定，每100g鲜菇中含水89.73g、蛋白质2.72g、脂肪0.13g、灰分0.83g、糖5.45g、粗纤维0.87g、铁0.22mg、钙0.097mg、磷1.48mg、钠0.22mg、镁0.31mg、钾3.7mg、维生素B_1 0.29mg、维生素B_2 0.21mg、维生素C 0.27mg。

金针菇的脂肪含量低，是一种高钾低钠食品，且富含蛋白质、维生素、纤维素等。金针菇中含有18种氨基酸，每100g干菇中所含氨基酸的总量达20.9g，其中人体必需的8种氨基酸占氨基酸总量的44.5%，高于一般菇类。这其中又以赖氨酸和精氨酸含量特别丰富，分别达1.024g和1.231g，能促进儿童的健康成长和智力发育，因而金针菇又被称为“增智菇”。

2. 金针菇的生物学特性

（1）形态特征。金针菇子实体形态按色泽大体可分为黄色品系和白色品系两种，其形态特征略有差异。

①黄色金针菇。黄色菌株多由野生菌株驯化而成。我国在采用杂交育种的方法培育一些高产菌株的同时，也从日本引进并筛选了一批黄色优良菌株。黄色菌株色泽金黄，有光泽，菌盖开伞较快，菌肉薄，菌柄硬挺而脆嫩，口感好，如图3-1所示。

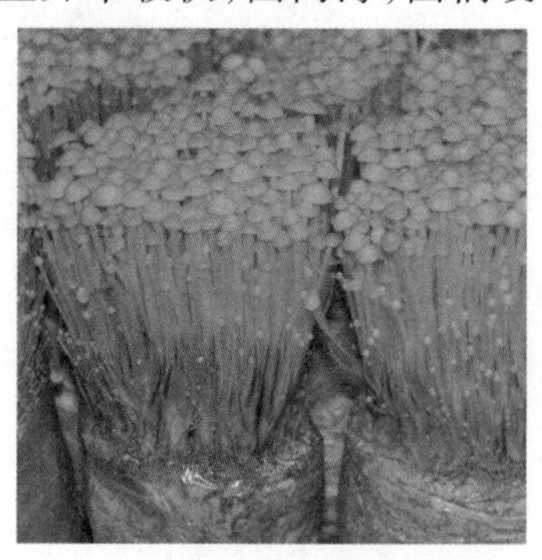

图3-1　黄色金针菇形态特征

图3-2　白色金针菇形态特征

②白色金针菇。白色金针菇从黄色金针菇变异而来。白色金针菇色泽纯白，菌盖厚、内卷，基部绒毛少，但菌柄软、不脆，如图3-2所示。近年来，白色品系在我国市场上的销售量已占主导地位，其产品以鲜售、盐渍出口为主。

(2)生长发育条件。金针菇菌丝和子实体的生长发育要求一定的外界条件，主要有营养、温度、水分和湿度、空气、光线、酸碱度(pH值)6个方面。

①营养。金针菇是木腐菌，它能利用木材中的纤维素、木质素和糖类等化合物作为碳源，但它分解木材的能力较弱。金针菇菌丝可利用单糖、双糖和多糖及糖醇作为碳源。生产上所应用的碳源大多是富含纤维素、木质素、半纤维素、糖类的农副产品下脚料，这些物质往往含有多种营养成分。木屑、玉米芯、棉籽壳、甘蔗渣以及酒糟等均能用来栽培金针菇，但选用棉籽壳为主料、配合辅助材料产量较高。锯木屑以阔叶树的木屑较好，经堆积的、陈旧的木屑比新鲜木屑好。

金针菇培养料的碳氮比为(20~40)∶1，以30∶1为最适宜。金针菇菌丝可以利用多种氮源，其中以有机氮最好。在实际生产中，主要采用麦麸、米糠、玉米粉、豆粉和各种饼粕(豆饼、棉籽饼、菜籽饼等)为氮源。

金针菇在生长发育中需要一定量的无机盐类，其中以磷、钾、镁最为重要，镁或磷离子对金针菇的菌丝生长有促进作用。在生产中常添加硫酸镁、磷酸二氢钾、磷酸氢二钾或过磷酸钙等作为主要的无机营养。

金针菇是维生素B_1、维生素B_2的天然缺陷型，在维生素B_1、维生素B_2丰富的培养基上，菌丝生长速度快，粉孢子数量减少。一般情况下，在培养料中添加B族维生素含量较多的米糠、麦麸等，可以解决金针菇所需的维生素B_1、维生素B_2。

②温度。金针菇属于低温型恒温结实性菌类，其孢子在15~25℃时大量形成并萌发成菌丝，菌丝一般能在3~34℃范围内生长，最适生长温度为20~23℃。3~4℃时菌丝生长缓慢，34℃以上时菌丝停止生长。

金针菇子实体形成所需温度是5~20℃，原基形成最适温度是12~15℃，以13℃时子实体分化最快，形成的数量也最多。子实体分化后，在3~20℃范围内都能正常发育。子实体生长适宜温度为5~21℃，在5~9℃下子实体生长健壮，出菇整齐，质量最佳。

③水分和湿度。金针菇为喜湿性菌类，在菌丝生长阶段，培养基的含水量以63%~65%为宜。金针菇菌丝培养的空气相对湿度为60%~70%，子实体生长的空气相对湿度应控制在85%~95%。生产者需根据金针菇子实体不同生长发育阶段的特点，调控菇房的空气相对湿度。

④空气。金针菇是好气性菌类，氧气不足可使菌丝体活力下降，菌丝呈灰白色。金针菇原基形成和子实体生长发育所要求的适宜二氧化碳浓度差异很大，原基形成所需的二氧化碳浓度为(1 000~2 000)$\times10^{-6}$，子实体生长所需的二氧化碳浓度为(3 000~4 000)$\times10^{-6}$。

⑤光线。金针菇的菌丝体生长发育不需要光线，金针菇原基形成和子实体生长阶段菇房需要弱光。一般在50lx弱光下，菌盖能正常生长发育。黄色品系对光照强弱非常敏感，光照强则子实体色泽深；光线对白色金针菇颜色影响较小，即使在强光条件下，子实体的色泽也不变，但是光照太强可致菌盖容易开伞、菌柄短且基部绒毛多。

⑥酸碱度(pH值)。金针菇需要微酸性的培养基。在pH值为3~8.4范围内,菌丝均可生长,适宜的pH为4~7。子实体只能在pH为4~7.2的环境中形成,pH值为5~6时子实体产生最多、最快。一般情况下,采用基质的自然pH(pH值为6左右)即可。

3. 金针菇的主要栽培品种

黄色品系中,各地使用较多的有'杂交19号''川金2号''川金3号''金F7'等菌株。白色品系中,使用较多的有'FL21''雪秀1号''金白F4'等菌株。

(1)'杂交19号'。该菌株以日本'信浓2号'和'三明1号'菌株为亲本进行孢子杂交获得。

①形态特征。子实体丛生,菇蕾数为400~600朵,菌盖白色至淡黄色,早期呈球形或半球形,后渐平展,直径为0.5~1.5cm,厚为0.3cm左右,稍内卷,开伞速度较慢。菌柄圆柱状,直径为0.2~0.3cm。菌柄长在15cm以下时,整体呈白色,稍有光泽,几乎无绒毛;菌柄长至15cm以上时,基部1/5处逐渐变为淡黄色,稍有绒毛。

②生物学特性。该菌株菌丝的生长适温为16~28℃,最适为23℃左右,4℃以下与34℃以上的环境中菌丝停止生长,超过37℃菌丝死亡。子实体形成温度为4~24℃,最适温度为13℃左右,生长适宜温度为5~16℃。菌丝生长适宜含水量在65%左右,子实体生长要求空气湿度在80%~95%。pH值为6~7时,菌丝生长最旺盛,速度最快;pH值高于7时,粉孢子逐渐增多,较难出菇;最适pH值为6.5。光照强度在5~10lx时,子实体呈白色;超过10lx时,基部易变淡黄色。子实体生长阶段必须有足够的氧气,特别在催蕾阶段,加大通气量可使菇蕾增多、菌柄生长整齐。当二氧化碳浓度超过3%时,菌柄生长不整齐,且易形成针尖菇。

(2)'FL21'。该菌株是浙江省江山市农科所从日本引进并经系统选育而成的白色金针菇菌株。

①形态特征。菌丝白色、粗壮、浓密,粉孢子较少,锁状联合明显,生长快而整齐。子实体纯白色、丛生,菌盖呈帽形,不易开伞。成熟时菌柄柔软、中空,但不倒伏,下部生有稀疏绒毛。菌盖直径为1~2cm,菌柄长为15~20cm,菌柄直径为0.2~0.3cm。

②生物学特性。该菌株菌丝在3~33℃范围内均能生长,23℃时生长最快。5~20℃时菌丝能分化出原基,10~15℃时子实体生长最好。菌丝在含水量为65%~70%的培养料内生长最好。出菇时空气的相对湿度以85%左右为佳。培养料内添加适量的玉米粉或黄豆粉不仅能促进菌丝生长,而且可以提高子实体产量。在pH值为7的条件下,菌丝和子实体生长良好。子实体对光的强度不敏感,在强光下仍保持白色。

(3)'雪秀1号'。该菌株是浙江省农业科学院园艺研究所通过多孢分离和系统选育而获得的。

①形态特征。该菌株菌丝色白、浓密,子实体纯白色、丛生,菇形密集、紧凑。菇盖近圆形,直径为0.4~1.2cm;菇柄光滑,基部绒毛少。菇柄直挺壮实,长13~15cm,直径为0.2~0.5cm。

②生物学特性。该菌株菌丝生长温度为6~32℃,最适温度为21~22℃。出菇温度为5~18℃,最适温度为8~9℃。该菌株抗细菌性斑点病的能力强,适合工厂化瓶栽。

二、金针菇的菌种繁育

1. 菌种场的布局与设施

(1)菌种场的布局。菌种场要求地势开阔、交通方便、远离污染源。菌种场的布局应根据菌种场所生产菌种的种型、生产工艺流程,确定与其相适应的厂房、设备和配套设施等。

菌种场应包括料场、晒场、配料室、灭菌室、冷却室、接种室、培养室、化验室、保藏室等功能场所。整个菌种场划分为非无菌区(料厂、晒场、配料室、栽培场)和无菌区(冷却室、接种室、培养室、化验室、保藏室)两大区域。非无菌场所应设在菌种场的下风向位置,办公、出菇试验等场所也应设在下风向的位置。

(2)菌种生产设施。

①配料、装料设备。

• 搅拌机。搅拌机是原种和栽培种生产的主要设备,用于将培养基配方中各组分的培养料混合均匀。

• 装瓶机。装瓶机是指将培养料装入菌种瓶的专用机械。

• 装袋机。装袋机用于将混合均匀后的培养料填入塑料菌种袋,用于栽培种生产。装袋机有冲压式、推转式、手压式等多种形式。

此外,还可配置切片机、粉碎机、过筛机等。

②接种设备。

• 接种箱。有单人接种箱和两面双人接种箱两种。双人接种箱规格为140cm×90cm×70cm,顶宽30cm左右,底板边缘有30~35cm高的侧板,箱体上部前后各有一扇能开启的斜面玻璃窗,便于操作时观察,并可开启用于取放物品。箱体侧板的前后两侧各有直径为13cm、中心距离为43cm的两个圆洞,洞口装有袖套。箱内顶部安装有20W日光灯和30W紫外线灯各一盏。为便于散发热量,在顶板和两侧可留排气孔,孔径为6~8cm,并覆以8层纱布过滤空气。单人接种箱规格为140cm×70cm×60cm,顶宽25cm。

• 超净工作台。超净工作台能让空气经预过滤器和高效过滤器除尘、洁净后,以垂直或水平层流状通过操作台,在局部创造高洁净度的无菌空间。超净工作台一般要求安装在比其操作区空气洁净度低2级的洁净室内(即300级),使用前应提前20min开机,而且要求每隔3~6月把预过滤器拆下来清洗1次。

③灭菌设备。母种培养基必须经过高压灭菌而不可采用常压灭菌,因此必须配备各种类型的高压灭菌器。最常用的母种培养基灭菌器是手提式高压灭菌锅,原种和栽培种培养基的灭菌可选用立式高压锅或卧式高压锅。

④培养设备。

• 控温系统。母种培养室的温度调节设备有电热恒温箱或隔水式电热恒温箱、空调或空间加热器。夏季温度较高的地区应配备生化培养箱,用于降温培养。

原种、栽培种的控温包括加热和降温。为满足食用菌菌种生产的需要,应具有暖风机、空调等加热、降温设备。

• 培养架。培养架的架数、层数、层距要考虑到培养室的空间利用率以及检查菌种是否方便。培养架的规格一般为高2m左右，5~7层，层距30~40cm，宽50~70cm，长度视房间而定。层板可用5cm厚的木板铺钉，木板间距为2~3cm，以保证上、下层有较好的对流，使上、下层温度较一致。

⑤保藏与贮存设备。

• 冰箱或冷藏箱。冰箱或冷藏箱是中、低温菌类进行常规低温保藏的控温设备，用以提供4~5℃的保藏温度。

• 生化培养箱。生化培养箱具有加温和降温两个控温系统，可作为培养箱使用，也可作为菌种保藏设备使用。

• 空调。夏季，由于冰箱、冰柜的工作，菌种保藏室的室内温度将大大提高，影响冰箱、冰柜的制冷效果，故有条件时可配备空调以降低室内温度。

(3)菌种的生产流程。与其他食用菌菌种一样，金针菇菌种繁育程序也分母种、原种、栽培种三级。

(4)母种生产。母种指经规范方法选育得到的具有结实性的菌丝体纯培养物及其继代培养物，一般以玻璃试管为培养容器，便于观察、鉴别且易于保藏，也称一级菌种或试管种。

母种制作的基本工艺流程为种源→培养基配制→分装→灭菌→冷却→接种→培养(检查)→成品。

①培养基配方与制作方法。

• 母种培养基配方。

a. 马铃薯葡萄糖琼脂培养基(PDA)。马铃薯(去皮)200g，葡萄糖20g，琼脂20g，水1 000mL，pH自然。也可以用蔗糖取代葡萄糖，即为PSA培养基。

b. 综合马铃薯葡萄糖琼脂培养基(CPDA培养基)。马铃薯(去皮)200g，葡萄糖20g，磷酸二氢钾2g，硫酸镁0.5g，琼脂20g，水1 000mL，pH自然。

c. 马铃薯麦麸综合培养基。马铃薯(去皮)200g，麦麸100g，葡萄糖20g，磷酸二氢钾2g，硫酸镁0.5g，琼脂20g，水1 000mL，pH自然。

d. 马铃薯蛋白胨综合培养基。马铃薯(去皮)200g，葡萄糖20g，蛋白胨2~4g，磷酸二氢钾2g，硫酸镁0.5g，琼脂20g，水1 000mL，pH自然。

e. 马铃薯酵母粉(膏)综合培养基。马铃薯(去皮)200g，葡萄糖20g，酵母粉(膏)4~6g，磷酸二氢钾2g，硫酸镁0.5g，琼脂20g，水1 000mL，pH自然。

• 母种培养基制作。以PDA培养基为例，制作过程如下：

a. 制备。先将马铃薯去皮，切成1cm见方的小块或2mm厚的薄片，置于不锈钢锅中，加水1 000mL煮沸，用文火保持20~30min(以煮得酥而不烂为准)；然后用4层纱布过滤，取其滤液。往滤液中加入琼脂，小火加热，搅拌至琼脂完全溶解，再加入葡萄糖和其他营养物质并使其溶化，补足水量至1 000mL。

b. 分装。制备好的培养基应趁热分装。常用的试管为18mm×180mm或20mm×200mm的玻璃试管。分装装置可用带铁环和漏斗的分装架或灌肠杯，分装量为试管长度的1/5~1/4。分装完毕，塞上棉塞，7支或10支一捆，用两层报纸或一层牛皮纸捆好放入灭菌锅内。棉塞的长度为3~3.5cm，塞入试管中的长度约占棉塞总长的2/3。

c. 灭菌。母种培养基一般采用高压蒸汽灭菌。灭菌前，向灭菌锅内加足量水，然后将分装包扎好的试管直立放入灭菌锅套桶内，上面盖两层报纸或一层防水油纸。盖上锅盖，对称拧紧螺丝，开始加热。当压力升至0.05MPa时，打开放气阀，放净锅内气体，然后再关上。当压力升至0.11～0.12MPa时，保持30min，之后停止加热，缓慢减压，待压力自然下降到0时打开放气阀，缓慢排出残留蒸汽。打开锅盖，如果棉塞潮湿，可稍留一缝盖好锅盖，让锅内蒸汽逸出，利用余热将棉塞烘干。

d. 摆放斜面。打开锅盖后，如果立即摆放斜面，由于温差过大，试管内易产生过多的冷凝水。所以为防止试管内形成过多冷凝水，不宜立即摆放斜面。一般情况下，高温季节打开锅盖后自然降温30～40min，低温季节自然降温20min后再摆放斜面。斜面的长度以斜面顶端距棉塞4～5cm为标准。斜面摆好后，在培养基凝固之前，不宜再摆动。

②母种的分离与扩繁。

• 母种的分离。采用无菌操作，将金针菇从混杂的微生物群体中分离出来进行纯培养，从而获得纯菌丝体的方法，称为菌种分离。分离所得的纯菌丝体即为原始母种。金针菇的菌种分离最常用的方法是组织分离法。

选择生长良好、出菇整齐、无病虫害、产量高的栽培袋，从中选择朵形圆整、肉厚、七八分成熟的子实体作种菇。在无菌条件下，将菇掰成两半，使用用火焰灭过菌的解剖刀在菇盖中部切取菌肉，再用接种针钩取小块菌肉，迅速接入斜面培养基上，抽出接种针，塞上棉塞。还可取髓部进行组织分离。左手抓住菌柄，右手持镊子沿着菇柄方向去掉菌盖，菌柄顶端露出弧形生长点，用解剖刀切取生长点组织块，然后用接种针移入斜面培养基。把已经分离好的试管放在20～25℃的条件下培养，36h左右即在组织块周围长出白色放射状的菌丝，10d左右菌丝可长满斜面，即为原始母种。一般要求分离多支试管，以便进行选择。

• 母种的扩繁。由于分离或引进的原始母种数量有限，不能满足生产所需，因此需进行扩大培养，然后再用于繁殖原种和栽培种。通常原始母种允许扩大转接3～4次，转接培养出的母种均称继代母种。下面以接种箱为例介绍母种的转接过程。

接种前，将空白的斜面培养基及所有接种用具、物品放入接种箱，用药物熏蒸或紫外线消毒30min，手、接种针用75%的酒精消毒。点燃酒精灯，左手平托母种试管和另一支待接种的试管，菌种在外，试管斜面在内，右手持接种针。接种针首先在酒精中浸蘸一下，然后在火焰上方灼烧片刻。在酒精灯火焰上方拔下试管斜面棉塞，夹于右手指间，待接种针冷却后进入母种试管切取3～5mm见方的母种1块，迅速转移至待接试管斜面中央位置。再烤一下试管口，塞上过火焰的棉塞。如此反复操作，1支母种可转接扩繁试管30支左右。在接完种的试管上贴上标签，或用记号笔写明菌种名称及接种日期等。工作结束后，及时清理接种箱，然后将转接的试管放在培养室中培养。

③培养与检查。接种后的母种移到23℃的培养箱或可调温的培养室中培养。2～3d后，检查菌丝的生长及杂菌污染情况。若在远离接种块的培养基表面出现独立的小菌落或奶油状小点，即为污染，应立即淘汰；若菌丝纤细，前端生长不均匀，也应淘汰。如果间隔时间过长才检查，则杂菌菌落可能会被旺盛生长的菌丝所掩盖，该菌种一旦用于生产，将会带来很大损失。经过7～10d的培养，菌丝即可长满试管培养基的斜面，成为

生产上所用的母种。

(5)原种、栽培种生产。原种也称为二级种,是指由母种移植、扩大培养而成的菌丝体纯培养物。栽培种是由原种移植、扩大培养而成的菌丝体纯培养物,又称为三级种。

原种(栽培种)生产工艺流程为母种(原种)→配料→装瓶→灭菌→冷却→接种→培养(检查)→成品。

①培养基配方与制作方法。

• 培养基配方。

a. 木屑培养基。阔叶树木屑78%,麦麸(或米糠)20%,蔗糖1%,碳酸钙(或石膏粉)1%,含水量60%。

b. 棉籽壳培养基。棉籽壳88%,麦麸10%,蔗糖1%,石膏粉1%,含水量62%~63%。

c. 棉籽壳、木屑培养基。棉籽壳50%,阔叶树木屑33%,麦麸15%,石膏粉1%,蔗糖1%,含水量60%~62%。

根据浙江省地方标准,金针菇培养基的配方如下:

a. 棉籽壳62.5%,木屑10%,麦麸15%,玉米粉8%,石膏粉1%,石灰1%,蔗糖1.5%,过磷酸钙1%。

b. 棉籽壳65%,木屑10%,麦麸20%,石膏粉1%,石灰1%,蔗糖2%,过磷酸钙1%。

c. 棉籽壳70%,麦麸25%,石膏粉1%,石灰1%,蔗糖2%,过磷酸钙1%。

• 制作过程。

a. 选定配方。按配方要求分别称取各种营养物质。

b. 加水拌料。先将蔗糖、石膏粉等可溶性辅料溶于水,其他原料混合干拌,再把水溶液倒入,搅拌均匀。拌料关键是要拌匀,规模较大时要用拌料机,利用拌料机拌出的料质量好。搅拌均匀后堆闷2h左右,以用手紧握一把料时指缝间有水渗出而不滴下为宜(含水量为60%~65%)。

c. 装瓶。装至瓶肩处,料面压平,擦净瓶口内外侧。培养基的松紧度以下部稍松、上部稍实为好。

d. 打洞封口。料装好后,洗净瓶壁及瓶口内侧,用直径为1.5~2cm的锥形木棒在料中央打孔,深至瓶底,然后塞棉塞。打洞有三个方面的作用,一是上下通气,能提高灭菌效果;二是解决瓶下部的通气问题,有利于菌丝沿孔洞向下蔓延,加速菌丝生长;三是作接种穴用,能固定住菌种块。

②灭菌与接种。

• 灭菌。装瓶(袋)完毕后,必须马上灭菌,不可隔夜,尤其是夏季高温季节,放置时间过长培养料很容易酸败。原种培养基配制后应在4h内装进灭菌锅。高压蒸汽灭菌的具体操作过程如下:

a. 装锅。装锅时,原种瓶(袋)要倒放,瓶(袋)口朝向锅门。如瓶(袋)口朝上,最好上盖一层牛皮纸,以防棉塞被打湿。

b. 放气。装完锅后,关闭锅门,拧紧螺杆。将压力控制器的旋钮拧至套层,先将套层加热升压。当压力达到0.05MPa时,打开排气阀放气;当锅内冷气排净后,关闭排气阀。为确保灭菌彻底,可连续放气2次。

c. 灭菌计时。当压力达到0.14~0.15MPa时，保持2h。灭菌时间应根据培养基原料、瓶（袋）数量进行相应调整，装锅容量较大时，灭菌时间要适当延长。

d. 关闭热源。灭菌达到要求的时间后，关闭热源，使锅内压力和温度自然下降。灭菌完毕后，不可人工强制排气降压，否则会造成菌种瓶（袋）由于压力突变而破裂。当压力降至0后，打开排气阀，放净饱和蒸汽，放汽时要先慢排，后快排。最后再微开锅盖，用余热把棉塞吸附的水汽蒸发。

e. 出锅。打开锅盖，取出菌种瓶，然后搬入预先消毒处理过的洁净的冷却室。

• 接种。料温冷却到28℃以下时，将接种瓶放入接种箱，在无菌条件下接种。每支母种接4~5瓶原种，每瓶原种接40~50瓶栽培种。接种前要严格检查所使用菌种的纯度和生活力，主要是检查菌种内或棉花塞上有无由霉菌及杂菌侵入所形成的拮抗线、湿斑，有明显杂菌侵染或有侵染嫌疑的菌种、培养基开始干缩或在瓶壁上有大量黄褐色分泌物的菌种、培养基内菌丝生长稀疏的菌种、没有标签的可疑菌种，均不能用于菌种生产。

③培养与检查。在使用培养室前两天，要对培养室进行清洁并采用药物进行消毒处理。除此之外，培养期间还要做好两项工作，一是环境条件的调控，二是对菌种生长情况的检查，及时拣出受污染、生长不良的个体。

• 环境条件的调控。根据金针菇菌丝体生长对温度、湿度、光照和通风的要求，采用增温或降温、开关门窗、关启照明设备等方法，以满足食用菌菌丝生长的需要。

a. 温度。金针菇菌丝耐高温性能较差，且高温高湿还易导致污染，所以培养温度切勿过高，以菌丝生长的最适温度或稍低于最适温度为宜。菌丝生长发育期间，其呼吸作用会使培养料的温度高于环境温度2~3℃，故培养室温度应控制为低于菌丝生长最适温度2~3℃。

b. 湿度。培养室空气的相对湿度应控制在75%以下，高温季节尤其要注意除湿。采用空调降温，降温的同时可以除湿。低温高湿的梅雨季节可采取加温的方法排湿。

c. 光线。金针菇菌丝生长不需要光线，因此培养室要尽量避光，特别是培养后期，上部菌丝已比较成熟，见光后易形成原基。

d. 通风。金针菇是好气性真菌，菌丝生长需要充足的氧气，氧气不足则菌丝体活力下降，菌丝呈灰白色。因此，要注意培养室的通风换气。

• 菌种生长的检查。原种和母种一样，在培养期间要定期进行检查，以及时淘汰劣质菌种和污染个体。

原种接种后4~7d内进行第1次检查，表面菌丝长满之前进行第2次检查，菌丝长至瓶肩下至瓶的1/2深度时进行第3次检查，当多数菌丝长至接近满瓶时进行第4次检查。经过4次检查后一切都正常的菌种才能成为合格成品。检查时主要进行以下几个方面的工作：

a. 萌发是否正常。在检查过程中要求逐瓶检查，不可遗漏。发现菌种萌发缓慢或菌丝纤细者，要及时拣出。

b. 有无污染。每一次都要仔细检查是否有污染，特别是原种尚未长满表面之前，要仔细观察，看是否有其他菌落生长。

c. 活力和生长势。在原种上，菌丝的活力和生长势主要表现在菌丝的粗细、浓密程度、洁白度和整齐度等方面。在检查过程中，要及时挑出那些菌丝细弱、稀疏、无力、边缘生长不健壮、不整齐的个体。

d. 培养时间。在适宜培养基和适宜培养条件下，瓶内长满菌丝需4~6周。

3. 菌种质量标准与鉴别方法

(1)各级菌种的质量标准。

①母种。母种感官要求应符合表3-1的规定。

表3-1　母种感官要求

<table>
<tr><th colspan="2">项　目</th><th>要　求</th></tr>
<tr><td colspan="2">容　器</td><td>完整，无损</td></tr>
<tr><td colspan="2">棉塞或无棉塑料盖</td><td>干燥、洁净、松紧适度，能满足透气和滤菌要求</td></tr>
<tr><td colspan="2">培养基灌入量</td><td>试管总容积的1/5~1/4</td></tr>
<tr><td colspan="2">斜面长度</td><td>试管总长度的2/3</td></tr>
<tr><td colspan="2">接种块大小(接种量)</td><td>(3~5)mm×(3~5)mm</td></tr>
<tr><td rowspan="6">菌种外观</td><td>菌丝生长量</td><td>长满斜面</td></tr>
<tr><td>菌丝体特征</td><td>洁白、浓密、健壮、棉毛状</td></tr>
<tr><td>菌丝体表面</td><td>均匀、舒展、平整、无角变</td></tr>
<tr><td>菌丝分泌物</td><td>无</td></tr>
<tr><td>菌落边缘</td><td>整齐</td></tr>
<tr><td>杂菌菌落</td><td>无</td></tr>
<tr><td colspan="2">斜面背面外观</td><td>培养基不干缩，颜色均匀，无暗斑、无色素</td></tr>
<tr><td colspan="2">气　味</td><td>有金针菇菌种特有的香味，无酸、臭、霉等异味</td></tr>
</table>

②原种和栽培种。原种、栽培种感官要求应符合表3-2规定。

表3-2　原种、栽培种感官要求

项　目	要　求
容　器	完整，无损
棉塞或无棉塑料盖	干燥、洁净、松紧适度，能满足透气和滤菌要求
培养基上表面距瓶(袋)口的距离	50±5mm
接种量	每支母种接原种4~6瓶(袋)，接种物≥12mm×15mm；每瓶原种接栽培种30~50瓶

（续表）

项目		要求
菌种外观	菌丝生长量	长满容器
	菌丝体特征	洁白浓密，生长旺健
	培养物表面菌丝体	生长均匀，无角变，无高温抑制线
	培养基及菌丝体	紧贴瓶壁，无干缩
	培养物表面分泌物	无，允许有少量无色或浅黄色水珠
	杂菌菌落	无
	拮抗现象	无
	子实体原基	无
气味		有金针菇菌种特有的清香味，无酸、臭、霉等异味

（2）菌种质量鉴别方法。菌种感官检验方法如下：

①母种。母种的感官检验项目包括容器、棉塞、斜面长度、菌种生长量、斜面背面外观、菌丝体特征、分泌物、杂菌菌落、子实体原基、拮抗现象及角变。

- 肉眼观察试管有无破损。
- 手触棉塞以判断是否干燥；肉眼观察棉塞是否是用梳棉制作，对着光源仔细观察是否有粉状霉菌；松紧度以手提棉塞脱落与否判定，脱落者为不合格；透气性和滤菌性以塞入试管长度达到1.5cm、试管外露长度达到1cm为合格。
- 斜面长度用卡尺测量。
- 肉眼观察检验菌种外观以及斜面培养基边缘是否与试管壁分离。
- 在无菌条件下拔出棉塞，将试管置于距鼻5～10cm处，屏住呼吸，用清洗干净、酒精擦拭消毒过的手在试管口上方轻轻扇动，顺风嗅气味。

②原种和栽培种。

- 肉眼观察容器有无破损。
- 手触棉塞以判断是否干燥；肉眼观察棉塞是否是用梳棉制作或是用无棉塑料盖，对着光源仔细观察是否有粉状霉菌；棉塞松紧度以拔出和塞进不费力为合格；透气性和滤菌性以塞入容器内长度达到2cm、外露长度达到1cm为合格。
- 用卡尺测量培养基上表面距瓶（袋）口的距离；通过生产记录检查原种、栽培种的接种量。
- 肉眼观察菌种外观、杂菌菌落。
- 在无菌条件下拔出棉塞，将试管置于距鼻5～10cm处，屏住呼吸，用清洗干净、酒精擦拭消毒过的手在试管口上方轻轻扇动，鼻嗅气味。

在菌种成品质量检验中，包装检验也是菌种质量检验的重要方面，要按包装材料、装箱要求、标签、标志等标准要求逐项检查，图3-3所示为包装完好的成品栽培种。

图3-3 成品栽培种

4. 金针菇菌种保藏

（1）母种保藏。金针菇母种保藏的方法有很多，生产中最常用的是斜面继代低温保藏。这种方法是根据低温能抑制金针菇菌丝生长的原理，将需要保藏的菌种接种在斜面培养基上，适温培养，当菌丝快长满斜面时取出，放在3～5℃低温干燥的冰箱中保藏，每隔3～4月需移植转管一次。生产中常常因保藏的菌种未及时转接，使培养基干缩导致菌种老化，这一点须加以重视。

金针菇菌种极易在斜面培养基上发生菇蕾，因此在保藏过程中要注意查看是否有菇蕾产生。若发现斜面培养基上已经产生子实体，而且菌盖上有白色孢子掉落下来，说明该菌种的纯度已发生改变，这样的菌种应废弃，这在金针菇的菌种保藏中极其重要。

（2）原种、栽培种的贮藏。较高温度会使菌丝细胞生理代谢加快，加速老化；光线可以刺激子实体原基的形成，从而消耗菌种的大量养分；较高的湿度环境会使菌种的棉花塞吸潮，导致霉菌感染。因此，贮藏菌种原则上要避免高温，降低温度、光照等因素对菌种的不良影响。原种、栽培种应在适温（<26℃）、干燥（相对湿度60%～70%）、通风、清洁、避光的室内保藏。菌种在运输途中温度应低于26℃，在运输中需有防震、防晒、防潮、防污染措施，装车后及时启运。

三、金针菇自然季节袋栽技术

1. 工艺流程

金针菇自然季节袋栽技术的工艺流程为原料配制→装袋→灭菌→冷却→接种→培养→搔菌→出菇管理→采收。

2. 栽培季节

南方各地冬季低温期短，春季气温回升快，故金针菇生产安排在10～11月初（气温在25℃左右）接种发菌，12月份至翌年2月份出菇为宜。近年来，有些栽培者为了获取更高利润，盲目提前制袋日期，使栽培多以失败告终，应引起足够重视。

3. 栽培菇房

（1）简易菇房。菇房为屋脊式，宽8～10m，长度因地势而异，中部高3.5～4m，两侧高1.6～1.8m，用草帘和塑料薄膜覆盖，毛竹或木材制作屋架，四周用塑料薄膜加草帘围盖。有条件的菇农制作房顶时可用石棉瓦，如图3-4所示。

（2）塑料大棚。菇棚长48m、宽6m、高2.5m，棚架用钢管或竹片制作，呈弧形。将长100m、宽6m、厚0.008cm的黑薄膜分成两块，盖在棚顶，然后盖上宽8m、长50m的遮阳网，用大棚带固定，如图3-5所示。温度高时棚顶可加盖草帘。在离地面1m处，用胶带把宽1m的黑地膜固定在棚两侧，作为通风窗。大棚建好后，四周挖沟排水。

（3）砖瓦菇房。菇房为屋脊式，屋顶高3.5～4m，两侧高1.8m左右。用竹竿或木材制作屋架，房顶用水泥瓦，四周用砖头砌成墙，如图3-6所示。

图3-4 简易菇房

图3-5 塑料大棚

图3-6 砖瓦菇房

4. 培养料制备

（1）栽培材料。

①栽培容器。采用18cm×36cm×0.004 5cm聚丙烯塑料袋。塑料袋要求韧度强、不易破碎、厚薄均匀，袋底的焊接部分牢固，不能有破洞，这是制袋成功的重要保证。

②栽培原料。我国辽阔的农村具有极其丰富的农副产品原材料资源，如棉籽壳、甘蔗渣、木屑、玉米芯、黄豆秆等，都是栽培金针菇的很好的原料，细米糠、麦麸、玉米粉、黄豆粉、棉籽饼、茶籽饼、花生饼粉等都是很好的辅料。以木屑为原料时，颗粒太小的不宜单独使用；以玉米芯为主料时，应先曝晒，粉碎玉米芯至黄豆大小的颗粒并添加1/3的木屑；以棉籽壳做主料时，需添加15%～20%的米糠、麦麸等。

（2）常用配方。实践表明，培养料中加入棉籽壳栽培的金针菇产量最高，采收的潮次也较多；单独用木屑、蔗渣等栽培的产量低，仅采收1～2批菇。从质量上看，棉籽壳栽培的金针菇菌盖厚、柄长，不容易开伞；而用木屑、蔗渣等栽培的菌盖较薄，也易开伞。

①普通配方。

- 棉籽壳78%，麦麸20%，蔗糖1%，碳酸钙1%。
- 棉籽壳85%，麦麸10%，玉米粉3%，蔗糖1%，碳酸钙1%。
- 棉籽壳83%，麦麸15%，蔗糖1%，碳酸钙1%。
- 木屑34%，棉籽壳34%，麦麸25%，玉米粉5%，蔗糖1%，碳酸钙1%。
- 玉米芯40%，棉籽壳30%，麦麸28%，蔗糖1%，石膏粉1%。

上述5种配方是我国各地栽培金针菇所用的简单且高产的培养料配方。

②高产配方。

- 棉籽壳木屑培养料。棉籽壳50%，木屑18%，麦麸15%，玉米粉10%，米糠5%，石膏粉1.5%，石灰0.5%。
- 棉籽壳玉米芯培养料。棉籽壳50%，玉米芯12%，木屑12%，麦麸10%，玉米粉10%，棉籽饼5%，石膏粉1%。

上述配方引自浙江省地方标准，是江浙一带的高产配方，主要特点是通过增加氮素营养来提高产量。

(3)拌料。采用棉籽壳为栽培主要原料的,要提前10~12h将棉籽壳按1∶1的料水比预湿。木屑或蔗渣在拌料前一定要先过筛,拣掉尖利的木片和杂物,以防刺破塑料袋,然后按照配方的要求比例,准确称量,放在水泥地面上搅拌。拌料时,先把棉籽壳、木屑等主料在地面堆成小堆,再把麦麸、米糠、石膏等辅料由堆尖分次撒下,用铁锹反复拌和,然后加水反复翻拌,使料水混合均匀。含水量控制在65%~70%,即用手捏料有3~4滴水。金针菇适合偏酸性培养料,pH为6.0~6.5时最适合金针菇生长。也可使用拌料机(图3-7),拌料效率高、均匀。

(4)装袋。装袋之前,必须先检查塑料袋有无破洞,封口是否牢固,然后将拌好的培养料装入18cm×36cm×0.004 5cm聚丙烯栽培袋中。装袋时下垫塑料薄膜,一边装培养料,一边用手压实。培养料高度控制在12cm左右为宜,压平料面。大量生产时,一般是将栽培袋上部沿料面折下紧贴栽培袋外面,用橡皮圈或带子捆绑,也可以在塑料袋上端留下部分的1/2处扎上套环,并用手把塑料袋与套环接触处压紧,塞上棉花塞。棉花塞的松紧要适度,以提起棉花塞塑料袋不掉下来为宜。装料应在6h内完成,整个过程要注意保护好塑料袋。

利用装袋机装袋(图3-8),工作效率更高。装袋机有两种,一种是单袋的装袋机,另一种是可同时装12袋的装袋机。

图3-7　机械拌料

图3-8　装袋机装袋

(5)灭菌。培养料装好后,要及时进行灭菌,以杀死混在培养料中的杂菌,这是栽培袋制作成功的关键。聚丙烯塑料袋用高压、常压灭菌均可,而聚乙烯塑料袋只限于常压灭菌。灭菌时塑料袋不能像瓶子那样卧放,必须竖立排放。高压灭菌(图3-9)需在0.15MPa压力下保持2h,常压灭菌(图3-10)可利用“土蒸锅”或通进100℃的水蒸气进行灭菌。常压灭菌时栽培袋分层直立排放,料面朝上,袋压袋叠放,袋间纵向应留有空隙,使蒸汽能够均匀流通。在常压条件下,灭菌温度达到100℃后,保持12h左右,然后待温度下降到50℃以下时开灶。在灭菌和搬运过程中,要注意保护塑料袋,防止扎破袋子。

图3-9 高压灭菌　　图3-10 简易常压灭菌

5. 接种与培养

(1)接种。经过灭菌的塑料袋必须冷却至25℃左右时才可接种。接种的关键是严格无菌操作，正确掌握熟练的接种技术，动作力求准确迅速。

①接种前准备。

• 选择质量合格的菌种，菌丝的长势必须浓密粗壮，生命力旺盛，菌龄以不超过两个月为宜。

• 接种前将栽培袋、菌种、接种工具放进接种箱(或接种室)消毒。可采用紫外线照射消毒法，先用5%来苏儿喷雾喷洒在接种箱内四个角落和空间，再用30W的紫外线消毒20min左右；也可采用甲醛(福尔马林)熏蒸消毒法，用甲醛10mL/m^{3}加高锰酸钾2g，消毒30min后再进行接种。

目前，金针菇产区大多采用气雾消毒剂熏蒸消毒，消毒效果与甲醛熏蒸消毒法相同，而且更方便。

②接种操作。

接种时先点燃酒精灯，右手持接种匙在火焰上灼烧，左手握住塑料袋，打开袋口并靠近火焰处，用接种匙剔除菌种表面的老菌块、原基或子实体，将菌种块挖成小块，在靠近酒精灯的无菌区内，把菌种块送入灭过菌的袋内。菌种接入时要求动作迅速，尽量缩短菌种暴露在外部空气中的时间，同时要注意不可让火焰碰到塑料袋，以防止塑料袋被烧熔。最后把棉花塞置于火焰上灼烧并塞回套环内，也可以挤压袋内空气，反折袋口，再用橡皮圈或包扎带扎紧。一般一瓶菌种可接种25～30袋。使用接种箱接种污染率低，栽培成功率高(图3-11)，但生产效率不高；使用无菌室接种流水线接种(图3-12)，生产效率高、成品率高。

图 3-11　接种箱接种

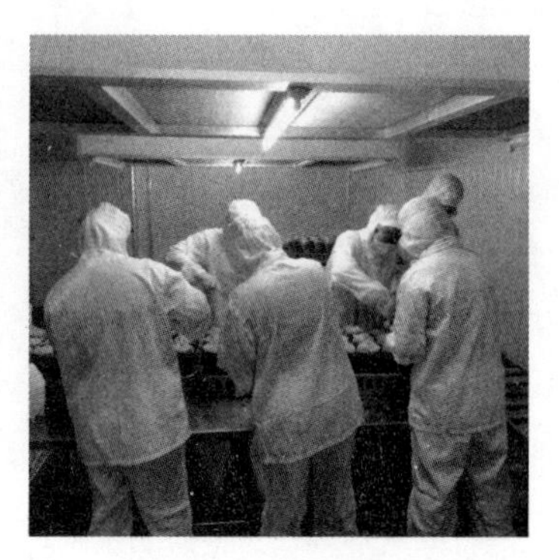
图 3-12　无菌室接种

(2)发菌培养。

①培养场地。培养场地要求清洁、干燥、遮光、通风,在栽培袋放进前要预先进行消毒。新菇房没有杂菌污染,地面上铺上一层地膜即可使用。老菇房必须打扫干净,地面撒些生石灰,铺上地膜,用甲醛或气雾消毒剂熏蒸消毒;消毒后打开门窗通风12h左右,排除药物残余,方可把接种好的塑料袋放进培养室。

图 3-13　接种后发菌培养

②发菌管理。利用自然季节进行栽培,一般在制袋时气温还比较高(超过23℃),此时菌袋要求采用单层平面摆放,并注意袋与袋之间留有一定空隙,使热气容易散发,同时可以打开门窗通气、散热,降低培养温度。气温偏低时,菌袋应采用梯形叠放,底层放4～5袋,垒3～4层,接种面朝上(图 3-13),中间留有走道,同时还要关紧门窗,以提高室内温度。若气温低于10℃以下,则最好进行加温培养。培养室内的温度应控制在20～25℃,空气相对湿度应控制在65%～70%。培养过程不需要光照,对空气要求也不高,每天早、晚各开启门窗通风换气1～2h,保持室内空气新鲜即可。

浙西山区的菇农喜欢从8月底开始种植早白菇,此时白天菇棚温度高于30℃,不利于金针菇菌丝培育,菌丝不易萌发,故接种后可将菌袋倒置,使接种面紧贴地面,单层培养,以提高成品率。"转面贴地"发菌可降低菌袋表面温度3～4℃,而且菌种与栽培料紧贴,有利于菌丝的萌发和生长,待气温下降至适宜菌丝生长时,再改为直立培养,可提高成品率2%～3%。

在菌丝未长满培养料表面时,前期查种是一项重要工作。接种后12～24h菌丝即恢复生长,5～6d菌丝可长满培养料表面并向培养料中伸长,这段时间检查菌丝生长情况要特别细致。一般接种后2～3d到菌丝长至1cm时,要检查发菌情况,如图 3-14 所示。待菌丝长入培养料1cm以上后,则不必经常检查。在整个培养过程中,必须注意鼠害,因为一旦塑料袋被咬破,就会滋生杂菌,导致原来正常生长的栽培袋报废。

在温度适宜的条件下,采用颈圈套棉花塞的栽培袋经过25～30d左右的培养,菌丝即长满菌袋。不用颈圈和棉花塞的,一般需30d以上才长满袋,如图 3-15 所示。

对于感染杂菌的金针菇菌袋，只要菌袋的上部有2～3cm以上的菌料健壮良好，则产量仍能达到正常袋子的60%～70%。

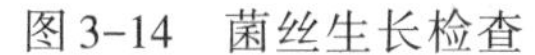

图3-14 菌丝生长检查

图3-15 基本长满菌丝的菌袋

图3-16 搔菌

6. 出菇管理

(1)搔菌。搔菌必须及时，接种后25～30d搔菌最好。培养时间过长，搔菌后菇蕾发生的朵数变少，出菇不整齐，质量也下降。一般地，菌丝长至栽培袋的2/3以上，气温在20℃以下即可开袋。搔菌时先把塑料袋上端完全撑开，拉直，然后在料面上方3～4cm或袋口1/2处向下翻折，要求袋口平，袋直立。用匙形或丁形工具轻轻刮去气生菌丝和老菌种块(图3-16)，随即盖上塑料薄膜保湿，保持2～3d。搔菌时不可把培养料耙去，否则菌丝难以愈合，会推迟出菇时间。如果空气湿度过低，而且搔菌后培养料裸露在空气里的时间过长，那么就要喷少量雾状水后再盖地膜。为了防止杂菌侵染，搔菌的工具要在酒精灯火焰上消毒后使用。搔菌过程中如工具接触了染上杂菌的栽培袋，则搔菌工具必须重新清洗并消毒后再使用。

金针菇的室内栽培和室外大棚栽培一般均采用单层立地摆放，不仅产量高，而且方便管理。单层摆放按每行12～14袋排列，四周留30～50cm过道，如图3-17所示。

图3-17 单层立地摆放

图3-18 地膜覆盖出菇

(2)催蕾。催蕾是金针菇栽培管理中最关键的一项技术，它关系到金针菇产量的高低和质量的优劣。虽然金针菇在5～20℃范围内都能形成原基，但金针菇菇蕾大量发生的适温是13～14℃。搔菌后，栽培室的温度必须控制在13～14℃，各地所选择的栽培季节均要安排在该温度范围内出菇。

搔菌后的主要工作是防止培养料干燥。搔菌后，为了促进菌丝愈合和菇蕾发生，湿度要求控制在90%~95%。具体管理方法是在栽培室的地面、道路上喷水保湿，同时在栽培袋袋口上覆盖薄膜或无纺布进行保湿。覆盖物中以采用厚0.001~0.002cm的薄膜（地膜）覆盖最方便，可以多次使用，大面积栽培也极为方便，如图3-18所示。

经4~5d后，搔过菌的培养料表面逐渐形成一层白色的棉状物，而且出现琥珀色的水滴（也称饴滴），这是原基出现的前兆。当饴滴出现后，必须注意提供充足的空气，因为如果氧气不足，就会抑制原基的发生，除了减少出菇数量之外，还会延长出菇时间，并使菌盖和菌柄生长不整齐。具体做法是每天利用喷水时间掀开地膜通气1h左右，通气量增大后，可促进原基更快发生，并在掀膜时将膜上水珠抖滴在走道上。要注意在保持栽培室较为黑暗的情况下把门或窗轮流打开，让室外的新鲜空气进入栽培室内，以防止由于室内氧气的不足而影响原基的正常发生。2~3d后，在金针菇培养料表面开始出现无数小的突起，色泽为白色或淡黄色，这是菇蕾的前期——原基，如图3-19所示。原基需要2~3d才能长满培养料的表面，而且很快就会分化成菇蕾，但并不是所有的原基都能分化成菇蕾。这个阶段必须在栽培室的地面喷水，以保持菇房有85%~90%的相对湿度，并每天打开地膜通气一次。在加大通气量促进菇蕾大量发生的催蕾过程中，要注意不可让培养料表面干掉。从原基到菇蕾长满培养料表面，在氧气充足的条件下，这个过程一般需2d左右，这时催蕾管理阶段结束，如图3-20所示。

图3-19　原基形成

图3-20　抑制前菇蕾

适合的温度、湿度及充足的空气是催蕾成功的三要素。13℃左右的室温是出菇最快、菇蕾数最多的温度环境。气温低于13℃，出菇慢；气温高于13℃，出菇快，但菇蕾数少；若气温超过18℃，则已长好的原基和菇蕾都容易枯萎。氧气是菇蕾长满培养料表面的重要因素，如果氧气量不足，则必将影响菇蕾产生的数量。湿度是出菇的决定因素，没有一定的湿度，即使在合适的温度下，菇蕾也不会发生。

（3）抑制管理。当菇蕾长满塑料袋的培养料表面之后，分化的菌柄和菌柄先端形成的圆形小菌盖即形成子实体。最初产生的子实体数量有限，但是伸长后，从菌柄基部发生的侧枝使菌柄数量增加。一般情况下，不是所有的菌柄都能顺利地生长发育，那些菌柄细的和发育迟的生育能力差，不能充分伸长。在金针菇生长发育初期给予低温、吹风和光照，金针菇就会长得很整齐，这个过程就是抑制。抑制的最适宜温度是4~6℃，在该温度下虽然金针菇伸长得慢，但强壮有力，也很整齐。在气温较高的地区，可以利用晚上气温较低时打开门窗，使培养室温度降低来进行抑制，这样也能达到催蕾后子实体生长整齐、发育良好的目的，如图3–21所示。

在抑制过程中，应每天掀开地膜通风，采取通风换气和地膜覆盖交替进行的方式管理，这是使菌柄生长整齐的重要措施。在栽培中，如果发现菌盖未能正常形成，而是生成了针尖菇，则表明地膜覆盖时间太长，塑料袋中的氧气不够，这时必须把地膜掀掉，等菌盖形成后再盖住。抑制阶段的二氧化碳浓度要求在(1 000~2 000)$\times 10^{-6}$之间。为了子实体色泽浅、美观，栽培室要保持基本黑暗，光线太强会使黄色品种菌柄基部色泽加深。抑制阶段金针菇对湿度的要求比催蕾时低，一般相对湿度达到80%~85%即符合金针菇生长发育的要求。湿度低，则子实体较为干燥，质量好，保存的时间也相对较长。当幼菇长至1~3cm时，相对湿度应控制在85%~90%，早、晚掀膜通风，黄色金针菇需通风1h左右，白色金针菇需1.5h左右。当幼菇长至3~5cm时，相对湿度要控制在80%~85%，早、晚掀膜通风，黄色金针菇需2~3h，白色金针菇需3~4h。在通风时应适当喷雾补湿，并保持弱光。

在抑制过程中可采用开放式管理，即当菇蕾生长到1~2cm时，掀掉薄膜，菇房喷雾加湿，全天通风，如图3–22所示。此时的水分管理十分重要，要视天气状况确定喷水次数。刮风时天气干燥，应每天早、晚各喷水一次，保持85%~90%的空气湿度，并略有干湿变化，以尽可能使幼小的菇蕾全部成长。

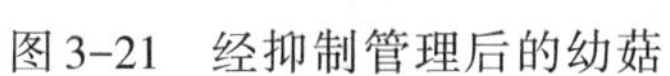

图3–21 经抑制管理后的幼菇

图3–22 掀膜通风

(4)子实体生长。当菌柄长度达到5cm时，子实体高度与袋口基本持平，此时要及时把卷下的塑料袋上端往上拉高，使拉高后的塑料袋袋口高于子实体5cm左右，否则让子实体长出袋口后菌盖就容易开伞，同时菌盖碰到地膜上的水容易发生腐烂或产生细菌性斑点病。一般情况下袋口分两次拉高，当菇体长至10~12cm时，再次拉高、拉直袋口，如图3–23所示。此阶段栽培室的相对湿度应该保持在80%左右，湿度太大容易发生根腐病，黄色品系的菌柄基部易呈黑褐色。当子实体长至接近15cm时，相对湿度应控制在75%~80%，这样子实体较为干燥、发白，菌盖不易开伞，同时也便于鲜售和贮藏。塑料袋口的地膜不要经常掀开，因较高的二氧化碳浓度可以促进菌柄的生长，只要在喷水管理时掀开15~20min，就可以满足金针菇生长的通气要求。

子实体生长发育阶段应尽量保持栽培室的黑暗，以使子实体色泽浅、有光泽，增加一级菇的比例。一般来说，只要没有遇到气温急骤变化，将室温保持在4~16℃，子实体就能正常生长，而且可获得高产优质的金针菇，如图3–24所示。

图3-23　再次拉高袋口前的菇袋　　图3-24　采收前的子实体

在子实体生长发育过程中，有时在一丛金针菇中有一至数朵菇长得特别快，不但盖大，而且菌柄特别粗壮。当肉眼能明显观察到这类金针菇时，要及时把这几朵菇从菌柄基部拔掉，并且尽量不要伤害到其他的子实体。

金针菇子实体生长需要充足的水分，为了保证子实体的正常生长，需常常向子实体直接喷水或提高栽培室的空气湿度。但这种方法容易造成菇体含水量过高，温度高时还会诱发细菌性斑点病，故我们建议采取沿袋壁补水的方法（图3-25），不仅可以保证菇体生长所需的水分，还能降低菇盖水分，使菇盖保持洁白，减少细菌性斑点病的发生。具体方法为当室内温度低于18℃、子实体长到5～6cm时，栽培料与塑料袋壁已稍稍分离，此时可沿袋壁进行第1次补水，补水量为15mL左右，以水面不浸泡到子实体的根部为标准；当子实体长到10cm左右时，可进行第2次补水，此时栽培料与塑料袋壁已明显脱离，可将补水量加大到30mL左右。第2次补水后2～3d，金针菇即可采摘上市。

图3-25　沿袋壁补水　　图3-26　采收

7. 采收与采后管理

金针菇供食用的主要部位是清脆、细嫩的菌柄，菌柄又长又嫩又白的为优质品，因此金针菇的采收时机必须适当。一般是当金针菇子实体长到15～16cm长，菌盖内卷呈半球形，直径在1～1.5cm时，就应当及时采摘（图3-26），以获得优质高产，如图3-27所示。

采收完后，应及时、正确进行菌袋处理，这关系到第二潮菇的出菇快慢与子实体的产量和质量。

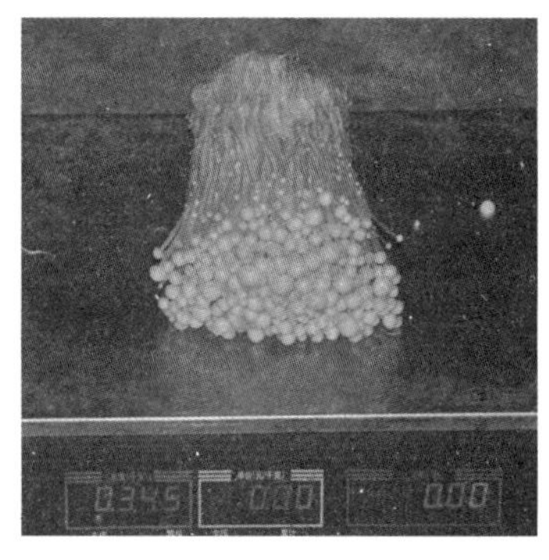

图 3-27 收获的优质高产子实体　　图 3-28 清理料面残菇

（1）养菌。第一潮菇采收后应把培养料表面的残柄拔除，加强通风，使残余的菇柄萎缩，再覆盖地膜，让菌丝恢复，如图 3-28 所示。第一潮菇采收后，菌袋明显变轻，为了补充水分，常常直接加水浸泡。由于菌袋培养料与塑料袋壁已经脱离，加水后培养料浮起，料面不能充分吸水，会影响菇蕾的形成，故在转潮管理中，我们建议采取加水后将菌袋倒置吸湿的补水方法（图 3-29），可明显增产。具体做法为，采收后清理料面，直接向袋内加清水，然后将料面以上的塑料袋沿料面折下并紧贴栽培袋外面，最后将栽培袋倒置叠放，使料面吸水。当棚内温度低于 18℃时，让菌袋表面吸湿 2～3d 甚至 4d 以上；当棚内温度高于 20℃时，倒袋吸湿时间为一昼夜；当棚内温度在 20℃以上时，容易发生根霉病，则不宜采取加水补湿方法。补水充分后，将袋竖立，袋口向上，通风 1～2h，蒸发料面多余的水分，盖上地膜。之后的管理方法同第一潮菇。

图 3-29 采收后的菌袋倒袋吸湿补水　　图 3-30 第三潮金针菇

（2）育菇。温度在 13℃左右时需 3～4d，温度低于 13℃时需 5～6d。一旦发现培养料上有菇蕾出现，就要经常把地膜掀开通风，以增加塑料袋中的氧气量，让菇蕾更快、更多地发生。虽然第二潮菇蕾的数量通常比第一潮少，但催蕾好的，菇蕾也可基本长满培养料表面。

（3）管理。第二潮金针菇的出菇管理方法与第一潮菇的管理方法基本相同，但由于培养料水分已经减少，所以在管理过程中特别要注意在地上浇水，保持室内 85%～90% 的湿度。同时由于培养料的营养已减少，第二潮菇的菌盖更容易开伞，故在浇水时需把地膜打开通风，以促进子实体整齐、均匀地生长。

第二潮菇如果管理不当，很容易发生细菌性斑点病，菇农称之为“花菇盖”，这是国内外金针菇栽培中普遍发生和危害较重的一种细菌性病害。为了预防细菌性斑点病的发生，在第二潮原基刚形成时，应喷施霉斑净1～2次，并在菌柄长至12cm左右时，将栽培房的相对湿度降低到80%。

第二潮金针菇的菌柄可生长至13～15cm，菌盖直径在1.5cm以下，产量也较高，可达150g左右。第二潮菇采收后，第三潮菇的管理方法与第二潮菇相似，但此时培养料已收缩。在第二潮菇采收后，应把培养料表面清理干净，进行灌袋补水，使菌料吸水后，倒去多余的水，这样可保证第三潮菇菇蕾形成所需要的水分，促进第三潮菇正常生长发育，以获得产量和质量较好的金针菇，如图3-30所示。

四、金针菇工厂化袋栽技术

1. 工艺流程

金针菇工厂化袋栽技术的工艺流程为原料配制→装袋→灭菌、冷却→接种→培养→催蕾→再生→套袋→抑制→发育→采收→包装。

2. 设施与设备

由于工厂化栽培金针菇的工序较多，培养与出菇管理采用双区制，因此厂区布局是否合理关系到鲜菇的产量和质量、生产成本和人工成本。

（1）生产设施。金针菇工厂化生产需要专用的厂房设施，常见的有砖木或钢结构与聚氨酯保温板建成的保温、保湿的生产厂房。按照生产工艺，通常将生产厂房分隔为拌料室、装袋室、灭菌室、冷却室、接种室、培养室、出菇室、包装间和冷库等。要求栽培场地交通便利、水源清洁、电力充足。

（2）机械设备。工厂化生产的各个工艺阶段需要不同的生产设备，生产设备的配置要根据生产规模来定，设备配置不足，将影响生产量；设备配置过剩，将造成不必要的浪费。金针菇再生法工厂化生产需配置的主要设备有搅拌机及送料带、高压灭菌锅、周转筐、周转小车、接种箱、加湿器等。

（3）菇房设计。

①库房结构。新建的冷库房应选择现代冷库房结构，库板由双面波形3mm厚的钢板和聚苯乙烯热合而成，成型时板材的两侧就预留有装配槽，组装时用“H”装配槽现场拼接。利用旧厂房改建时，多用杉木条做龙骨，用5cm厚的泡沫板做保温层，按设计要求进行培养间等分隔和吊顶。

采用再生法袋栽金针菇，一般一间出菇房可采菇3～5d。厂房以东西走向和双排库为好，中间通道宽2m以上，以便通行。出菇房净长9.5m，净宽5.2m，净高3.5m，天花板使用20cm厚20K的泡沫塑料板，沿摆放床架的正上方在中间预埋照明电线，四周及地板用10cm厚塑料泡沫板作保温隔热用。两侧墙的中间每隔3m预埋插座，作补充照明及内循环通风时的电源。内外墙各设1.2～1.5m宽的房门，房门以推拉门为好。在外墙正门两边离边墙40cm、离地35cm处各设一个40cm宽正方形排气窗，正对中间通道的外墙内侧安装风机。紧靠外墙的外面设宽1.8m的栏道作为安装制冷机组的空间，在离地2.5m处搭遮阳棚，尽量使制冷机组避免日晒雨淋。

②层架制作。大部分金针菇企业都选用3cm×3cm角铁组合、由8mm螺丝连接而成的栽培架，在栽培架位置摆放好之后，再将多架栽培架的顶部连接成一体，以增加稳定

性。一般培养架为6~7层，床架长8m左右，宽1.6m，层高45cm，如图3-31所示。两排床架中间留80cm通道，便于小推车行走，靠墙两边留60cm作回风道兼过道。栽培层架多以10cm左右宽的木板条作为搁板，搁板条的间距为4cm，以便上下层空气对流。

图3-31 栽培床架

图3-32 制冷机组

③光照与通风。在灯光的布局上尽量做到均匀、充足，一般3W/m²的日光灯或荧光灯的光照强度可满足上3层子实体生长对光照的需求；3层以下部分可用光照度计进行测定，根据需要可在两侧临时增加移动式灯管补充光照，以保证有足够的、均匀的光照强度。

通风包括内循环通风和室内外换气两个方面，这是较为关键的环节。内循环通风可在层架的中间及两侧上方设一往复式内循环风扇，排风口应设在离地30cm左右处。换气通风不仅要求适时更换适量的新鲜空气，还应考虑温度和湿度的变化。

④制冷系统。金针菇出菇温度通常要求在10℃以下，才能使金针菇长得粗壮、洁白，且采用每个库房制冷设备单一控制比中央式空调控制更为方便、节能。一般50W/m³的制冷量可满足金针菇出菇期对温度的需求。大多数金针菇企业采用水冷式制冷系统，每间库房采用10P的压缩机、15P冷凝器、0.75kW加压泵、CR100冷风机组装配制成制冷机组，冷却塔、水池可所有库房共用一个，以用最少的能耗达到最佳制冷效果，如图3-32所示。制冷机组和冷风机的选型、配置可根据冷库房的大小、保温材料、当地夏季气温等，请专业人士进行设计。

能否平稳供电是周年金针菇栽培的前提。日产500kg的栽培规模需要配置150kV·A电源和120kV·A的备用发电机。

⑤智能控制。主要有以下几个方面的自动控制：一是温度控制。将感温探头连接到控制器，当温度超出设定范围时，自动开启制冷系统。二是光照控制。将照明系统、照明用插座连接到时控器，根据经验设定不同时期的照明强度与光照时间。三是换气与内循环通风。将内循环风扇和换气系统分别连接到时控器，然后分别对内循环通风和换气做不同设定。一般每小时进行10~20min内循环通风，当外界湿度较大时，可增加内循环风量，减少换气通风。更换新鲜空气时，应根据二氧化碳测定仪测定的数值，针对金针菇在不同生长时期和不同天气的需求，设定相应的换气时间和换气量，从而基本实现金针菇出菇的自动控制。

3. 培养料制备

（1）材料选择。棉籽壳、木屑、玉米芯、甘蔗渣、豆秆粉、麦麸、米糠等均可作为生产金针菇的原材料。棉籽壳要求新鲜，以中绒、中壳为好。木屑要求为阔叶树木屑，并经自然堆积3~6月，晒干、过筛后备用，如图3-33所示。玉米芯需粉碎成玉米粒大小的颗粒备用。甘蔗渣、农作物秸秆等均需粉碎、晒干备用。麦麸、米糠必须新鲜洁白，无虫，无霉变。

图3-33　木屑筛机

图3-34　搅拌机

（2）原料配制。

①栽培配方。工厂化袋栽金针菇一般只生产一潮菇，因此原料的配方、袋口的大小、装料的多少直接影响经济效益。生产者可根据当地资源条件，就地取材，选择科学的培养料配方，准确称料。常见配方有：

- 木屑27%，棉籽壳44%，麦麸27%，蔗糖1%，碳酸钙1%。
- 棉籽壳35%，麦麸35%，甘蔗渣或玉米芯28%，碳酸钙1%，过磷酸钙1%。
- 木屑20%，棉籽壳38%，玉米芯20%，麦麸12%，玉米粉8%，石灰1%，石膏粉1%。

②配制方法。进行规模栽培，选用机械拌料。主辅料的称量根据搅拌机一次最大搅拌量，折合成各组分的体积，用相应容器衡量。搅拌机有一定的高度，为了降低劳动强度，应设置一个斜坡，或者将拌料机下半部分放置在预先做好的槽内，培养料由送料带送出，如图3-34所示。培养料搅拌时需要加水，因此搅拌机上方要设置水管，水管上均匀排布出水孔，出水孔间隔10cm左右，由定时器控制出水量。生产上常按配方称取棉籽壳、玉米芯、麦麸和米糠等材料，直接倒入搅拌机的斗内，先搅拌均匀，然后通过搅拌机上的水管加水，调节至所需要的含水量，再使各组分充分混匀。培养料的含水量应控制在65%~68%。

（3）装袋。多选择对折径为17.5cm、长度为38cm、厚度为0.004 5cm（要求100只袋重为600g）的插角型聚丙烯塑料袋作为栽培容器。每袋装干料400g左右，装料高度为16cm左右。因库房袋栽白色金针菇只收一潮菇，故装料太多会造成浪费，但装料太少会严重影响产量和质量。手工装料时，先抓一把料装入袋内，稍压实后，将子弹形的锥形木棒（直径2.2~2.4cm、长25cm）插入栽培袋中央，然后继续装料，装料至18cm左右时，左手提住袋口，右手掌在袋内沿圆周将培养料压实。填料高度为16cm左右，培养料面压成微凹形（以便接种后，菌种易滚入预留的孔穴内）。随后将锥形木棒旋转抽出，形成预留的接种孔(图3-35),按常规套上塑料套环。套环距离料面30mm,以便后续的接种操作。塞上棉花塞,顺手将栽培袋放入周转铁筐内,每16袋一筐,筐上覆盖一层塑料膜,以防止灭菌过程中冷却水打湿棉花塞。因配方中氮素含量较高,故制袋时间以前后不超过5h为好。每位工人一个班次可填料600~800袋。

用SZD-15型脚踏式食用菌装袋机装袋,既省工,又省时,一般每小时可装1 000袋,如图3-36所示。

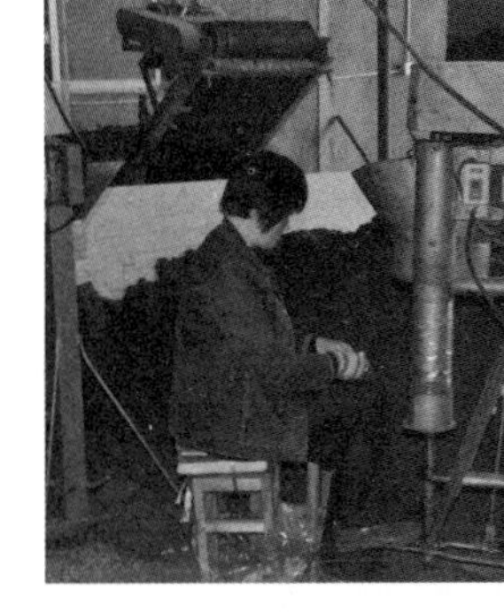

图3-35 预留的接种孔　　图3-36 脚踏式小型装袋机装袋

(4)灭菌。在金针菇工厂化栽培条件下,工厂日生产量达几千甚至上万袋,灭菌数量大,故应选用高压灭菌锅或双门隧道式常压灭菌锅,并采用蒸汽锅炉供气。

将装好的料袋放入铁制周转筐内,周转筐规格为45cm×45cm×21cm,每个周转筐放置16袋,整车推入卧式高压灭菌锅中,如图3-37所示。在0.1MPa高压下灭菌4~5h,或0.15MPa高压下灭菌3~4h,如图3-38所示。

图3-37 周转框、推车　　图3-38 高压灭菌

采用双门隧道式常压灭菌锅灭菌不仅能够扩大规模化生产的数量,而且能够提高灭菌效果。双门隧道式常压灭菌锅将灭菌前后的空间相对分隔开,灭菌后的栽培袋直接拉入极干净的冷却室内冷却,可大幅度降低污染率。一般技术要求在3h内达到100℃,维持12~14h,再闷4~6h。灭菌时最好能听到灭菌锅门缝上有"嗞嗞"的响声,此时锅内温度大约为101~102℃,可彻底灭菌。

(5)冷却。规模栽培冷却室面积为周转小车总面积的4倍以上,要求地面及墙体光滑。冷却室内可以安装2~3台大功率制冷机对栽培袋进行强制性制冷,同时可利用过滤空气使室内形成正压,以阻止外界空气进入冷却室。

搞好常压灭菌锅周围环境卫生，特别是提高冷却室的洁净度，降低空间单位体积内的孢子数。确保棉花塞的质量是预防杂菌污染的有效途径。灭菌结束后待灭菌锅内温度降至85℃时，先打开一小缝，让蒸汽跑出，然后利用余热烘干棉塞上的水汽，再将周转小车拉入冷却室冷却，如图3-39所示。

图3-39　冷却后待接种的料袋

图3-40　接种箱接种

当灭菌锅内温度依然较高时，打开锅门的瞬间，可以看到料袋塑料膜呈鼓胀状态，随后立即消失，此时如果料袋的棉花塞过松，混浊的空气就很容易"倒吸"入料袋内。在大规模的栽培袋培养过程中，有时漏接种的料袋却出现了污染，这说明"倒吸"现象是存在的，应引起栽培者的足够重视。

4. 接种与培养

（1）品种选择。采用白色金针菇品种，选择原基形成快、菇盖不易开伞、菇柄硬挺、粗细均匀、菇体色泽洁白、抗细菌能力强的优良菌株。

（2）接种。在接种室内放置单人接种箱。接种室紧靠冷却室，要求室内地面、墙壁光洁，安装有冷光源（日光灯）照明，接种时减少空气流动。接种室面积由生产规模而定，一般为接种箱总占地面积的6倍，以便周转筐摆放及周转小推车行走。

①接种前的准备。首先对菌种瓶的外壁及棉花塞进行消毒，常用的药剂有0.3%高锰酸钾水溶液、来苏儿等。将经过消毒、当天需要使用的整筐菌种用专用小车推入接种室内备用。将料袋置于接种箱内，堆叠时料袋尽可能竖放。竖放两排之后才能横卧，否则底层的料袋受到上层料袋的重压，预留孔穴会变形，甚至堵塞。然后在接种箱中放入菌种、接种工具、酒精灯、打火机等。

接种前对接种箱按常规方法消毒，用不同消毒药品和紫外线交替消毒效果更好。

②接种方法。料袋冷却至25℃以下后，在无菌操作下接种，如图3-40所示。在接种箱内，用接种匙将菌种捣碎成黄豆大小。由于塑料环口径较小，故接种时应准确、快速。每袋接种量约为15g，一般为750mL菌种可接22～25袋。菌种量多，菇蕾形成快。接种后，将接种匙插回菌种瓶内，把棉花塞顺时针塞回栽培袋，右手握住栽培袋，放在接种箱的右侧。重复上述过程，待整箱接种后再取出栽培袋，置于周转筐内。每次接种完毕，均要清扫接种箱。每日接种结束后，要对接种箱进行擦洗，并用甲醛熏蒸消毒过夜。

(3)控温培养。将周转筐叠在小推车上，推入培养室。培养室的单间面积为65～80m²，放置6层栽培架，摆放量控制在9 000～12 000袋。上架时，应先将栽培袋摇晃一下，使部分菌种落入袋内预留的空穴内，促使菌种在栽培袋内上下同步生长。排袋时，如果发现栽培袋上部薄膜被颈圈、棉塞压住，要立即向上拉直，否则袋内没有空间则催蕾时原基不易形成。尽可能不要提住栽培袋的套环口，否则会造成栽培袋内外出现微小气压差，使空气流动而增加污染机会。

培养室温度由安装在栽培架上方墙上的冷风机和室外制冷机组进行自动控制。培养过程中所产生的热量由冷风机运转过程中产生的冷风进行强制性降温，使室内温度维持在所设定的范围内。

金针菇菌丝体最适生长温度因品种不同而略有差异，适当的低温培养有利于提高成品率。在接种后的前几天，室温应维持在22～23℃，以利于菌丝萌发。当菌丝盖面后，将温度下降至18～20℃培养至催蕾，如图3-41所示。培养室湿度应维持在70%左右，偏干时应用超声波加湿器进行加湿，或者在地板上适当洒些经消毒处理过的洁净水。

图3-41 菌袋培养

图3-42 菌袋检查

菌丝代谢过程中会产生大量的二氧化碳，因此需要由新风补充系统补充新鲜空气。在菌丝萌发后，特别是在菌丝盖面以后，应通过定时器设定通风。在菌丝萌发前期可设定早、晚各通风15～30min，在中后期可早、晚通风各0.5～1h。培养过程中产生的废气由安装在培养室下方的轴流式风扇定时自动间隔排出。

金针菇菌丝生长不需要光照，提早光照会形成原基，影响产量。培养室内除门外，无需任何窗户，仅在栽培架的过道上安装工作日光灯。检查栽培袋是否污染时，可手持移动式工作灯进行，如图3-42所示。

发菌时间因装料高度和原材料的不同而有所区别。以棉籽壳为主料、装料16cm高的，发菌时间需26～32d，一般4周左右。当菌丝布满栽培袋后，再继续培养8～10d，使菌丝逐渐进入生理成熟，然后就可以进入出菇管理。较短菌龄可以有效防止催蕾时袋壁出现原基。

5. 出菇管理

出菇室应尽可能紧靠培养室，所需间数为培养室间数的4/5。为了便于操作，最好采用数列5层栽培架。从诱导原基形成到采菇，需经过4个阶段，即催蕾、再生、抑制和发育。

（1）催蕾。金针菇工厂化袋栽基本上都采用再生法生产。正常情况下，接种后第36d，栽培袋内的菌丝已经基本生理成熟。为了缩短栽培时间，有的企业在大部分栽培袋的菌丝长满袋后，就开始降温至12～15℃以催蕾，并每日给予100～200lx光照诱导2h。在低温刺激和散射光的作用下，菌丝细胞分裂活性提高了，分枝旺盛，并产生组织分化，形成子实体原基。10～15d后，在培养料表面可以明显看见不定点发生的子实体原基。此时不能急于打开袋口，而应继续培养数日，丛状的子实体原基就发育成了针尖小菇蕾，如图3-43所示。18～20d时催蕾基本结束。

图3-43　催蕾

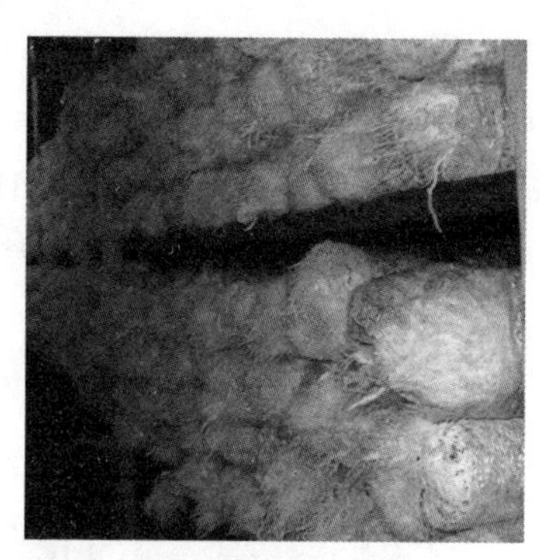

图3-44　开袋

催蕾温度是金针菇工厂化袋栽的关键。催蕾的最佳温度为12～15℃，但是急剧降温会导致菌袋内积水，影响菇蕾的形成，甚至有可能引发其他病害，导致烂菇的发生。因此，可以采取逐日降温的办法，将温度缓慢降至催蕾温度。原基形成的先兆是袋内先出现大量淡黄色水珠，随后出现米粒状的菇蕾。如果出现的水珠色泽为茶褐色或浑浊样，则说明有细菌残留或有螨虫危害。

（2）再生。

①开袋。当培养料表面和棉花塞间自然形成的针尖菇蕾较密集且长至3～5cm时，将发育状态较一致的栽培袋选出，集中在一起，就地拔出棉花塞及塑料套环，分别放在编织袋内，以便重复使用。打开袋口，用刀片沿栽培袋表面将塑料袋上部割除，使幼蕾完全裸露，称之为开袋，如图3-44所示。开袋后，将栽培袋放入塑料周转筐内，移入6～8℃的出菇冷库内，排放在栽培层架上。

②套袋。选用规格为20cm×40cm×0.004 5cm的聚乙烯塑料袋作为栽培袋的外套，将开袋后的栽培袋套入，套袋口与料面高度基本一致，然后上架排袋，将多余的套袋翻折到栽培袋的底部。套袋的目的是增加菇蕾发育的空间，同时提高小空间二氧化碳的浓度，抑制菇盖张开。

③枯蕾。套袋后将菇房温度控制在6～8℃，并利用低温冷库内风机组频繁的运转，产生冷风进行强制吹风，将菇房内湿度降低到80%以下，以使针尖菇失水变黄、萎蔫，如图3-45所示。此时如果湿度太高，可以采用除湿机抽湿。

图3-45 套袋后枯蕾图3-46 再生的菇蕾

④再生。抽湿过程中用手掌轻触菇蕾，当菇蕾干至手掌触感稍有刺痛时，将菇房温度提高到9～12℃，湿度提高到85%～90%，如果湿度不够，可以用加湿器连续加湿。经过3～5d之后，在倒伏菇柄基部可重新形成密集菇蕾，称为再生菇蕾，如图3-46所示。割袋后7～8d，再生菇蕾形成后停止加湿，维持空气相对湿度在85%左右。在此期间，切忌向菇体喷重水，以免菌柄腐烂，造成直接经济损失。由于二氧化碳会在室内往下沉积，使上下层之间温度、湿度和二氧化碳浓度不一致，因此每天需开启地窗排风2～3次，每次约0.5h。

(3)抑制。为了使出菇整齐，往往还要经过一个抑蕾阶段。抑蕾主要是通过增加光照强度和通排风量来控制。

进行光抑制是生产优质白色金针菇的重要措施。用200lx荧光灯照射菇蕾，每天照射2h左右，分数次进行，每次光照时间为15～30min，抑制效果最好。如果菌柄生长不整齐，则可以用稍强的、运动的光源进行矫正，如图3-47所示。但光抑制过度可导致菌盖形成过快，菌柄就很短。连续光照至菇蕾整齐后，暂时停止光照。当菇蕾超出套袋的袋口3～5cm时，拉高套袋，使套袋口离料面约10cm。当子实体长到与套袋口等高时，将个别菇盖偏大的剔除，再次拉高套袋口，高于菇蕾面2cm。光照和制冷风机较强的循环风会对菇体的发育起着双重的抑制作用。当菇柄伸出套袋口时，菇体失水，使菇柄显得较为硬实，菇盖色泽发白，菇体含水量下降，此时即可进入发育期管理，如图3-48所示。

图3-47 补光抑制菇蕾

图3-48 抑制后的金针菇

图3-49 拉高袋口

(4)发育。将袋口拉高(图3-49)，提高袋内的二氧化碳浓度，以抑制开伞，促进菇柄伸长。金针菇子实体原基形成需要充足的新鲜空气，而原基形成后又必须减少通风或不通风，以提高二氧化碳浓度，促进菌柄生长。采收前三天，为提高金针菇的洁白程度，应将空气湿度下降至80%以下，同时每天必须强光照射两次，每次15min。

6. 采收与包装

（1）采收。当菇柄长度达到15～17cm、菇盖直径小于1cm时，即可采收。采收时，先将外套袋脱掉，然后手握菇丛前后摇动，将菇体拔下。排放时，所有的子实体基部均朝筐两侧排放。若无规则堆放，则菌柄基部的培养料残渣会粘在菌体上，很难清理干净。采收后，鲜菇用专用层架小车推入包装间。

采收后将栽培袋收集好，由专用小斗车推出，去掉塑料袋，曝晒后备用。对于废料，有的作为其他菌类的栽培原料，有的添加部分新料再用于金针菇栽培，有的则将其发酵，作为有机肥料。

从割袋至采收历时20～22d，只收一潮菇，每袋可产标准鲜菇250g以上。从接种到采收整个周期需70～75d。

（2）包装。一般包装分为大包装和小包装两种。大包装每袋2.5kg，小包装每袋100g或200g。大包装采用低密度聚乙烯薄膜袋，其厚度为0.002cm。若包装袋的厚度过大，将会使包装袋内产生厌氧菌发酵，散发出酒酸味。包装时，用利刀切去菇根（图3-50），控制菇柄长度在13～15cm，称重。将聚乙烯塑料袋套入专用包装模具，然后把金针菇整齐地排放到模具内，压实，如图3-51所示。抽出模具，插入家用吸尘器抽气1～2min，将包装袋口扎紧，然后放入经过预冷的聚苯乙烯泡沫箱内。要求包装紧实，菇盖大小均匀，菇柄长短一致，菇脚无杂质。小包装则选用特制小包装塑料袋，金针菇从塑料软板送入包装袋内，再抽出塑料板，经真空包装机抽真空包装。

图3-50 切根

图3-51 称重包装

鲜菇包装后，由于生理后熟作用，仍会继续生长，菇温会升高。为了使长途运输后的金针菇能够保持较好的新鲜度，必须对其进行预冷。具体方法为将装满金针菇的聚苯乙烯保温箱推入专用冷藏间约4～6h进行预冷，预冷间温度保持在1～3℃。预冷的目的是使包装后塑料袋内中心鲜菇的温度和预冷间温度基本保持一致。运输过程中应尽可能保持冷链运输，如此从采菇到消费，保鲜期可达两周以上。

五、金针菇工厂化瓶栽技术

1. 工艺流程

金针菇工厂化瓶栽技术的工艺流程为原料配制→装瓶→灭菌、冷却→接种→培养→出菇管理(搔菌、催蕾、抑制、伸长)→采收→挖瓶→分级包装。

2. 设施与设备

(1)生产设施。金针菇工厂化生产需要保温、保湿的房屋设施,其结构常见的有砖木或钢结构的聚氨酯保温板房。按照生产工艺,通常将生产厂房分隔为搅拌室、装瓶操作室、杀菌室、冷却室、接种室、培养室、搔菌室、生育室、包装室、挖瓶室、冷库等。每个功能室需严格按照工艺流程进行布局,布局方式因地制宜。

①搅拌室。搅拌室主要用于置放搅拌机和送料带。因为培养料搅拌会引起大量粉尘,所以需与其他房间隔离并安装除尘装置,避免污染环境。

②装瓶操作室。操作室置放装瓶机、杀菌锅、手推车、栽培瓶等,是装瓶、杀菌的主要工作场所,要求有较大的面积和良好的通风环境。

③冷却室。杀菌完毕后培养料在冷却室冷却。冷却室除安装制冷设备外,还要进行空气净化,避免再污染,所以要求房屋结构密闭性好,进风口安装空气净化系统,室内安装紫外线杀菌灯等。

④接种室。接种室是置放接种机并进行接种的场所。接种室要求室内空气绝对洁净,接种时减少空气流动,所以接种室的进风口要安装空气净化系统,室内需安装控温系统、紫外线杀菌灯和自净器。

⑤培养室。接种完毕,菌种置于培养室内发菌培养。菌种培养期间不仅需要适宜的温度、氧气、湿度,而且菌丝生长还会产生大量呼吸热及二氧化碳,所以培养室内需安装制冷设备、加湿器及通排风等调温、调湿及控制通排风设备。为避免污染,提高菌种成品率,进风口需安装空气净化系统。

⑥搔菌室。搔菌室为放置搔菌机并进行搔菌作业的场所,要求有一定的宽敞空间以便于操作。

⑦生育室。也称栽培室,是金针菇子实体形成、生长的房间。该室室内要搭置床架,床架层数通常为5~6层,具体依据生育室层高而定,并装备调温、调湿、通排风及光照装置。

⑧挖瓶室。是放置挖瓶机,将采收后瓶内的废料挖出的作业场所。挖瓶室需远离堆物及仓库,以避免废料中存在的杂菌污染原材料。

⑨包装室。产品采收后在包装室内计量包装。为保证产品洁净,包装室地面需做处理,以减少灰尘。

⑩保鲜冷库。产品包装后立即放入冷库保藏,以延长产品的货架期。冷库的温度常控制在3~4℃。

(2)机械设备。

①搅拌机及送料带。搅拌机用于拌匀、拌湿培养料。金针菇培养料搅拌常用低速、内置螺旋形飞轮的专用搅拌机。因培养料搅拌时需加水,故搅拌机上方需排布水管,水

管上均匀排布出水孔，出水孔间隔10cm左右。培养料均匀拌和至适宜含水量后由送料带将料送至装瓶机的料斗中。

②装瓶机。将培养料均匀一致地装入塑料瓶内，并压实料面，打上接种孔，盖好瓶盖。装瓶机机型有振动式及垂直柱式装料两种，每次装瓶12～16瓶。有各种规格、性能的装瓶机，装瓶速度每小时3 500～12 000瓶不等，如图3-52所示。

③灭菌锅。灭菌锅有高压灭菌锅及常压灭菌锅。高压灭菌锅具有灭菌彻底、灭菌时间短的特点，但是价格较高；常压灭菌锅虽价格低廉，但灭菌时间长，且对部分耐高温的细菌难以彻底杀灭，故工厂化生产大多选用高压灭菌锅，如图3-53所示。

④自动接种机。灭菌结束，培养料冷却后用自动接种机接种。接种机自动挖出菌种并定量接入菌种瓶内，每次接种4～16瓶，接种速度为每小时6 000～12 000瓶不等，如图3-54所示。

图3-52　装瓶机

图3-53　高压灭菌锅

图3-54　自动接种机

⑤搔菌机。菌丝生长完毕后，搔菌机自动去除瓶盖，搔去表面2～5cm的料面，然后注水。金针菇专用平搔刀刃搔菌机如图3-55所示。有多种规格、性能的搔菌机，搔菌速度每小时3 500～12 000瓶不等。

⑥加湿器。培养室、生育室需要安装加湿器，常用超声波加湿器。

⑦挖瓶机。采收完毕，挖瓶机自动将培养料挖出。有各种规格、性能的挖瓶机，挖料速度为每小时3 500～10 000瓶不等，如图3-56所示。

图3-55　搔菌机

图3-56　挖瓶机

⑨包装机。根据产品包装要求选择包装机型。有袋装包装机、盒装包装机、真空及非真空包装机等。

⑩栽培容器。金针菇工厂化栽培容器常见的有850mL、1 100mL、1 400mL的聚丙烯塑料栽培瓶，瓶口有65mm、70mm、75mm等不同规格，耐高温、高压，无毒，透明，瓶盖密封，且有合适的通气孔。塑料筐容量有放12瓶、16瓶等规格，如图3-57所示。

图3-57　栽培瓶、筐

3. 培养料制备

（1）培养料的配制。

①培养料的种类。日本金针菇工厂化生产常用的原料是柳杉木屑。因柳杉属针叶树，其木屑含阻碍菌丝生长的活性物质，故需室外堆制3～6月，去除其有害物质后才能用作培养料。木屑在堆积过程中要经常浇水，使用时要弃去底层木屑。我国各种农业副产品，如棉籽壳、玉米芯、甘蔗渣等被广泛用于金针菇工厂化生产。金针菇生产除需要碳源外，还需要定量的氮源。金针菇工厂化生产周期短、产量高，对氮源的要求更高，生产上用作栽培金针菇的氮源原料有米糠、麦麸、玉米粉、豆腐渣等。

②培养料的新鲜度及粗细度。金针菇工厂化生产的培养料要求干燥、新鲜、无霉变、无虫害。培养料潮湿易产生霉变，如杀菌不彻底，会影响成品率。另外，培养料霉变、酸败、变质、虫害亦会影响其营养成分，最终影响产品的产量、质量。工厂化生产的培养料还要求达到一定的颗粒大小，粗细度均匀。颗粒太粗，装瓶后料内空隙大，保水能力差；颗粒过细，则装料过于紧实，通气性差，影响产量、质量。

③培养料的配比。金针菇的生长发育需要碳源、氮源、矿物质、维生素等营养，而且需要一定的配比。金针菇培养料的碳氮之比（C/N）为（20～40）∶1，一般以30∶1为宜。C/N过高，菌丝生长快，出菇早，但菇较少，质量差；C/N过低，菌丝生长浓密，但出菇推迟，菇数少，同样影响产量和质量。各地所用原料的营养成分、种类及含量不尽相同，工厂化生产中的原料配比也不尽相同，应根据实际的用料情况进行科学合理的配比。

④培养料的含水量。培养料中的含水量多少直接影响到发菌快慢及产量。培养料含水量低，菌丝生长缓慢、细弱；相反，含水量偏高，则培养料通气性差，菌丝生长细弱无力。含水量过高或过低都会导致发菌时间延长，菌丝活力减弱，金针菇工厂化生产培养料的含水量以63%～65%为宜。为确保生产中含水量的准确，通常在培养料配制过程中定时定量加水，并用红外线水分测定仪监测培养料的含水量，如图3-58所示。

⑤培养料的酸碱度。金针菇喜偏酸环境，最适pH5.6～6.5。由于培养料在灭菌后pH有所下降，加上培养过程中金针菇新陈代谢产生的各种有机酸也会使pH降低，因此在配制培养料时应将pH适当调高些。

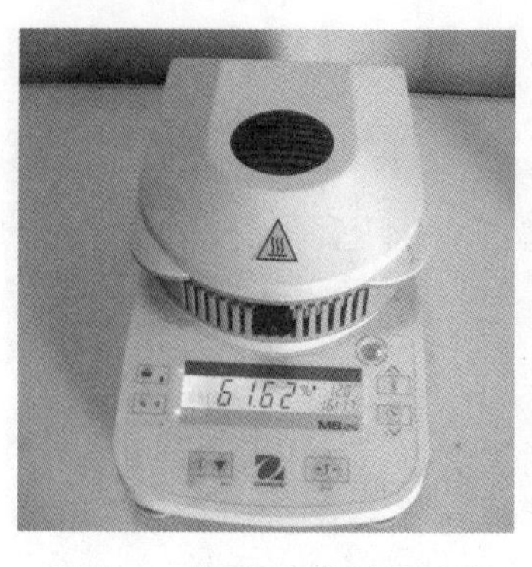

图3-58 红外线水分测定仪

图3-59 采用装瓶机装瓶

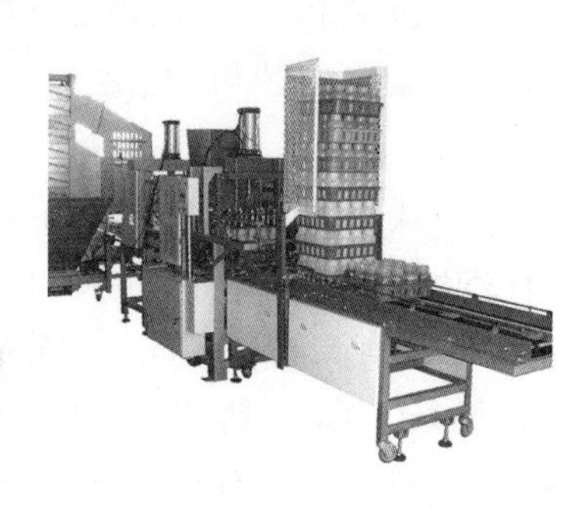

图3-60 全自动装瓶机组

（2）装瓶。木屑须提前过筛去杂，配好料后再倒入搅拌机搅拌均匀，含水量控制在63%。装瓶由装瓶机组自动装料，装料松紧度均匀一致。装料高度以到达瓶肩至瓶口1/2处为宜，装料后料面应压实并打接种孔，盖好瓶盖。培养基表面要压实，否则很难发生菇蕾。每个1 100mL的栽培瓶装料量是750g（湿重）。装瓶可用装瓶机（图3-59）或推筐机、装瓶机、打孔机、压盖机组成的全自动装瓶机组，如图3-60所示。装瓶、打孔方式不同，发菌也有差异，购买装瓶机时必须考虑到这一点。装瓶量还必须根据所用的木屑粗细、搔菌方法而有所改变，采用刮搔时，料面要装得高一些。总之，每瓶装入相等的培养基是实现发菌一致、出菇整齐、菌柄长短一致的前提。

（3）灭菌、冷却。金针菇工厂化生产常用高压蒸汽灭菌。装瓶后要将栽培瓶立刻推入灭菌锅灭菌（图3-61），如放置时间过长（夏天超过2～3h），培养基会发酵变酸。灭菌的温度和时间要适宜，温度过高、时间过长会破坏部分营养，使灭菌后的培养基变成红黑色。料瓶装好后，整车推入灭菌锅，关好锅门，抽真空排汽15min，然后送入蒸汽，当压力达到0.123MPa时保持100min，而后自动进入闷闭阶段保持15min，最后电动阀打开，自动排汽。高压灭菌流程如图3-62所示。

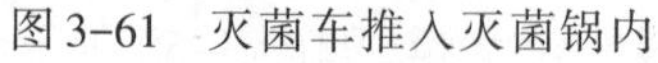

图3-61 灭菌车推入灭菌锅内

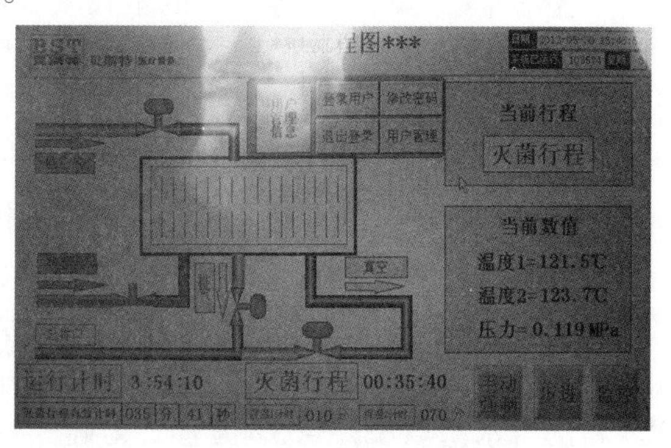

图3-62 高压灭菌流程图

灭菌结束后，将培养料瓶从灭菌锅中搬出，置于洁净的冷却室内，将料温冷却至20℃以下。如料温冷却不够，接种后菌种会因受热发生变异或生长障碍。据试验，冷却时，料温从100℃冷却至20℃的过程中，瓶内外空气交换体积约为50%；料温从80℃开始冷却，瓶内外空气交换体积约为30%，所以冷却室要保证空气的绝对洁净。

4. 接种与培养

（1）接种。培养料温降至20℃以下后，将料瓶搬入接种室，在无菌状态下用自动接种机接种，如图3-63所示。选用生活力旺盛、健壮、无杂菌污染的菌种，已在瓶口形成原基的不要使用。菌种使用前清洗、消毒瓶外表面，然后通过无菌操作去除上表面及接种孔里的老菌块。接种人员更换经清洗、消毒过的衣、帽、鞋，佩戴口罩，通过风淋进入接种室。接种前应消毒接种机接触菌种的部件，保持接种室空气洁净。接种时，每瓶约接44～50瓶，若接种量过多，浪费菌种，并影响菌种瓶内的通风换气；接种量过少，则料面菌种封面慢，易引起污染。

图3-63 自动接种

（2）发菌培养。接好种后，将菌种瓶移入培养室发菌培养。在发菌过程中，菌丝生长呼吸会产生大量的二氧化碳及热量，要求培养室内有良好的通排风，所以培养室的菌种堆放形式、密度十分重要。比较合理的堆放密度为450～500瓶/m²，堆放高度为12～15层，每区域留出操作、通风道，如图3-64、图3-65所示。

图3-64 培养室操作、通风道

图3-65 发菌培养

金针菇发菌适温为20～22℃。由于发菌初期及后期菌丝生长呼吸所产生的热量较少，而发菌中期菌种生长旺盛、发热量大，所以培养室温度设定应分阶段调整。另外，发菌过程中菌丝呼吸产出热量可导致料温较室温高3～4℃，因此室温的控制要保证料温不超过菌丝生长的适温范围，否则高温会引起菌丝生长缓慢、停止和菌丝老化等生理障碍，最终导致不出菇或出菇质量差。

发菌过程中培养室的相对湿度应控制在60%～70%。若发菌初期培养室空气湿度高，易引起杂菌滋生，并且易产生气生菌丝，影响吃料速度。而发菌中、后期，随着菌丝呼吸日益旺盛，水分消耗增加，需相应提高空气湿度。

金针菇发菌培养阶段不需要光照，但需要良好的通风。菌丝生长呼吸产生大量的二氧化碳，通风不良会使培养室内的二氧化碳浓度升高，不仅造成菌丝生长障碍，而且会使培养室内容易滋生杂菌。发菌初期菌丝呼吸作用弱，故通风换气次数及时间应相对减少；中、后期，菌丝生长旺盛，呼吸作用强，需适当增加通排风次数与时间，将培养室的二氧化碳浓度保持在（3 000～4 000）$\times10^{-6}$为宜。

5. 出菇管理

(1)搔菌。

①搔菌适期。发菌结束要立即进行搔菌,把接下去的菌块挖掉,促使子实体从培养基表面整齐发生。搔菌过早,菌丝发育未成熟,可使原基形成期延长,分化原基少;搔菌过迟,营养消耗多且菌丝活性降低,可使原基形成少,产量低,故掌握正确的搔菌时间有利于提高产量、质量。金针菇以菌丝发满料为搔菌适期。

②搔菌方法。金针菇采用平搔法,即搔去表面5~6mm的老菌种及料表层老菌丝,如图3-66、图3-67所示。搔菌前要清洁、消毒搔菌刀刃,同时严格挑选,拣出被杂菌污染的菌种,以免搔菌刀刃带杂菌,造成交叉感染。搔过污染菌瓶的搔菌机必须消毒后才可继续作业。

图3-66　机械搔菌

图3-67　搔菌后的菌瓶

搔菌后往料瓶内注入8~10mL的水。注水的目的是为了补充料面水分,增加原基形成数量。搔菌后菌丝受伤,抵抗力较弱,注水易引起污染,故注水操作时要保持水的洁净。

(2)催蕾。搔菌后将菌种移入生育室进行出菇。工厂化生产以床架式栽培为主,生育室设置床架层数常为5~7层。床架分移动式及固定式,移动式可节省搬运时间及劳力,但成本较固定式高。

原基分化期生育室内温度一般控制在14~15℃。催蕾期的空气湿度及料面的含水量控制十分重要,通常生育室内用超声波加湿器产生雾化状水进行加湿,将湿度控制在95%~99%。空气湿度过高,菌丝徒长,原基分化少;空气湿度过低,料面干燥,菌丝恢复生长慢,原基分化缓慢且原基数少。因此,需根据具体的菌丝恢复生长情况及生育室保湿性能进行控制调节,如图3-68所示。金针菇原基分化阶段不需光照,二氧化碳浓度需控制在(1 000~2 000)$\times10^{-6}$,以利于原基分化。生育室的二氧化碳浓度通过控制通排风时间及通风量来调节。

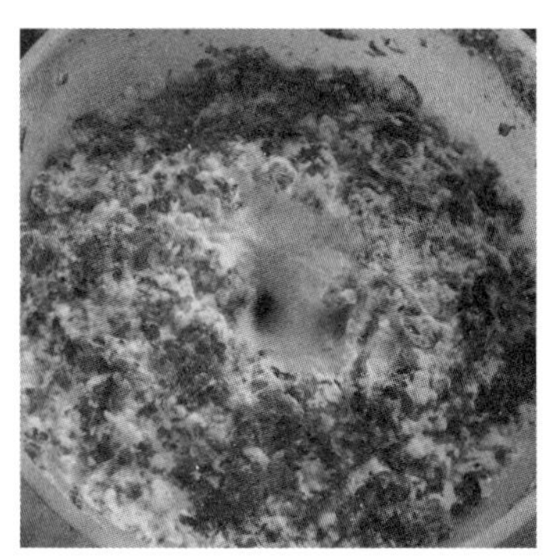

图3-68 菌丝恢复生长

图3-69 现蕾

催蕾中期，因呼吸转旺，室内二氧化碳浓度升高，所以通风管理是关键。催蕾管理中，勿使培养基失水最重要，故认为自然对流式制冷比循环风式制冷效果好。在这个时期，应每天向瓶口吹风2～3次以增氧，这对菇蕾的发生很有效，图3-69所示。催蕾过程中常会出现以下异常现象：

①菇蕾不齐。各瓶菇蕾发生不齐的原因很多，其中最主要的是菌种不良或培养基灭菌不均匀，发生了杂菌。另外也可能是培养基表面失水，菌丝生长缓慢，导致出菇推迟或完全不出菇。催蕾室通风不好，出菇也不会整齐，因此必须特别注意室内的通风，除湿机、增湿机、制冷机等都要安装在送风口和排气口的地方。

②气生菌丝。搔菌后5～7d，培养基表面就会发生白色绵绒状的气生菌丝，这是培养基过干，菌丝为了自我保护而发生的。催蕾室和发菌室的温度相同时也会形成气生菌丝。出现气生菌丝以后，也会形成子实体，但会推迟出菇时间；气生菌丝过厚，就不会发生子实体。管理时应把温度、湿度和通风调到合适的范围，特别是在菇蕾发生阶段，若催蕾室的湿度保持在90%～95%，则气生菌丝将会得到控制。

③分泌液滴。瓶内有透明的褐色液滴是发菌成熟即将出菇的象征，但褐色混浊且有异味的液滴则表明已发生了细菌污染。

④原基剥离。症状较轻时，原基从瓶口周围翘起，部分剥离；严重时，以种孔为中心，整圈原基像炸面包圈那样浮起。原基剥离虽发生的程度不同，但都会延长生育期和造成减产。温、湿度剧烈变化或用空气压缩机喷气以至于搔菌风力太强时均容易发生原基剥离现象。

（3）抑制。

①均育。在催蕾期结束后，利用8℃低温缓慢生长，使原基均匀发育（图3-70），称之为驯化期。该阶段一般持续2～3d。均育的适宜空气湿度为85%～90%，地面保持湿润，并有均匀适量的光照，每天定时通风，力求维持接近自然状态的空气环境，使菇蕾逐渐分化出菌盖和菌柄，子实体长出瓶口。

②抑制。菇蕾发生后，由于个体发育的强弱有差异，且分枝有先后，故易造成菌体大小不一，影响整齐度。当菇蕾出现2～3d后，肉眼能见到菌柄长3～5mm、菌盖直径在2mm大小时，采用低温、弱风、间歇式光照抑制措施，促进菇蕾长得整齐、粗壮，如图3-71所示。抑制的温度保持在3～5℃，湿度在85%～90%，二氧化碳浓度在$1\ 000\times10^{-6}$以下，抑制时间约7d。金针菇抑制前最重要的是充分进行均育处理，如果直接进行抑制处理，则温度降低过猛，原基会停止发育。

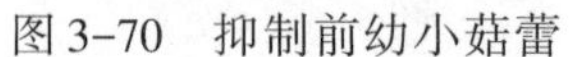

图3-70 抑制前幼小菇蕾　　图3-71 抑制后的子实体

③抑制方法。抑制方法有光抑制和风抑制两种。

• 光抑制。光抑制(光照)是生产优质白色金针菇的措施之一。对白色金针菇来说,光照有抑制其菇体发育的效果。在抑制中、后期,在距离菇体50～100cm处,用200lx光照,每天照2～3h,分数次进行,抑制效果最好。光源用白炽灯或植物育种用的荧光灯。但抑制过度则菌盖表面发硬,长到瓶口就停止生长,菌柄很短,品质差,所以必须注意适度。白色金针菇品种如果不进行光照,会出现菌柄长短不齐,此时可以在套纸筒前用稍强的运动光源进行矫正。

• 风抑制。吹风可以抑制金针菇的生长,如图3-72所示。当菌柄长至2cm左右时开始吹风,秒速约20cm,每天吹2～3h,吹风3d左右。若吹风抑制的同时再结合光照抑制,对金针菇菌盖的形成是极为有效的。

金针菇的抑制期为5～7d,以菇蕾长至瓶口上方1cm左右为宜,如图3-73所示。

图3-72 移动式吹风抑制装置　　图3-73 套筒育菇前的菌瓶

(4)伸长。

①套筒。伸长期的管理主要是促使子实体色泽、形态正常,生长整齐一致。在菇蕾长出瓶口2cm左右时套筒,如图3-74所示。金针菇套筒有两个作用,一是金针菇伸出瓶口之后,菇体易向外倾斜,套上纸筒可防止其下垂散乱,使之成束整齐生长;二是套上纸筒可减少氧气供应,增加二氧化碳浓度,抑制菌盖的伸展,促进菌柄伸长。使用的套筒可用各种材料做成,有蜡纸、牛皮纸、塑料、无纺布等,规格为高12～13cm,呈喇叭形。不同材料的套筒由于通风换气性能有差异,效果也不相同。

图 3-74 套筒育菇　　　　图 3-75 伸长期

②伸长。金针菇伸长期（图 3-75）的温度应控制在 6～8℃，温度过高，子实体生长快，但菌柄细，菇丛整齐度差，产量低。伸长期不需光照。子实体生长发育阶段通风换气十分重要，特别是工厂化生产是在密闭的菇房内，并采用高密度、立体式栽培，而二氧化碳浓度的控制适当与否，直接影响到产量及品质。子实体的生长发育会产生大量的二氧化碳，如果不及时通风换气，菇房内积聚过量的二氧化碳会造成子实体畸形生长，如菇柄徒长、菇盖针头状或畸形等。工厂化生产中，要设定适当的通风换气次数及换气时间，二氧化碳浓度以控制在 $4\ 000\times10^{-6}$ 左右为宜。另外，空气相对湿度应控制在 80%～85% 范围内。在低湿的环境下，子实体生长发育慢，菇盖易开伞，菇柄常空心；在过湿的环境下，子实体因含水量过高，采收后不耐贮藏，同时高湿环境下易发生病虫害；同时，采收时若菌盖和菌柄含水分多，形成水菇，可使金针菇不耐贮存，商品价值降低。如有水菇现象，采收前 2d 可采取吹风措施以使菇体干燥、发白。

6. 采收与包装

（1）采收。金针菇的菇柄长 15cm、菇盖直径在 0.8～1cm 时为采收适期，如图 3-76 所示。可应用采收车（图 3-77），采收时一手握住菌瓶，一手轻轻把菇丛拔起，平整地放入筐内，如图 3-78 所示。要防止筐内装得过多，压碎菇盖及菇柄，影响质量。采收后的子实体按照等级标准进行分级，然后计量包装。

工厂化生产为提高栽培房的利用率，增加生产茬次，只采收一潮菇。目前，瓶栽金针菇的产量较高，一般为 200～300g。

图 3-76 采收期的金针菇

图 3-77 采收

图 3-78 采收后平整放入筐内

(2)挖瓶。采收结束后,菌瓶必须立即移入挖瓶室,由挖瓶机将废料挖出(图3-79),菌瓶则重复使用。废料送基质肥料加工厂制作成基质肥料或处理后用作菇类生产原料。

图3-79 挖瓶

采收完毕后的生育室应彻底清扫干净,并用水冲洗床架、墙壁四周、地面等,保证生育室洁净。

(3)鲜菇包装。工厂化生产的金针菇以鲜菇的风味最佳。金针菇保鲜方法有保鲜薄膜包装、抽真空包装及抽气半真空包装等几种方式。抽气半真空包装的菇体变形小,保质期长,在2～3℃以下能保存20～25d,是目前最好的保鲜方法。

六、金针菇病虫害防治

1. 主要病害及其防治

金针菇栽培过程中发生的病害,按生产阶段划分,可分为菌种分离、提纯、转扩及菌袋培养过程(即菌丝生长阶段)中的杂菌污染和子实体形成过程中的病害两大类。按引起病害的病原分,则可分为非侵染性病害(即生理性病害)和侵染性病害两大类。其中,非侵染性病害是由不适宜的环境条件,如温度过高或过低、湿度过大或过小、酸碱度不适宜、二氧化碳及其他有毒气体的浓度过高和化学物质中毒等因素引起的病害,其症状包括菌丝生长不正常,子实体丛枝畸形、变色、枯萎等。侵染性病害是由病原真菌、细菌、线虫以及病毒等微生物侵染所引起的。下面分述病害的种类及其防治方法。

(1)杂菌污染。

①木霉。木霉又称绿霉(图3-80),是金针菇栽培中的第一大病原菌,常见的种类有绿色木霉和康氏木霉。当这类真菌大量形成分生孢子后,其菌落多呈绿色或墨绿色,菇农便称它为绿霉菌,如图3-81所示。木霉是侵害金针菇最严重的一种杂菌,凡是适合金针菇生长的培养基均适宜木霉菌丝的生长。在菌种分离、提纯、转扩及使用木屑或玉米芯、棉籽壳栽培时,木霉菌的污染是一个突出问题。在菌种携带木霉或是接种过程中消毒不严格、接种室内木霉孢子浓度高的情况下,接种面上落入了木霉孢子,孢子便会迅速萌发繁殖,木霉生长速度快,产生孢子量多,并且可分泌对菌丝生长有毒害作用的物质,故其不但可在营养上与金针菇进行争夺,而且可抑制或杀死金针菇菌丝,导致接种失败。以下木霉浸染的预防措施:

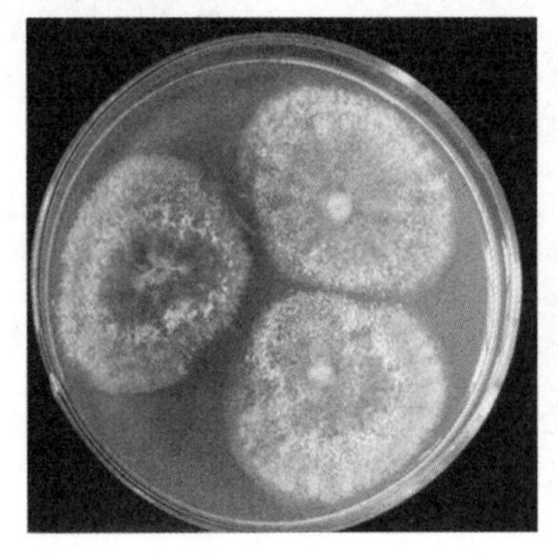

图3-80 木霉菌落

图3-81 感染木霉的菌瓶

• 保持制种发菌场所环境清洁干燥，无废料和污染料堆积。制袋车间应与无菌室隔离，以防止拌料时的尘埃与灭过菌的菌袋接触。

• 要求菌袋厚度为0.004~0.005cm，减少破袋是防治污染的有效环节。配制培养基时，尽量不掺入糖分，木屑要求过筛。培养基内水分控制在60%~65%，过高水分极易引发木霉繁殖。

• 灭菌要彻底，灭菌过程中防止出现降温和灶内热循环不均匀现象。常压灭菌需将菌袋放在100℃的环境下下保持12h以上，高压灭菌需在125℃的环境下保持2.5h以上。在金针菇工厂化袋栽中，玉米芯质地较硬，颗粒大小差异大，预湿不易透彻，灭菌时蒸汽无法完全穿透干物质，因此要求在拌料前一天傍晚预湿玉米芯，第2天早上使用。在气温高时，预湿可以添加2%石灰。

• 菌袋密封冷却后应及时接种，并适当增加用种量，用菌种覆盖料面，以减少木霉侵染的机会。保证菌种的纯度和活力，使用具有高纯度和旺盛活力的菌种是降低木霉感染的基础。

• 保证接种室和接种箱高度洁净，可有效地降低接种过程中的污染程度。接种室可用气雾消毒或空气净化，以保证空气里的霉菌指数符合无菌操作要求，最好用培养皿定期测定霉菌指数，以及时发现问题、及时解决。

• 低温接种，恒温发菌。在高温期间，接种室需装空调以降温和冷却菌袋，并且低温下接种能降低菌种受伤后因呼吸作用而上升的袋内温度，减少高温伤害菌丝的程度，提高菌种成活率和发菌速度。恒温发菌可有效降低由温差引起的空气流动而带入较多的杂菌。

• 加强发菌期的检查，发现污染袋须及时清出，以降低重复污染概率。在金针菇再生法工厂化袋栽中，使用前晒干棉花塞并保证棉花塞重复利用次数不超过5次是生产中非常重要的一个环节。

• 保持出菇场所的卫生，菇房保持通风，适当降低空气湿度，防止菌袋长期在高湿环境下出菇。菌袋应在湿度较低的环境下转潮。

②青霉。青霉的种类多，在菌种分离、提纯及转扩过程中经常出现污染，但在栽培过程中则不及绿霉菌污染那样普遍和严重，其原因是青霉菌对纤维素及木质素的分解能力远不及绿霉菌，其菌丝扩展速度也较慢，所以它造成的污染往往是局部性的。

青霉在马铃薯蔗糖琼脂培养基上生长时，初期的菌落形态与木霉菌相似，均为白色绒状，但后期则明显不同。青霉菌的后期菌落呈圆形，直径多为1~2cm，边缘明显，菌落颜色呈淡蓝色至绿色，粉状，没有明显的气生菌丝，菌落下面的培养基有时着色，与绿霉菌有明显区别，如图3-82所示。青霉菌的污染来源与绿霉菌相似，预防措施和控制方法与木霉一致。常见的青霉菌种类有指状青霉、柑橘青霉及意大利青霉等。

预防措施、控制方法与木霉相同。

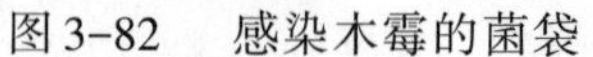

图 3-82　感染木霉的菌袋

图 3-83　感染根霉的菌袋

③根霉。往往在高温期制种和制袋时根霉污染常大量发生，主要是其菌丝和孢子侵染熟料培养基。最常为害金针菇的根霉种类为黑根霉，如图 3-83 所示。根霉菌丝白色透明，无横隔，在培养基内形成匍匐状，每隔一段距离长出根状菌丝，称之为假根。假根能从基质中吸取水分和营养物质。孢囊梗从假根上生出，丛生，不分枝，其顶部膨大为孢子囊。孢子囊初为黄白色，后变为黑色，内有许多孢囊孢子。当孢子成熟后，孢囊壁破裂，孢子被释放出来。

根霉孢子或菌丝随空气进入接种口或破袋孔，在富含麦麸、米糠的木屑培养基中，根霉繁殖迅速，在 25～35℃的温度条件下，只需 3d 整个菌袋口就长满了灰白色的杂乱无章的菌丝。木屑、麦麸培养基受根霉为害后，培养基质表面形成许多圆球状小颗粒体，初为灰白色或黄白色，然后转变成黑色，到后期出现黑色颗粒状霉层。若在接种时带入根霉，则根霉优先萌发抢占接种面，抑制菌种萌发，导致接种失败。在发菌中后期，因破袋等侵入的根霉菌丝与金针菇菌丝接触时，常在交接处形成明显的拮抗线。以下为根霉污染的预防措施：

- 适当降低制种发菌场所温度。将温度下降至 20～25℃接种和发菌，能有效地控制根霉的繁殖速度，降低其危害程度。
- 适当降低基质中的速效性营养成分。高温期制袋制种，在配方中适当减少麦麸含量，不添加糖分，也可降低根霉的危害程度。

其他防治方法可参照木霉的防治。

④毛霉。毛霉又名长毛菌、黑色面包霉。侵害金针菇的毛霉主要是总状毛霉，其菌丝白色透明，无横隔，孢子梗从匍匐的菌丝上生出，孢子梗单生，无假根，如图 3-84 所示。孢子囊顶生，球形，初期无色，后为灰褐色。孢囊孢子椭圆形，壁薄。毛霉是在夏秋季高温高湿时期侵染食用菌培养料的一种竞争性杂菌，也是生产豆腐乳和做酒曲的应用真菌。该菌污染菌种及栽培菌袋时主要通过受潮湿的棉花塞进入瓶袋内或试管内。毛霉菌对环境的适应性强，菌丝生长速度快，当斜面试管菌种或菌种瓶、菌种袋受其污染后，繁茂粗壮的菌丝体不但可充满试管或菌种瓶内的空间，而且可以很快深入培养料内部，向瓶、袋底部扩展，肉眼可清楚地观察到其灰白色、稀疏的菌丝生长情况，并可看到气生菌丝丛中的孢子囊。孢子囊内的孢子成熟后稍受刺激或振动便可散发出大量的孢子，随空气飘浮。

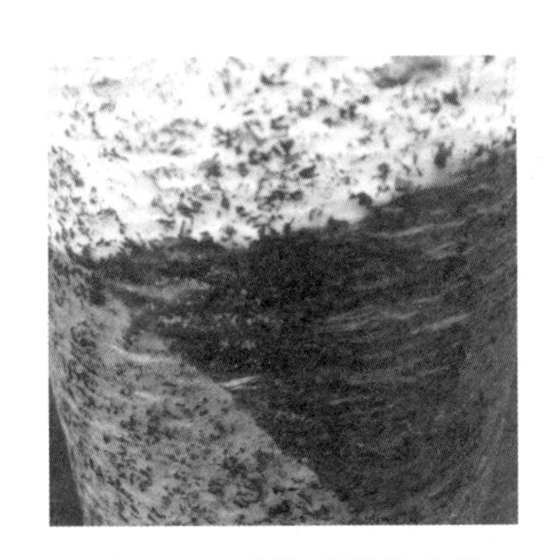

图3-84 感染毛霉的菌袋

图3-85 感染黄曲霉的菌袋

毛霉侵害的预防措施可参照木霉和根霉的防治方法。

⑤曲霉。侵害金针菇培养基的曲霉主要有黄曲霉、黑曲霉，其中黄曲霉菌污染食物后分泌的黄曲霉毒素是一种致癌毒素。曲霉菌丝有分隔，无色、淡色或表面凝集有色物质。分生孢子为单胞，球形或卵圆形，孢子呈黄、绿、褐、黑等各种颜色，因而使菌落呈现各种色彩，如图3-85所示。在菌种生产、菌种保藏及栽培过程中常发生曲霉菌的污染，尤其是在多雨季节，空气湿度偏高，瓶口棉花塞受潮时极易产生黄曲霉。受曲霉菌污染的斜面试管菌种或菌种瓶、菌种袋，会在试管口内的棉花塞上或瓶（袋）的培养料表面长出黑色或黄绿色的颗粒状霉层。其颗粒状物与毛霉菌及根霉菌形成的孢子囊不同，它是外形粗糙的分生孢子链团，很多孢子链团聚集在一起后使菌落呈粗糙的粉粒状，这是曲霉菌污染后的症状特点。

在马铃薯蔗糖琼脂平板培养基上培养时，黑曲霉菌的菌落初为灰白色、绒毛状，之后很快便转变成黑色，菌落下面的培养基出现鲜黄色的着色区，着色区在菌落的直径扩展到3cm左右时不再扩大。黄曲霉菌的菌落表现为黄绿色，菌落下面的培养基无着色区，菌落的直径可扩展到5cm左右。该菌的污染来源及污染途径与根霉菌及毛霉菌相似。

预防曲霉污染，要注意在灭菌过程中一旦发现棉花塞受潮，就在接种箱内及时更换灭过菌的干燥棉花塞。接种时严格检查菌种瓶的棉花塞上是否长有曲霉；接种前菌种瓶口或试管口无菌丝处都需在酒精灯火上灼烧，棉花塞也要在酒精灯上炙烤，然后才可使用。其他预防措施参照根霉防治方法。

⑥链孢霉。链孢霉又叫好食脉孢霉、红色面包霉。造成污染的主要是其无性繁殖时形成的分生孢子。分生孢子呈卵形或近球形，多数为橘红色、橘黄色或粉红色，如图3-86所示。链孢霉是高温季节金针菇菌种生产和栽培袋生产中的首要竞争性杂菌。该菌在菌种分离、提纯及转扩过程中发生不多，但在栽培过程的菌种生产和菌袋培养中，其威胁性相当大，在气温较高、空气湿度偏高时，特别是菌瓶、菌袋的棉花塞受潮的情况下，菌袋容易遭受此杂菌的污染而报废。

图3-86 感染链孢霉的菌袋

该杂菌的生长情况与毛霉菌有些相似。其菌丝在培养料内的扩展速度快，穿透力强，很快就可从瓶（袋）口处扩展到底部并向上穿过棉花塞在外表形成大量的分生孢子团，不但可覆盖整个棉花塞的外表及瓶（袋）口，而且其厚度可达1cm左右。在瓶（袋）内培养料中生长扩展的菌丝初为白色，与食用菌的菌丝相似，但稍后转变为黄白色。

该杂菌在自然界分布广泛，在潮湿的甘蔗渣或玉米芯上极易生长并很快形成大量的分生孢子，分生孢子可随气流传播。生产场地环境卫生不好、培养料消毒灭菌不彻底、接种过程不是在无菌条件下进行、瓶（袋）口的棉花塞受潮后未及时更换以及培养室的温度和湿度过高、通风不良等均可引起污染。此外，菌袋灭菌后在搬运摆放过程中由机械损伤造成的裂口也有利该杂菌侵入。

链孢霉比其他杂菌的抗药力、抗逆力强，一般的杀菌剂对它的预防效果不理想，因此特别强调接种和发菌场所的清洁。一旦发现个别菌袋长出链孢霉菌丝，应立即将其用薄膜袋套上，放入灶膛内烧毁。其他防治方法可参照木霉的防治。

⑦细菌。细菌属原核生物，单细胞，其细胞核无核膜，主要有球形、杆形和螺旋形三种基本形状。对金针菇为害较为常见的细菌种类有枯草杆菌、芽孢杆菌、假单胞杆菌、黄单胞杆菌和欧文氏杆菌等。污染菌种和培养料的细菌种类很多，尤其在高温季节，试管培养基在灭菌和接种过程中，常因无菌操作不当而被细菌侵入，细菌很快地长满斜面，使接入的食用菌菌种块被其包围，导致报废。在菌袋培养过程中，培养料遭细菌污染并大量繁殖后，可导致培养料变质、菌丝生长受抑制或不能生长，并散发出臭味。以下为细菌污染的预防措施：

• 在高温期间制种或制袋时，在培养料中加入1%～2%的石灰可有效抑制细菌的生长。

• 母种或原种必须纯种培养，不用带有杂菌的菌种转管。

• 接种时严格按照无菌操作可规程进行。

⑧酵母菌。酵母菌与一般真菌不同的是不形成丝状的菌丝。在马铃薯蔗糖琼脂培养基上生长时，其菌落形态与细菌的菌落形态有些相似，呈黏稠状或糨糊状。菌落的颜色则因酵母菌种类的不同而不同，有的呈乳白色，有的呈粉红色或肉红色，有的呈乳黄色等；菌落的边缘有的整齐光滑，有的则不整齐或呈不规则形；菌落表面有的有皱褶，有的则十分光滑，菌落隆起高度也不一致。但不论哪一种酵母菌，放在显微镜下观察时，在400～600倍视野下均可清楚地观察到大量圆形或卵圆形、无色、单细胞的菌体，并可看到其芽殖的孢子形态及芽殖孢子。细菌在该放大倍数下是观察不到其细胞形状的。

预防酵母菌侵染，可将谷粒种在拌料前用5%石灰水浸泡2d，捞起冲洗后装瓶灭菌；菌种经高温高压灭菌，无菌接种，恒温发菌。

（2）子实体病害。

①金针菇锈斑病。锈斑病又称褐斑病或细菌性斑点病，菇农称为“花菇盖”，是国内外金针菇栽培中发生普遍和为害较重的一种细菌性病害。

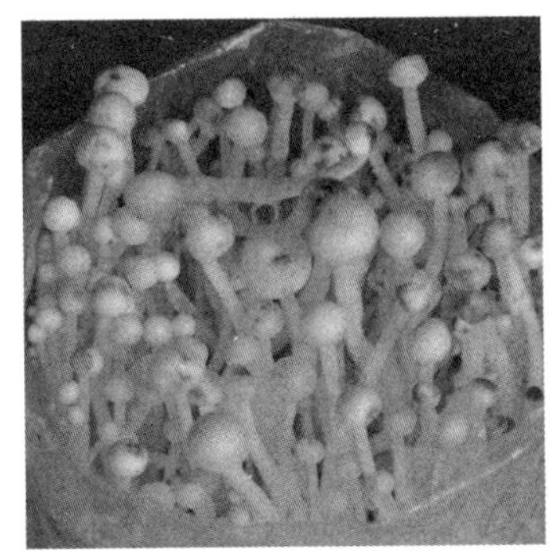

图 3-87 金针菇细菌性斑点病

引起金针菇子实体菌盖上出现锈斑的病原为假单胞杆菌。该病发生在菌盖上，发病初期，菌盖表面出现针头大小的黄褐色小点，扩展后呈圆形或近圆形，直径 1～2mm 不等，锈褐色。病斑的边缘不齐整，病斑不凹陷，相邻的病斑扩展后可互相愈合形成不规则形的锈斑。发病严重时，一个菌盖表面的病斑数可达几十个，大小不等，如图 3-87 所示。

由于病菌只侵染菌盖表层而不侵入下层菌肉中，因此菌盖上虽然病斑较多，但不会引起菌盖变形，也不发生菌肉腐烂现象。在湿度高或菌盖表面较长时间保持一层水膜的情况下，病斑表面有一层菌脓，干燥后菌脓变成膜状物，使子实体的外观受影响，商品价格下降。

此病发生在金针菇子实体生长的中后期，尤以生长后期及采收后贮运过程中发生较多。子实体在生长期间较长时间处于温度偏高环境中以及菌盖表面的高湿状态是诱导此病发生的主要原因，使用了被大量病菌污染的水并将它直接喷洒在菌盖上也会引起此病发生。以下为锈斑病的预防措施：

- 菇房的管理用水最好加入 3%的漂白粉进行处理，避免用不干净的池塘水或沟水，改用井水、河水或自来水。
- 控制菇房处于较低的温度并进行适当通风。出菇房相对密闭，湿度大，如果长时间不通风换气，细菌增殖超过子实体能够承受的范围时，就很容易大面积地爆发细菌性斑点病。
- 在原基刚形成后，喷施二氧化氯（图 3-88）溶液 1～2 次，可有效预防“花菇盖”的发生。在子实体长至 4cm 左右时，用二氧化氯溶液稀释 1 000～1 500 倍，间隔 5～10d 喷雾 1～2 次，加强通风，有较好的防治效果。
- 出现病害症状后及时采收。

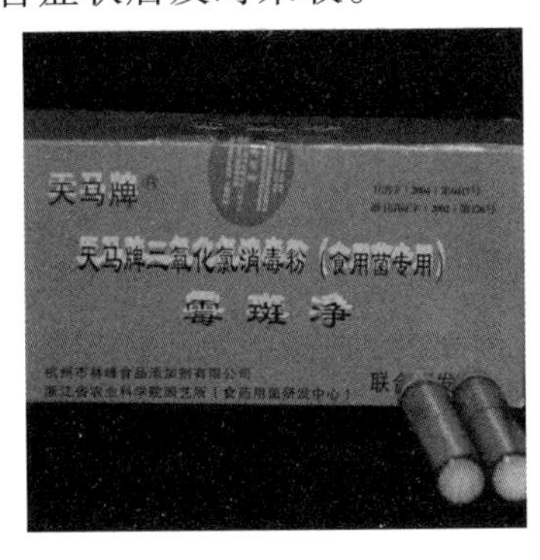

图 3-88 二氧化氯消毒粉——霉斑净

图 3-89 金针菇基腐病

②金针菇基腐病。金针菇基腐病又称根腐病、拟青霉病，主要发生在菌柄基部及幼小菇蕾上，严重时也往盖部蔓延，是金针菇工厂化袋栽中常见的一种真菌性病害，俗称“黑菇条”，如图 3-89 所示。

该病由拟青霉真菌侵染引起（但也有人认为该病是由细菌引起的），发病初期，子实体菌柄基部出现水渍状淡褐色斑点，扩展后呈黑褐色至黑色，腐烂后子实体倒伏。幼小菇蕾发生病害后则引起整丛的菇蕾呈黑褐色而不能再生长发育，最后死亡。该病发生时，常常是成丛的子实体基部均发病。以下为基腐病的预防措施：

• 改善栽培条件，加强菇房通风，出菇期将二氧化碳浓度控制在$(5\sim7)\times10^{-3}$。一般在菇房不易通风的四角处，该菌往往成丛成堆发生，病害大量发生时可导致停产。

• 适当减少菇房的菌袋排放量、降低菇房温度是减少病害发生和降低病害严重程度的有效途径。

• 加强菇房的消毒处理，空菇房可通入70℃蒸汽消毒2h，并用高锰酸钾和甲醛熏蒸5h以上。发病严重的菇房应晾干后空置一段时间再使用。

• 工厂化袋栽中由幼菇机械伤和套袋引起基腐病的概率很大，所以催蕾后在搬动袋子的过程中要尽量避免碰伤幼菇，套袋时最好使用新袋。

③金针菇绵腐病。绵腐病又称枝孢霉软腐病或软腐病，日本称它为株枯病，是金针菇栽培中发生较普遍的一种真菌性病害，且多发生在栽培中后期的第二至第三潮菇上。

该病由半知菌亚门的枝葡萄孢霉菌侵染引起。发病初期，在菌袋的培养料表面可见白色菌丝体，在温、湿度条件适宜时病菌扩展速度快，不久白色絮状的菌丝便可覆盖整个培养料表面，其主要成分为病菌的菌丝、分生孢子梗及分生孢子，如图3-90所示。幼小菇蕾受该病菌包围侵染后因不能继续生长而呈淡褐色并且死亡，成长的子实体则在菌柄基部出现淡褐色水渍状腐烂，病菌棉絮状的气生菌丝可向上扩展到菌盖处，如图3-91所示。菌柄基部腐烂后子实体倒伏，上面长满白色菌丝，完全失去经济价值，如不及时处理，则不能再形成子实体，同时培养料呈湿腐状变质。

图3-90　搔菌后出现绵腐病

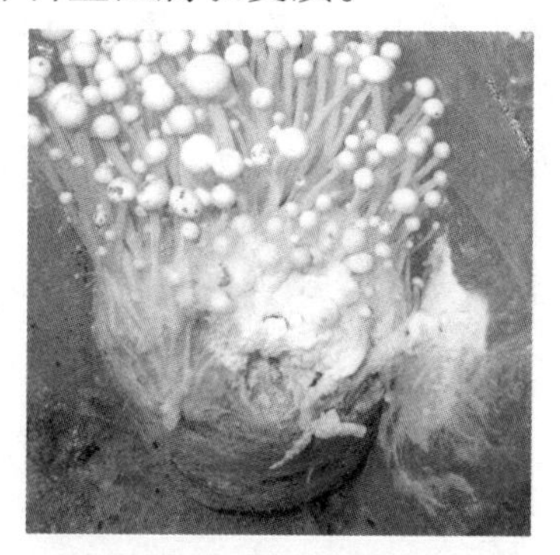
图3-91　金针菇绵腐病

金针菇袋栽时，培养料经过灭菌处理，第一批菇很少发病；第2~3批菇由于补水和菇房保湿喷水或空气中飘浮的分生孢子沉降到培养料上，在气温偏高和湿度大以及通风不良的条件下，此病易发生，且病害一旦发生，其传播扩展的速度快。具体防治方法如下：

• 搞好菇房内外的环境卫生，使用未受病菌污染的清洁水进行拌料，并加强菇房用水管理。

• 出菇期尽可能控制较低的菇房温度并进行适当通风，防止培养料表面积水。

• 一旦发现病害应及时清除，防止扩散。

④胡桃肉状菌。胡桃肉状菌又名狄氏裸囊菌、脑菌、假块菌。胡桃肉状菌是高温期发生在蘑菇床上、危害性很强的竞争性杂菌，近年来也在金针菇菌袋上发生。

胡桃肉状菌的菌丝白色粗壮，有分隔、分枝。菌体形状不规则，表面呈脑状皱纹，似核桃仁，直径可达1～5cm，群生。在秋季金针菇的制种和发菌期，胡桃肉状菌能寄生在菌丝上，与其同时生长。待金针菇菌丝发满袋后，被感染的料袋的袋壁上可见白色粒状菌块，菌块增大后形成不规则的形似胡桃肉状的菌团，颜色由白色逐渐转变成红褐色，形似金针菇的原基，菇农形象地称之为"玉米丁"，如图3-92所示。开袋后在袋口冒出硕大的菌块，并散发出刺激性的漂白粉味道，金针菇则难以生长。在同时栽培蘑菇与金针菇的产区，此病发生严重，常造成大面积减产和环境污染。

图3-92 感染胡桃肉状菌的菌袋

该病菌主要来源于土壤，在20～35℃时侵入力最强，发病最快，而且只侵染金针菇菌丝，特别是搔菌后，若管理不当，容易发生该病。具体防治方法如下：

• 搞好菇房内外的环境卫生。在生产前对菇房及周边进行全面清理，去除废弃料等杂物，地面撒石灰消毒，保持环境干净整洁。同时，加强菇房的消毒处理。

• 严格把好料袋灭菌关。常压灭菌需在100℃环境中保持12h以上，高压灭菌需在125℃环境中保持2.5～3h，杀死基质内的一切病原体，保证熟化料袋的纯无菌程度。已经灭菌的料袋应避免长时间堆放，以减少病原侵染的概率。

• 规范无菌操作程序。使用接种箱，按照无菌操作要求进行接种，层层把关，严格控制。

• 创造适宜金针菇生长发育的条件。菌袋培养过程中应降低发菌场所温度，遮光培养。搔菌后的菌袋要及时覆盖地膜或无纺布，缩短培养料裸露在空气中的时间。搔菌过程中如发现感染杂菌的栽培袋，搔菌工具接触后必须重新清洗并消毒后再使用。

2. 主要虫害及其防治

为害金针菇的害虫种类很多，常见的主要有蚊类、蝇类和螨类。

①菌蚊类。菌蚊类害虫统称为菌蛆或菌蚊(图3-93)，属于双翅目。为害金针菇的有真菌瘿蚊、眼菌蚊、异型眼菌蚊、闽菇迟眼菌蚊、狭腹眼菌蚊、茄菇蚊及金毛眼菌蚊等。这些菌蚊的共同特点是成虫的虫体小而柔弱，以幼虫对食用菌造成危害。其幼虫称为菌蛆，如图3-94所示。

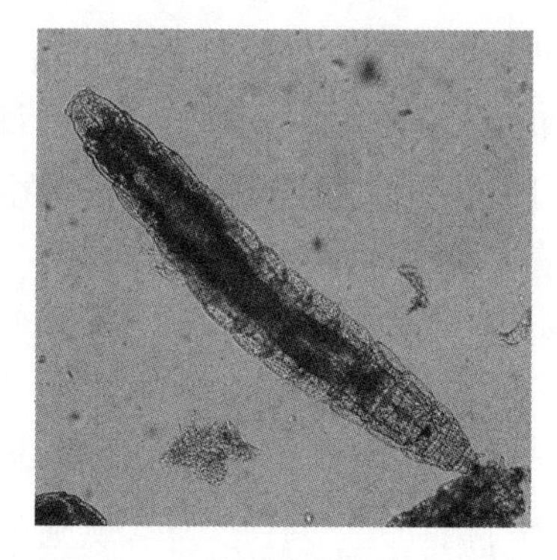

图3-93　菌蚊　　　　图3-94　显微镜下的瘿蚊幼虫

菌蚊的成虫不为害金针菇，并且成虫的寿命短，交尾产卵后不久即死亡。幼虫孵化出来后即会取食菌丝及培养料中的一些成分，并导致培养料变色、变疏松。受菌蛆为害重的菌袋，菌丝生长不好或不能生长或出现退菌现象，出菇时间延迟且菇蕾少，甚至不能出菇。该病在经高压或常压灭菌处理的菌袋或菌瓶中发生少，且基本上在第一潮菇采收后才会发生。以下为预防菌蚊为害的措施：

• 合理选用栽培季节与场地，选择不利于菌蚊生活的季节和场地栽培。在菌蚊多发地区，把出菇期与菌蚊的活动盛期错开，同时选择清洁干燥、向阳的栽培场所。栽培场周围50m范围内应无水塘、无积水、无腐烂堆积物，这样可有效地减少菌蚊寄生场所，减少虫源，也就降低了其危害程度。

• 多品种轮作，切断菌蚊食源。在菌蚊高发的10～12月和3～6月，选用菌蚊不喜欢取食的菇类栽培出菇。用此方法栽培两个季节，可使该区内的虫源减少或消失。

• 重视培养料的前处理工作，减少发菌期菌蚊的繁殖量。

• 物理防控，诱杀成虫。成虫羽化期，在菇房上空悬挂黄光杀虫灯，每隔10m挂一盏，晚间开灯，早上熄灭，诱杀成虫，可有效减少虫口数量。在无电源的菇棚，可用黄色黏虫板悬挂于菇袋上方，待黄板上黏满成虫后再换上新虫板。在栽培室的门窗上安装塑料纱，防止成虫飞进菇房。

• 药剂控制，对症下药。在出菇期密切观察料中的虫害发生动态，当发现袋口或料面有少量菌蚊成虫活动时，应结合出菇情况及时用药，将外来虫源或菇房内的始发虫源消灭，以消除整个季节的菌蚊虫害。在喷药前将能采摘的菇体全部采收，并停止浇水一天。如遇成虫羽化期，则要多次用药，直到羽化期结束。可选择击倒力强的药剂，如菇净、阿维菌素、氯氰菊酯等低毒农药。整个菇场要喷透、喷匀。

②菇蝇类。菇蝇属双翅目害虫，为害食用菌的种类有白翅蚤蝇、蘑菇蚝蚤蝇和短脉异蚤蝇等，其中以短脉异蚤蝇对食用菌的为害最普遍和严重。

为害症状主要是幼虫咬食中高温期的金针菇菌丝和菇体。幼虫蛀食菇体形成孔洞和隧道，使菇体萎缩，发黄失水而死亡。以下为预防菇蝇为害的措施：

• 菇房应远离田野，并及时铲除菇房四周杂草，减少菇蝇的寄居场所。

• 不要将发菌袋与出菇袋同放一个栽培场所，以免发生于出菇袋的成虫在发菌袋中产卵为害。发生量大的菌袋要及时回锅灭菌后再重新接种。

• 及时清除废料。虫源多的废料要及时运至远处晒干或烧毁，防止继续繁殖为害。

• 一旦发现成虫在袋口或菇床表面活动，就要立即喷药防治。可选择能杀死成虫的药剂，如菇净或高效氯氰菊酯。当幼虫钻入出菇袋内时，应及时将菌袋浸泡于2 000倍的菇净药液中。在无菇时，喷施菇净以驱杀成虫。

• 菇房门窗设纱窗。若菇房内有成虫出现，可利用其趋光性，在菇房内设灯光诱杀。

③螨类。螨是一类微小的生物，它属于动物界节肢动物门蜘蛛纲蜱螨目，害螨是指对人类有害的螨类。

为害金针菇的螨虫主要是粉螨，如图3-95所示。粉螨属小型节肢动物，是主要以植物或动物的有机残屑为食的植食、菌食和腐食性螨类，也是房舍和贮藏物螨类中的重要群落，其种类繁多，分布广泛。金针菇上的螨虫多滋生在棉籽壳、玉米芯、麦麸这些原材料上，在厂区周围的草丛、木屑堆场内也大量存在，并通过人为走动带到菌种室和培养室中。螨虫在菌袋上群集生活，主食菌丝，制种、发菌时均可为害，引起培养料菌丝衰退，造成接种后不发菌或发菌后出现"退菌"现象，导致培养料变黑腐烂。螨虫大量为害时，菌袋犹如撒上了一层土黄色粉末，并且几天内就能食尽栽培袋内的全部菌丝，如图3-96所示。

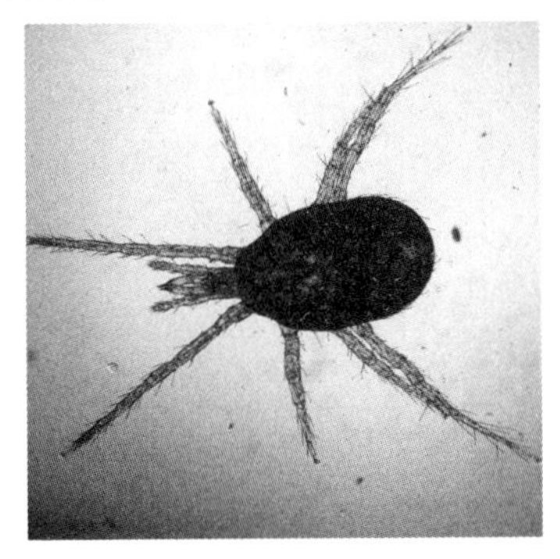

图3-95 显微镜下的螨虫

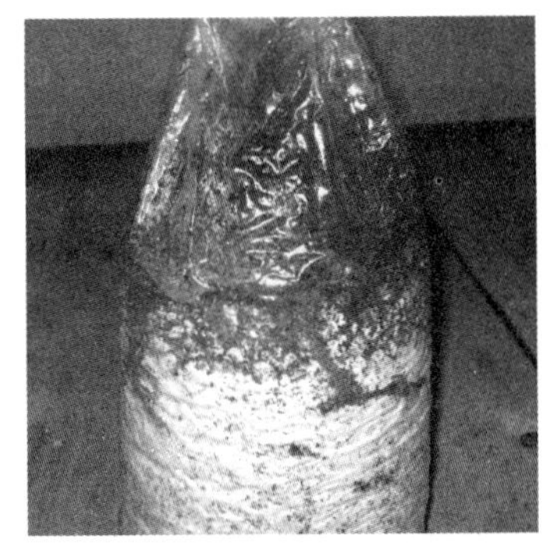

图3-96 螨害菌袋

害螨的防治以预防为主，具体措施如下：

• 选用无螨菌种。种源带螨是导致菇房螨害爆发的首要原因，因此菌种厂应保证菌种质量，提供生活力强壮的无螨虫的菌种。菇农应到有菌种生产资格的菌种厂购买菌种。

• 菇房内外的环境卫生要搞好，特别是废料必须清除干净，以减少螨虫的滋生场所，也便于消毒处理。螨虫常在棉籽壳、麦麸、厂区周围的草丛和木屑堆场上大量存在，控制螨虫使之不向菌种室和培养室传播是每个金针菇袋栽者必须做好的工作。具体做法为在原材料仓库和厂房冷库四周设置防螨水沟；时刻注意保持厂区卫生；在培养室的门内外经常撒石灰，以防螨虫进入；严格控制人员进出菌种室和培养室的频率；保持菌种室卫生，阻止螨虫二次传播。

• 发现螨虫的房间应尽早隔离，并及时用杀螨剂处理。出菇期出现螨虫为害，应及时采摘可采的菇体，而后用菇净1 000倍喷雾杀螨，过5d左右再喷1次，连续2~3次可有效地控制螨虫为害程度。用1∶800倍液20%三氯杀螨醇与80%敌敌畏混合液的防治效果也较好。对工厂化栽培库房，用加热的方法把库房温度加热到50℃可彻底杀灭螨虫。

七、金针菇保鲜与加工

1. 金针菇的保鲜

现将常用的两种保鲜方法介绍如下：

（1）低温冷藏。冷藏又称低温贮藏，是利用自然低温或通过降低环境温度的方法，抑制鲜菇的生理代谢和酶活性，以达到延长贮藏保鲜期的目的。冷藏是一种行之有效的贮藏方法，又分冰藏和机械冷藏两种。冰藏在生产上最常采用，是将食盐或氯化钙加入水中使之降低冰点，然后将冰块放在鲜菇的上方即可。少量鲜菇保鲜可在拣选、切根、分级包装后再冰藏，大量鲜菇保鲜则应在预冷冷库中拣选、切根、分级与包装，然后采用冷链运输，如图3-97所示。规模化生产经营都采用冷库贮藏即机械冷藏。

图3-97　低温冷藏

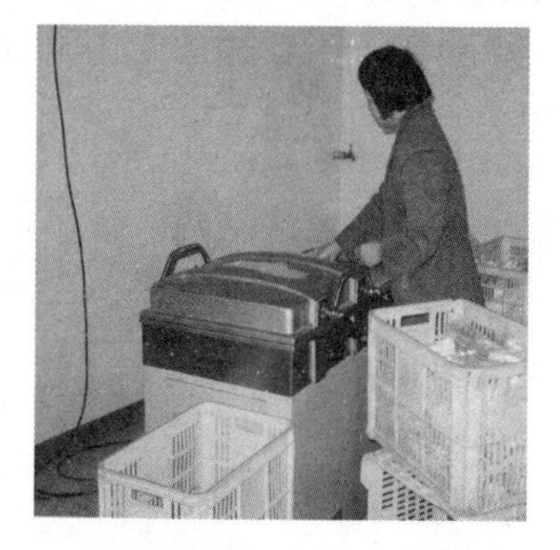

图3-98　真空包装

（2）低温真空贮藏。这是金针菇保鲜效果最好的一种方法。把鲜菇按一定的重量（一般是100g/袋）装入塑料袋，在真空封罐机中抽成真空（图3-98），以减少袋内氧气，隔绝鲜菇与外界的气体交换，控制鲜菇的呼吸率，从而降低它的代谢水平。经真空包装后，常温下（15℃左右）鲜菇能保存1周，若在0～6℃温度下，则可保藏1个月，且品质和风味基本不变。同时，使用该方法贮藏后还可在包装物上印上食用方法、代号、日期和价格，摆在货架上一目了然。但是当金针菇真空包装的贮藏时间过长（常温下7d以上，冷藏1个月以上），菇体的颜色会变黄，风味变差，出现厌氧呼吸。在高度缺氧时；菇体组织会迅速恶化，产生梭状芽孢杆菌毒素，子实体变得软而黏滑，塑料袋内因有气体产生而膨胀，并出现明显的混浊液体，且有异味。

2. 金针菇的加工

金针菇的初级加工主要有盐渍、干制和罐藏。

（1）盐渍加工工艺。盐渍菇的加工工艺流程是原料验收→修整→清洗→杀青→冷却→盐渍→装桶→成品。

①原料验收。用于盐渍的金针菇应适时采收，子实体完整，色泽正常，无变色，无异

味，无斑点，无病虫害及其他杂质。

②清洗。剪去根部，将鲜菇放在自来水中冲洗干净，如图3-99所示。

③杀青。将洗净后的金针菇立即放入沸水中预煮杀青，杀死菇体细胞，抑制酶活性，防止变色和开伞。沸水中可加入6%的食盐和0.1%的柠檬酸。杀青锅为不锈钢锅或铝锅，忌用铁锅，否则菇体会变黑。锅内装水量不能超过全锅的50%，菇量以水量的40%（重量比）为宜。杀青时要将盐水煮沸后再放菇，下锅后要用笊篱上下翻动，使菇体均匀杀青，杀青以菇体中心熟透为度。

图3-99　鲜菇漂洗

④冷却。杀青后，把菇体捞出置于冷水中冷却然后捞起沥去水分后即可盐渍。冷却一定要冷透菇心，否则金针菇就会霉烂、发臭、发黑。

⑤盐渍。按鲜菇重量的60%准备好盐渍用水，再按用量加入40%的食盐（要求盐度达到22～24波美度，不足时适量补加）。浸渍3～5d后，转入23～25波美度的饱和盐水中浸渍1周左右。这期间要勤检查，一旦发现盐水浓度不足18波美度时，应马上补足盐分。一般情况下，要转缸两次，其作用是排除不良气体，并使菇体吸盐均匀。每次转缸后，都要用竹箅压下金针菇，使盐水浸过菇面，以免露出水面的菇体变黑。

⑥装桶或封缸。保存菇体的盐液是每100kg清水加盐40kg，煮沸溶液后冷却、沉淀，滤去杂质，加入2%的柠檬酸，此时液体的盐度为18～22波美度。装桶时要在桶内先倒入3kg以上盐水，按菇体等级过秤后装桶（图3-100），过秤时用竹篓或周转箱盛菇，当滴水断线后，再沥水3min，称取盐渍菇装入桶内，然后加足盐水，贴好标签。如果装缸，则要在菇体上盖竹箅，压上石块，再倒入盐水淹没菇体。缸口要用塑料布封严，以防止水分蒸发，这样可存放1年。

图3-100　桶装盐渍菇

图3-101　装筛烘干

（2）干制加工工艺。干制方法有自然干制和人工干制两类。自然干制是靠太阳晒干或热风吹干（阴干）。人工干制就是人为控制干燥环境，因而不受气候条件限制。人工干制的优点是能缩短干制时间，保证干制质量，提高干制率。这里仅介绍人工干制技术。

人工干制要求在较短的时间内，采用适当的温度，通过通风、排湿等操作管理，获得较高质量的产品。其主要步骤如下：

①原料分级。烘烤前，按金针菇的长短、大小进行分级，使其干燥程度一致。

②装筛。装量厚度一般以不妨碍空气流通为原则。干燥过程中，随着原料体积的变化，可适当改变其厚度，例如干燥初期要薄些，后期可适当集中而稍厚些，如图3-101所示。

③升温。升温是关键技术。鲜菇进烘房前要预热烘房，使烘房温度达到40～45℃。烘房初期温度为低温（30～35℃），之后逐渐升高至60℃，但最高温度不能超过65℃。要注意不要冷房进菇，因为冷房进菇不但烘烤时间延长，而且成品的色、香差。烘制过程中升温不能太快，升温过快会使菇体发黄变黑，影响质量。

④通风排湿。鲜菇干制时水分的大量蒸发可使烘房内的相对湿度急剧升高，甚至可以达到饱和的程度，因此必须十分重视烘房内的通风排湿工作。一般当烘房内的相对湿度达到70%以上时，就应进行通风排湿。每次通风排湿时间以10～15min为宜，时间过短则排湿不够，影响干燥速度和产品质量；过长则会使烘房内温度下降过多，浪费燃料。

⑤倒换烤筛。即使是设计良好、建造合理的烘房，其上部与下部、前部与后部的温度也有所不同。靠近火道与炉膛的原料较其他部位易于烘干，甚至会发生烘焦现象。烘架上部也会因热空气上升而温度较高，致使原料容易干燥，烘架中部的原料则不易干燥。因此为了使原料的干燥程度一致，必须倒换烤筛。通常的做法是在烘烤中期将最下部第一、第二层的烤筛与中部的烤筛互换位置。

⑥掌握干制程度。干制时，要烘到成品达到标准含水量（11%～12%）才能结束烘干工作，进入产品的回收、分级、包装及密封保藏过程。

⑦干品包装。干品经过分级和必要的处理（图3-102）之后，即可进行包装。干品一般先采用0.004cm左右厚度的聚乙烯塑料袋包装好（图3-103），再装入纸箱或纸盒中保藏，如图3-104所示。包装容器的大小可根据消费者的需要来确定。

图3-102　干品修剪分选

图3-103　塑料袋装干金针菇

图3-104　干品包装箱

（3）罐藏加工工艺。金针菇罐头质量的好坏，主要是由菇色、菇体大小均匀性、嫩度、风味及汤汁清晰度等几个方面决定的。其工艺流程如下：

原料验收→修整→预煮→冷却→拣选分级→装罐注汤→排气→封罐→杀菌→培养检验→包装出厂。

①原料验收。金针菇验收标准：菇形完整，菇盖白色，菇盖直径不超过1cm，菇柄长13～16cm，无畸形，无病虫斑点，无异味。

②鲜菇修整。将整丛的金针菇剪去菇根，剔除不合格菇。修整后立即将金针菇浸

入清水池中进行漂洗，洗净杂质，再捞出装入干净的塑料筐中沥干。如果做整装金针菇罐头，还需要将金针菇扎捆，以免在杀青时散乱，影响装罐。

③预煮杀青。金针菇洗净后及时进行杀青处理，如图3-105所示。将鲜菇放在100℃的0.06%柠檬酸溶液或5%食盐沸水中（菇和溶液比为1∶4）预煮3~5min从投菇后水沸起开始计时），以菇体中心熟透为准，预煮液可使用3次。

图3-105　预煮杀青

图3-106　挑选分级

④冷却漂洗。杀青后将金针菇迅速捞起，投入清水中冷却，漂洗时间不宜超过1h。

⑤拣选分级（图3-106）。整装菇可按品质分为两级，一级菇菇盖直径0.8cm以下，未开伞，柄长13cm左右。二级菇菇盖直径1.0cm左右，柄长9cm以上。段装菇不分级，将金针菇切段，每段的长短基本一致。金针菇酱使用等外菇制作，用磨浆机将其打碎做酱。

⑥罐盖嵌圈。按规定，全国统一采用厂代号、年、月、日、班及产品代号顺序排列法打字。将胶圈置沸水中煮几分钟，然后嵌在马口铁盖内。

⑦配制汤液。锅内加水10L，精盐250g，煮沸后加入柠檬酸50g，使pH值为4左右，再用4~6层纱布过滤汤液。

⑧装罐注汤。按企业标准计量装罐，装罐前应检查空罐是否干净，有无破裂。装好后及时注入70℃左右的汤液，至离瓶口5mm处，随即加上罐盖，但不盖紧，将罐放入排气蒸笼内加热排气。

⑨排气封罐。采用加热排气法。当罐头瓶的中心温度达80℃、汤液涨至瓶口、空气已被基本排除时，及时将罐头放在封口机上封口。针孔抽气密封时压力为46.67~53.33kPa。将封好口的罐头置杀菌筐内保温准备杀菌。

⑩杀菌冷却。将装有罐头的杀菌车推入锅中杀菌，在98kPa压力下保持30min，然后反压冷却。杀菌公式为10′~30′~10′/121℃。杀菌后，要求在40min内逐级冷却使罐内中心温度降至40℃以下。冷却后，将罐盖、罐身的水珠擦干，以免在存放时生锈。

⑪培养检验。将冷却到35℃左右的罐头立即搬入保温培养室，在35~37℃下培养5~7d。然后用自行车钢条逐瓶敲打罐盖检查，剔除变质漏气、浊音等不合格罐，合格者贴上商标，入库存放，如图3-107所示。

图3-107　罐装金针菇

第四章　蘑菇栽培技术

一、概述

1. 分类地位

蘑菇广泛分布于世界各地，蘑菇属（*Agaricus*）内种的数量超过200个（Bas，1991；Leo等，2000），在分类学上，属于真菌门担子菌纲伞菌目伞菌科。在蘑菇属中已实现商业化栽培的有双孢蘑菇（*Agaricus bisporus*）、双环蘑菇（*Agaricus bitorquis*，俗称大肥菇）和巴氏蘑菇（*Agaricus blazei*）。

2. 营养价值

蘑菇味鲜美，营养丰富。据测定，每100g蘑菇中有蛋白含量4g左右，粗脂肪0.2g，糖30g，纤维素0.8g，磷10mg，钙9mg，铁0.6g，灰分0.8mg，维生素B_1 0.1mg，维生素B_2 0.35mg，烟酸149mg，维生素B_3 0.3mg。蘑菇是一种高蛋白、低脂肪的食物，蘑菇干片的蛋白质含量达42%以上，并且其所含蛋白质的消化率高达88.5%；蘑菇所含的氨基酸种类也很丰富，共含有18种氨基酸，其中包括8种人体必需氨基酸。此外蘑菇还含有一定药效的特殊生理活性物质，因此蘑菇是一种健康食品。菇类及其他食物的组成成分如表4-1所示。

表4-1　菇类及其他食物的组成成分（鲜重量%）

产　品	水　分	蛋白质	脂　肪	糖　类	无机盐	热量（cal/100g）
蘑　菇	92	3.5	0.3	4.5	1.0	25
牛肝菌	88	5.4	0.4	5.2	1.0	34
鸡油菌	91	2.6	0.8	3.5	0.7	23
菠　菜	93	2.2	0.3	1.0	1.9	15
芦　笋	95	1.8	0.1	2.7	0.6	20
马铃茹	75	2.0	0.1	21.0	1.1	85
牛　奶	87	3.5	3.7	4.8	0.7	62
牛　肉	68	18.0	13.0	0.5	0.5	189

3. 栽培史

双孢蘑菇(*Agaricus bisporus*),又名白蘑菇、蘑菇、洋蘑菇、西洋松茸。双孢蘑菇的人工栽培始于法国路易十四时代,18世纪初期就有人在法国巴黎附近的废石灰石矿洞内进行人工栽培。到19世纪末(1893年)Costentint和Matruchot发明了双孢蘑菇孢子培养法,到20世纪初(1902年)Dugger用组织分离法培育双孢蘑菇纯菌种获得成功。我国于20世纪30年代在上海、福州等市郊将其引进栽培。现在双孢蘑菇以普通蔬菜的身份为人们所接受,巨大的市场需求使其在所有食用菌中具有超然的地位,是目前世界上栽培和消费最广的一种全球性食用菌。

双环蘑菇最早于1965年由Cailleux在中非的La Maboké试验站进行人工栽培,当时的学名为*Psalliota subedulis*。双环蘑菇子实体生长发育所需的温度高于双孢蘑菇,双孢蘑菇子实体生长发育的适宜温度为16℃~18℃,而温带型双环蘑菇的最适温度为24℃,适合于温度较高的地区及季节栽培,热带高温型双环蘑菇可在28℃下,甚至在30℃下生产质量优良的子实体。浙江省农业科学院园艺研究所于1993年选育出适合于我国夏季栽培的高温型双环蘑菇品种——'夏菇93'('浙AgH-1')。

二、生物学特性

1. 形态特征

食用菌的形态结构主要分为两部分,子实体和菌丝体。所谓子实体就是产生孢子的繁殖结构,是人们食用的部分。而菌丝体是生长在基质中的大量丝状物,是营养体。子实体是从菌丝体上产生的。

(1)双孢蘑菇的形态特征。双孢蘑菇的菌丝由管状细胞组成,粗为1~10μm,有横隔,多细孢,分枝;子实体由菌盖、菌褶、菌柄等几部分组成,商业性生产的双孢蘑菇菇盖颜色分白色(图4-1)和棕色(图4-2)两种,菌盖厚、光滑,受机械伤后易变色,适时采收的商品菇直径为2.5~5cm;菌盖平展时的直径一般为7~12cm,菌柄长为5~9cm,粗为1.5~3cm。菌环单生于菌柄中部,膜质。菌褶离生、不等长,早期粉红色,后变为暗褐色。担子无隔,每个担子上着生两个担孢子。担孢子为椭圆形,一端稍尖,表面光滑,大小为(6~8.5)×(4.5~6)μm。

图4-1 白色双孢蘑菇

图4-2 棕色双孢蘑菇

（2）双环蘑菇的形态特征。双环蘑菇（高温蘑菇）菌丝双核，具有横隔，无锁状联合，菌丝直径1.7～5.11μm，在PDA培养基上呈匍匐状。多基内菌丝，菌丝粗壮，生长势强。能在平板和斜面上形成子实体。子实体的菌盖厚、光滑，组织致密结实，受机械伤后不易变色；适时采收的商品菇直径为3.8～6.6cm，菌盖厚为1.8～2.8cm，菌盖平展时的直径一般为6.6～21cm；菌柄粗短，长为3.0～8.5cm，粗为1.3～4.5cm。双菌环，菌褶离生、不等长，担子无分隔，每个担子上着生4个担孢子。担孢子卵圆形，表面光滑，大小为（5.28～8.6）×（3.4～6.36）μm。担孢子暗褐色。图4-3所示为双环蘑菇。

图4-3　双环蘑菇（高温蘑菇）

2. 生活史

（1）双孢蘑菇的生活史。双孢蘑菇是次级同宗结合菌的代表，每个担子上多产生两个担孢子，每个担孢子内含交配型不同的两个核，双核担孢子萌发后形成可孕的多核的异核菌丝体在培养基中繁殖生长，在适宜的环境下产生子实体，从而不经不同来源菌丝的交配即可自行完成有性生活史。双孢蘑菇的生育系统属强制自交型，因而也就失去了与其他基因型不同的担孢子进行杂交的可能性，这一生育特性给双孢蘑菇的杂交育种带来困难（Raper JR和Raper CA，1972；Elliott，1972，1978和1979）。

双孢蘑菇的交配系统受通常称为“+”和“-”（或A1和A2）的一对交配因子所控制，只有同时含有“+”和“-”因子的担孢子才可孕。

（2）双环蘑菇的生活史。两个可亲和的双环蘑菇担孢子萌发出的单核（同核）菌丝体，经交配后产生的异核的双核菌丝体在培养基中繁殖生长，在适宜的环境下产生子实体。子实体的菌褶上产生称为担子的棒状顶细胞，两个分别来自双亲的细胞核在担子中发生融合（核配）并进行减数分裂，在这期间两个亲本的遗传物质进行重组和分离。减数分裂后产生的4个核分别迁移入着生于担子小梗上的4个担孢子中。担孢子弹射后萌发，又开始新的生活周期。

双环蘑菇属于二极性异宗结合菌，其子实体所产生的担孢子分成两种不同的交配型，不同交配型的担孢子萌发形成的同核菌丝体A1与A2之间交配，形成可孕的、没有锁状联合的双核菌丝体，而A1×A1或A2×A2不能亲和交配形成双核体。交配型由一对A因子控制，不亲和性由单个位点的多个等位基因控制。Martínez-Carrera等（1995）通过对12个野生和商业化栽培的双环蘑菇菌株的交配试验发现，不亲和因子有13个不同的等位基因。双环蘑菇的生育系统属杂交型，单核担孢子自交不孕，只有与含有可亲和交配型的另一种担孢子杂交，才能完成有性生活史。双环蘑菇的这一性征给育种带来很大的便利，可以通过菌株内和菌株间的杂交育成新的菌株。

3. 生长发育条件

（1）双孢蘑菇的生长发育条件。双孢蘑菇从菌丝生长到子实体形成、发育都要求一定的环境条件，当条件适合时，其生长发育便能正常进行；当条件不适时，生长发育便会受到影响；严重不适时，会停止生长发育，甚至死亡。因此，蘑菇栽培者必须熟知蘑菇生长发育所需要的条件，在蘑菇生产的各环节，采取相应的技术措施，使营养、温度、空气、酸碱度和光线等环境因子满足蘑菇生长发育的要求。

①营养。营养是双孢蘑菇生长发育的物质基础，而且双孢蘑菇是一种腐生菌，不含叶绿素，不能利用阳光进行光合作用制造养分，其生长发育完全依赖于培养料中的营养物质，因此培养料中的营养是否丰富合理，决定着蘑菇生长发育的好坏，直接影响蘑菇的产量和质量。提供蘑菇生长发育所需要的全部营养物质的培养料，总的来说应具备以下两个条件：一是质的条件，具有适宜于蘑菇生长发育，并且比例平衡的各种营养成分，使蘑菇菌丝正常、健壮生长；二是量的条件，具有充足、丰富的营养物质，为蘑菇高产提供充足的养分条件。蘑菇生长所需的营养主要包括碳、氮、无机盐、微量元素和生长素等。

• 碳源。双孢蘑菇菌丝能利用各种糖、淀粉、树胶、半纤维素、木质素等碳源。这些碳源主要存在于农作物秸秆中，通过堆肥中的嗜热和中温型微生物及蘑菇菌丝分泌的酶，分解成为单糖、有机酸和醇类等简单的碳水化合物而被蘑菇菌丝吸收利用。

• 氮源。氮素是蘑菇细胞合成蛋白质和核酸时必不可少的主要原料，氮源可分为无机氮和有机氮，无机氮源有氨、铵盐等，有机氮源有蛋白质、氨基酸、蛋白胨、尿素等。蘑菇菌丝体不能直接吸收蛋白质，但能很好地利用其水解物，如氨基酸、蛋白胨等小分子化合物。蘑菇菌丝不能直接吸收无机氮，需通过堆肥微生物发酵分解成为蘑菇菌丝能吸收的养分。在蘑菇栽培中，除了存在于农作物秸秆中的氮源外，通常还需添加麸皮、豆饼、菜籽饼、禽畜粪和尿素、硫铵等，以补充氮素营养。

双孢蘑菇不仅需要丰富的碳源和氮源作为基本营养，而且在吸收碳、氮素时，是按一定的比例吸收利用的，子实体分化和发育的最适碳氮比为17∶1。按这个比例推算，在配制蘑菇栽培的原料时，碳氮比以30∶1为宜。如果氮素不足，会明显影响蘑菇产量；若氮素过多，不仅造成浪费，同时有碍子实体的发育和生长。在生产上，过量的氮素容易导致发菌期培养料中产生氨气以及鬼伞等杂菌的发生，影响菌丝生长，甚至导致菌丝死亡。

• 无机盐。无机盐是蘑菇的矿质营养，主要包括钙（Ca）、磷（P）、钾（K）和硫（S）等，虽然其含量仅占蘑菇鲜重的0.3%~0.9%，但有的是核酸、蛋白质、酶等重要物质的组成成分，有的参与能量代谢、碳素代谢和呼吸代谢等代谢活动，有的控制原生质的胶体状态，参与维持细胞的渗透性等，因此无机盐也是蘑菇生命活动中必不可少的物质。

a. 钙。钙能促进菌丝体的生长和子实体的形成，同时能消除钾、镁对蘑菇菌丝生长的抑制作用。钙还具有中和酸根，稳定培养料中的酸碱度的作用。此外，钙还能使堆肥和覆土聚成团粒，从而提高培养料的蓄水保肥能力和透气性。钙以离子状态控制蘑菇的生理活性，如控制细胞膜透性、调节酸碱度等。在生产上常用石膏（$CaSO_4$）、碳酸钙（$CaCO_4$）和熟石灰[$Ca(OH)_2$]等作为钙肥。

b. 磷。磷不仅是核酸、磷脂、某些酶和能量代谢的组成成分，也是碳素代谢中必不可少的元素。没有磷，碳和氮也不能很好地被利用。生产中常用过磷酸钙或含磷的复合肥作为磷肥追加到堆肥中。但过量的磷酸盐会造成酸性环境，引起蘑菇减产。

c. 钾。钾在细胞组成、营养物质的吸收及呼吸代谢中起重要作用，如钾是许多酶的活化剂，参与控制原生质的胶体状态和调节细胞透性等。由于蘑菇培养料以秸秆为主要原料，秸秆中含有丰富的钾，已能满足蘑菇生长发育的需要了，所以通常不需要另外添加钾。堆肥中N、P、K的比例以13∶4∶10为好。

d. 硫。硫是蛋白质的重要组成元素，主要是含硫氨基酸的重要组成元素，某些酶的活性基也含硫。生产中通过添加石膏将硫追加到堆肥中。

• 微量元素。蘑菇的生长发育除了需要一些矿质元素外，还需要一些含量更少的其他元素，因需要量微少，故被称为微量元素。研究发现，少量的铁对蘑菇生长是有益的，可促进纯培养中蘑菇原基的形成，微量的铜也是蘑菇发育所必需的。蘑菇生长所需的其他微量元素还有钼、锌等。

• 生长素。生长素包括维生素、核酸等一些有机化合物。维生素是组成各种酶的活性基团的成分，因此对蘑菇生长是十分重要的。缺少维生素，酶就会失去活性，从而导致生命活动的停止。其中，维生素B_1(硫胺素)是蘑菇生长所必需的生长素，在蘑菇的糖代谢中起着重要的作用。维生素B_1缺乏时，首先表现为抑制蘑菇的生长发育，浓度继续降低，菌丝生长将会受到抑制，如不及时补充添加，生长便会停止。此外，维生素B_2(核黄素)、维生素H(生物素)、维生素B_6(吡哆醇)、维生素B_5(泛酸)、维生素B_{12}(叶酸)等维生素对蘑菇的营养代谢都具有重要的作用。蘑菇生产上使用的生长素，如三十烷醇、萘乙酸、吲哚乙酸、蘑菇健壮素、助长素等，对蘑菇菌丝生长和子实体生长发育都具有不同程度的促进作用。

②温度。温度是蘑菇生长发育的重要因子，菌丝体和子实体两个生长阶段对温度的要求是不相同的，菌丝生长阶段要求温度高一些，而子实体生长阶段要求温度相对低一些。双孢蘑菇菌丝生长的温度范围为5～33℃，最适宜温度为22～26℃，此时菌丝生长速度较快，生长势强；5℃以下菌丝生长极其缓慢，33℃以上菌丝基本停止生长，35℃菌丝开始死亡。

双孢蘑菇子实体生长发育的温度范围为4～23℃，最适温度为16～18℃。若温度在19℃以上，子实体生长快，菌肉疏松，品质下降，易出现菌柄细长、薄皮开伞；低于12℃时，结实率下降，出菇稀少，子实体生长速度缓慢，菇体大而肥厚，组织致密，单菇重，但由于出菇少，产量下降。在子实体形成生长期间(从菇蕾形成到采收)，环境温度应有下降的趋势，而不应使温度回升，否则极易导致成批死菇。这是因为低温时菌丝体扭结成菇蕾后，菌丝体的营养向菇蕾输送，供菇蕾生长发育，如果此时温度升高，菌丝又会把供应菇蕾的养分返回给周围菌丝体，供菌丝体营养生长，造成营养物质倒流，导致大批已形成的菇蕾失去养分而枯萎死亡。

成熟的双孢蘑菇子实体的孢子散发温度是18～20℃，温度超过27℃，孢子不能散发。孢子萌发的温度是24℃，温度过高过低都会影响孢子的萌发。

③水分。水是蘑菇的主要组成成分，蘑菇子实体的含水量达90%左右，菌丝体含水量为70%～75%。水分是蘑菇生命活动中不可缺少的因素之一，水分不仅是细胞原生质的主要成分，又是细胞营养代谢中许多营养物质的溶媒，许多营养物质只有溶解在水中

才能被吸收利用。同时水分具有很高的比热和汽化热，能很好地调节细胞温度，使之维持在稳定合适的状态。不仅如此，水分还是代谢反应的直接参与者，参与菌体内有机物质的合成与分解。因此，水分是蘑菇生命活动中的重要因素，是蘑菇生产的产量和质量的重要影响因子。

双孢蘑菇不同品种（菌株）以及不同的生长发育阶段对水分的要求不同。子实体生长发育过程所需要的水分，主要来自于培养基质、覆土层及空气中的水分。

在双孢蘑菇菌丝生长阶段，培养基的含水量应保持在60%~65%，这样菌丝生长速度快，长势强；含水量低于52%，蘑菇菌丝生长缓慢、纤细，不易形成子实体；含水量高于70%，由于培养料中水分有余而氧气不足，易出现线状菌丝，生活力下降，甚至菌丝因缺氧而停止生长。

覆土是蘑菇生长发育的重要水分来源之一，应根据不同覆土材料的持水性，调节好覆土中的含水量。沙壤土（砻糠细土）的含水量宜维持在18%~20%，砻糠河泥土的含水量应维持在33%~35%，不同质地的泥炭或草炭的含水量可维持在75%~85%。应用持水能力强的覆土材料可有效地提高蘑菇的产量和质量。

菇房（棚）内的空气相对湿度会影响培养料和覆土层的湿度，菌丝生长阶段菇房内的相对湿度宜保持在75%左右，出菇期间空气相对湿度应提高到90%左右。空气相对湿度过低，易使覆土干燥，产生鳞片和空心菇；但若空气相对湿度过高（95%以上），通风不良，易发生病虫杂菌，如锈斑病等。

④空气。双孢蘑菇是一种好氧菌。菌丝体和子实体的呼吸作用会不断消耗氧气，放出二氧化碳，堆肥的分解也会不断产生二氧化碳、氨、硫化氢等有害气体，抑制菌丝和子实体的生长。菌丝生长阶段和子实体分化、生长发育阶段对氧气的要求不同，适宜菌丝生长的二氧化碳浓度在0.1%~0.5%之间；覆土层孔隙中低浓度的二氧化碳对子实体的形成有刺激作用，覆土表面的二氧化碳含量在0.03%~0.1%时子实体分化最好。菇房内二氧化碳浓度过高，对菌丝体和子实体都有毒害作用，在通气不良的情况下，会发生菌丝徒长，影响子实体形成，易导致菇盖变小或菇柄细长。因此，栽培期间菇房要经常通风换气，排除有害气体，补充新鲜空气，促进菌丝的生长和子实体的正常生长发育。

⑤酸碱度。双孢蘑菇菌丝生长的pH为5.0~8.5，最适pH6.5~7。但由于蘑菇菌丝在生长过程中会产生碳酸和草酸，同时在菌丝周围和培养料中由于氨气蒸发而发生脱碱现象，会使菌丝生长环境逐渐酸化。因此，播种时的培养料pH应在7.5左右，覆土pH宜在7.2~7.5。适当提高栽培基质的初始酸碱度，不仅可减缓酸化进程，还能起到抑制霉菌生长的作用。在栽培过程中，由于蘑菇生长环境的pH值不断下降，适宜于各种有害的杂菌生长而会引起各种病害。因此，在栽培后期，可结合喷水管理，喷施石灰水，调节pH值。

⑥光线。双孢蘑菇在整个生长过程中不需要光线，菌丝体和子实体都可以在完全黑暗的环境中生长发育。在黑暗的条件下生长的子实体颜色洁白，菇盖厚，品质好。而光线过强、直射光会导致菇体表面干燥变黄。

⑦微生物。双孢蘑菇在开放条件下栽培，其整个生长发育环境中存在着多种有益微生物，这些微生物在双孢蘑菇生长发育过程中起着十分重要的作用。如用于栽培双孢蘑菇的许多碳源、氮源等营养材料必须通过嗜热细菌、放线菌和嗜热真菌等微生物发酵降解后才能被蘑菇吸收利用；在培养料及覆土中生长的双孢蘑菇菌丝周围伴生着大量的各种各样的有益微生物，起着协助降解营养物质、防止有害生物入侵等作用。

双孢蘑菇已被证实只有在覆土中存在微生物的条件下才能形成子实体，当覆土和培养料中都不存在任何其他微生物（纯培养）时不能形成子实体。"自我抑制"假说已被学界普遍承认用以解释微生物促进蘑菇结实的机制：蘑菇菌丝在生长过程中产生的某些物质，使其保持营养生长，抑制生殖生长，从而抑制子实体的形成；覆土层中的微生物活动消除或降低了这些"自我抑制结实"物质的浓度，从而引发蘑菇结实。蔡为明等（2009）对双孢蘑菇不同覆土中的细菌数量消长动态的研究结果表明，覆土中的细菌随着蘑菇菌丝的生长而增多，不同覆土中的细菌数与其中的蘑菇菌丝生长量成正相关；覆土后细菌数量于原基形成时达到首个峰值，进入子实体生长期后，覆土层中的细菌数明显下降，至子实体采收时为低谷；采收后随着蘑菇菌丝的恢复生长，细菌数又迅速回升。这表明覆土中细菌的消长与蘑菇菌丝生长代谢强弱呈正相关，亦与双孢蘑菇菌丝代谢分泌物数量呈正相关。覆土中的细菌以菌丝代谢分泌物为营养，其中就包括"自我抑制结实"物质。这一结果从一个侧面支持了双孢蘑菇结实的"自我抑制"假说。

（2）双环蘑菇的生长发育条件。

①营养。双环蘑菇生长发育所需的营养与双孢蘑菇基本相同，主要包括碳源、氮源、矿质元素和生长素等，其营养需求及培养料制备要求也与双孢蘑菇基本相同。

②温度。温度是双环蘑菇生长发育中重要的环境因子之一，适宜的温度是双环蘑菇正常生长发育的重要条件。双环蘑菇属中高温型菌类，不同地域的双环蘑菇对温度的要求不同，大体可分为来自欧洲与北美等温带地区的温带型（中温型）双环蘑菇和来自东南亚等亚热带、热带地区的热带型（高温型）双环蘑菇两大类。不同类型的双环蘑菇在不同的生长阶段对温度的要求和反应也不相同。蘑菇的生长阶段大体上可分为菌丝体和子实体两个阶段，双环蘑菇不同类型菌株的这两个阶段对温度的要求存在很大的差异。双环蘑菇温带型菌株与双孢蘑菇相似，菌丝生长适宜温度高于子实体生长的适宜温度，而双环蘑菇热带型菌株的菌丝生长适宜温度范围与其子实体生长温度范围相近。

• 菌丝生长的温度要求。双环蘑菇菌丝生长的温度范围为18～38℃，适宜温度为24～32℃，最适温度为27～28℃。在适宜的温度下，菌丝洁白粗壮，长势强，生长速度快。低于22℃菌丝生长缓慢，高于35℃菌丝生长慢、纤细。在36℃下，接种受伤的菌丝块难萌发生长，生长中的菌丝在40℃高温下处理6h后，能恢复生长。

• 子实体生长发育的温度要求。双环蘑菇热带高温型菌株的子实体形成和生长发育的温度范围为25～34℃，最适温度为27～32℃，在此温度范围内生长的子实体肉质厚，菇柄短而粗；温度高于32℃，子实体生长速度快，易薄皮开伞。成长中的子实体能在36～38℃下继续生长，但温度低于25℃时，子实体形成量减少，生长缓慢。

双环蘑菇温带型菌株子实体发生的最适温度为19～25℃，温度持续高于26℃时，子实体原基不能分化。在27～31℃温度下，会引起死菇，且小菇死亡率比大菇高。

• 恒温与变温对双环蘑菇高温型菌株原基形成的作用。以双环蘑菇高温型品种（菌株）夏菇93和夏秀2000为材料进行恒温培养试验表明，在22～34℃范围内恒温培养下，斜面菌落均能形成菌丝聚集体（原基前体），25～31℃下能形成明显的原基，并能进一步发育成子实体。在28℃下形成的原基及菌丝聚集体的量较多，随着温度的升高或降低，原基和菌丝聚集体形成量逐渐下降，表明双环蘑菇高温型菌株原基形成的最适温度为28℃左右。

变温培养试验表明，在28℃下培养的斜面，每天给予一定时间的22℃变温处理可促进原基和菌丝聚集体提早形成，且形成的量与恒温培养无显著差异。这表明温差刺激具有促进双环蘑菇高温型菌株原基和菌丝聚集体提早形成的作用。

• 担孢子萌发的温度要求。在PMA培养基上，双环蘑菇担孢子的适宜萌发温度为27～30℃，一般需经7～10d才能萌发；当温度低于25℃时，担孢子萌发困难。

③水分。双环蘑菇生长发育过程中所需的水分主要来源于培养料和覆土。据报道，蘑菇子实体中的水分，54%～83%来自于培养料，17%～46%来自于覆土。

双环蘑菇播种时的培养料适宜含水量范围为60%～66%，在此湿度范围内，菌丝生长速度快，长势强，健壮有力；含水量低于56%，菌丝生长慢，长势差；含水量高于70%，菌丝生长速度下降，线状菌丝多；含水量高于75%，菌丝生长受阻。由于双环蘑菇栽培的环境温度高，培养料含水量过高极易感染杂菌，因此控制好培养料的含水量是双环蘑菇栽培的关键技术之一。

覆土是双环蘑菇生长发育的重要水分来源。应根据不同覆土材料的持水率调节覆土中的含水量，最大限度地提供双环蘑菇生长所需的水分。沙壤土（砻糠细土）的含水量宜保持在18%～20%，砻糠河泥土的含水量应保持在33%～35%，不同质地的泥炭（或草炭）含水量可维持在75%～85%。应用持水率高的覆土材料可有效地提高双环蘑菇的产量和品质。

菇房（棚）内的空气相对湿度会影响培养料和覆土层的湿度，尤其是播种后的菌种萌发定植期，菇房内应保持90%～95%的空气相对湿度，以保持菌种块湿度，促进菌种萌发生长；发菌期的菌丝生长阶段，菇房内的相对湿度宜保持在75%左右；出菇期间空气相对湿度应提高到85%～90%。空气相对湿度过低，易使覆土干燥，产生鳞片和空心菇，菇质差；而空气相对湿度过高（95%以上），则通风不良，易发生杂菌和细菌性污斑病等病虫害。

④空气。双环蘑菇属好气性真菌，需要在有足够的新鲜空气的环境下才能正常生长发育。与双孢蘑菇相比，双环蘑菇菌丝和子实体对二氧化碳具有更强的忍耐性，菌丝在高二氧化碳浓度下生长快，子实体能在0.15%～0.2%的二氧化碳浓度下扭结形成，而双孢蘑菇则需在二氧化碳浓度减少到0.03%～0.1%的环境中，才能诱发菇蕾形成。

尽管双环蘑菇对二氧化碳的忍耐性比双孢蘑菇强，但菌丝体和子实体在生长过程中不断吸进氧气，呼出二氧化碳，堆肥中的微生物分解活动也会不断产生二氧化碳、硫化氢等气体，当这些气体超过一定浓度时，会抑制菌丝和子实体生长，致使菌丝生长速度减慢，原基形成和子实体分化受阻，严重时会造成菌丝萎缩，小菇死亡；同时，二氧化碳浓度高的闷热环境中还容易发生胡桃肉状菌、细菌性斑点病等病害。因此，在实际生产中，对发菌期菇房应经常进行通风换气，排除有害气体，补充新鲜空气；出菇后随着子实体生长，需氧量增大，更要注意通风，以保持菇房内空气新鲜，供给足够的氧气。

⑤酸碱度。酸碱度主要会影响双环蘑菇胞外酶的活性，进而影响其生命活动，影响其对培养料中营养物质的降解和利用。酸碱度还会改变氢离子和氢氧根离子的浓度，从而影响细胞的离子交换，进而影响细胞对营养物质的吸收。因此，酸碱度是双环蘑菇生长发育的重要环境因子之一。

双环蘑菇菌丝生长环境较双孢蘑菇稍偏酸性，pH范围为4~9，适宜pH为5~7，最适pH为6，弱酸性环境有利于双环蘑菇菌丝生长。若pH值低于5或高于7，菌丝生长缓慢，长势弱。虽然菌丝生长的最适pH为6，但由于菌丝生长过程中会产生有机酸，导致培养料的pH逐渐下降（酸化），因此播种时培养料的pH以7左右为好，覆土的初始pH也以7左右为好。

⑥光线。光线是香菇、黑木耳等大部分食用菌生长发育，尤其是子实体原基形成和分化发育的必要条件，但双环蘑菇的生长发育对光线的要求与双孢蘑菇相同，菌丝体和子实体的生长都不需要光线。

双环蘑菇菌丝对光线较敏感。试验表明，在黑暗的条件下菌丝生长快、生长势强，随着光线强度增大、光照时间增加，菌丝生长受抑制程度也增大，菌丝生长速度明显下降，长势减弱。因此，双环蘑菇的菌丝生长阶段应避免光照，宜在黑暗条件下培养。

双环蘑菇子实体在阴暗的条件下生长良好，颜色洁白，菇盖厚，品质好。散射光具有促进子实体原基提早形成的作用；直射光会引起菇体表面干燥变黄，使蘑菇品质下降。

⑦微生物。双环蘑菇与微生物的关系与双孢蘑菇相似，在培养料及覆土中生长的双环蘑菇菌丝周围伴生着大量的各种各样的有益微生物，起着协助降解营养物质、防止有害生物入侵等作用。尽管双环蘑菇在未覆土、纯培养条件下也能形成子实体，但必须在覆土后、并在微生物存在的条件下才能获得商业性产量。

三、主要栽培品种

1. 品种类型

蘑菇的生产性栽培品种类型主要有中低温型的双孢蘑菇和中高温型的双环蘑菇。

双孢蘑菇根据菇盖颜色分为白色和棕色两种，当前生产上栽培的以白色双孢蘑菇品种为主，棕色双孢蘑菇栽培尚处于起步发展阶段。

双孢蘑菇根据生产方式的适应性分为非工厂化生产用品种和工厂化生产专用品种两种。非工厂化生产用品种主要包括2007—2008年通过国家食用菌品种认定的6个品种及引进的菌株U3等，其中As2796占全国双孢蘑菇栽培量的80%以上，年非工厂化生产量达200多万吨，占全国双孢蘑菇鲜菇总产量的99%；工厂化生产用菌株包括A15、F56、As2796等，产量为2×10^{4}t左右，占全国双孢蘑菇鲜菇总产量的1%。

双环蘑菇根据出菇温度范围分为温带中高温型和热带高温型两种，当前生产上栽培的为热带高温型双环蘑菇品种。

2. 主要栽培品种的特征特性

本节主要介绍通过国家食用菌品种认定委员会认定的品种。

（1）双孢蘑菇品种。

①白色双孢蘑菇。

• ‘As2796’。福建省农科院食用菌所和福建省蘑菇菌种研究推广站育成，分别于1993年通过福建省蘑菇菌种审定委员会审定，于2007年通过国家食用菌品种认定委员会认定，认定编号为“国品认菌2007036”。

特征特性：子实体单生。菌盖直径3.0～3.5cm，厚度2.0～2.5cm，外形圆整，组织结实，色泽洁白，无鳞片；菌柄白色，中生，直短，直径1～1.5cm，长度与直径比为（1～1.2）:1，长度与菌盖直径比为1:（2.0～2.5），无绒毛和鳞片；菌褶紧密，细小，色淡。要求基质含水量为65%～68%，含氮量为1.4%～1.6%，pH值7.0左右；栽培中发菌适宜温度为24～28℃、空气相对湿度为85%～90%；出菇温度为10～24℃，最适温度为14～22℃。栽培中菌丝体可耐受最高温度35℃，子实体可耐受最高温度24℃，转潮不明显，后劲强。菌种播种后萌发力强，菌丝吃料速度中等偏快。菌丝爬土速度中等偏快，扭结能力强，扭结发育成菇蕾或膨大为合格菇的时间较长，因此开采时间比一般菌株迟3d左右。成菇率90%以上，成品率80%以上，1～4潮产量分布较均匀，有利加工厂生产。

产量表现：产量为9～15kg/m^2，生物学效率为35%～45%（工厂化可达20～30kg/m^2）。

栽培技术要点：各产区可根据当地气候确定播种时间，福建为9～12月。投料量30～35kg/m^2，碳氮比为（28～30）:1，正常管理的喷水量不少于高产菌株。气温超过22℃，甚至达到24℃时一般不死菇，可比一般菌株提前15d左右栽培。不宜薄料栽培，料含氮量太低或水分不足都会影响产量或产生薄菇和空腹菇。

• ‘As4607’。由福建省农科院食用菌所和福建省蘑菇菌种研究推广站育成，分别于1997年通过福建省蘑菇菌种审定委员会审定，于2007年通过国家食用菌品种认定委员会认定，认定编号为“国品认菌2007035”。

特征特性：子实体单生，商品菇直径3.2～3.8cm，菌盖厚2.0～2.5cm，外形圆整，组织结实，色泽洁白，无鳞片；菌柄直短，直径1～1.5cm，长度与直径比1～（1.2:1），长度与菌盖直径比1:（2.0～2.5），无绒毛和鳞片；菌褶紧密，细小，色淡。菇潮不明显，后劲强。菌种播种后萌发力强，菌丝吃料速度和爬土速度中等偏快，扭结能力强，扭结发育成菇蕾或膨大为商品菇的时间较长，因此开采时间比一般菌株迟1～2d。1～4潮产量分布较均匀，有利加工厂生产。

产量表现：产量为9～15kg/m^2，生物学效率35%～45%。

栽培技术要点：各产区可根据当地气候确定播种时间，福建为9～12月。投料量30～35kg/m^2，碳氮比为（28～30）:1，含氮量1.4%～1.6%，含水量65%～68%，pH7左右。发菌适温24～28℃、适宜空气相对湿度85%～90%；出菇温度10～24℃，最适温度14～

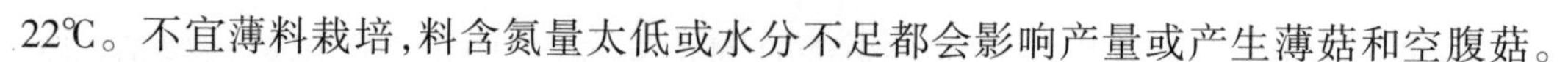

22℃。不宜薄料栽培，料含氮量太低或水分不足都会影响产量或产生薄菇和空腹菇。

●‘英秀一号’。由浙江省农业科学院园艺研究所育成，于2007年通过国家食用菌品种认定委员会认定，认定编号为“国品认菌2007037”。

特征特性：子实体散生，少量丛生，近半球形，不凹顶。商品菇菌盖白色，平均直径4.1cm，菌盖平均厚1.7cm，表面光洁，环境干燥时表面有鳞片；菌柄白色，粗短近圆柱形，基部膨大明显，平均长2.6cm，中部平均直径1.5cm，子实体组织致密结实。发菌适温22～26℃，原基形成不需温差刺激，子实体生长发育温度范围4～23℃，最适温度16～18℃，低温结实能力强。菇潮间隔期为7～10d。

产量表现：产量为9.1～15.7kg/m^2。

栽培技术要点：堆肥适宜含氮量为1.5%～1.7%，合成堆肥发酵前的适宜含氮量为1.6%～1.8%，二次发酵后的培养料适宜含水量为65%左右，pH7.2～7.5。出菇期适宜室温13～18℃，温度高于20℃时禁止喷水，加强通风。自然气候条件下应秋冬季播种，春季结束，跨年度栽培。河北、河南、山东、山西、安徽和苏北等蘑菇产区适宜播种期为8月，浙江、上海及苏南蘑菇产区适宜播种期为9月，福建、广东、广西等蘑菇产区适宜播种期为10～11月。应用菇棚覆膜增温技术可适当推迟播种期，实现反季节栽培。要充分利用其低温出菇能力强的特性，使其在自然温度较低季节大量出菇。适当提高培养基含水量有利于提高产量。注意预防高温烧菌和死菇，出菇期应保持良好的覆土湿度和空气相对湿度，以免菇盖产生鳞片。

●‘W192’。双孢蘑菇‘W192’由福建省农科院食用菌所育成，于2012年通过福建省品种认定，认定编号为“闽认菌2012007”。

特征特性：菌落形态贴生，气生菌丝少；子实体单生，菌盖扁半球形，表面光滑，直径3～5cm；菌柄近圆柱形，直径1.2～1.5cm。播种后萌发快，菌丝粗壮，吃料较快，抗逆性较强，爬土速度较快。原基扭结能力强，子实体生长快，转潮时间短，潮次明显，从播种到采收需35～40d。

产量表现：平方米平均产量为15.73kg，比As2796增产21.17%。

栽培技术要点：培养料以稻草、牛粪为主料，需二次发酵，C∶N≈(28～30)∶1，含氮量1.4%～1.6%，含水量65%～68%，pH7左右。自然季节栽培，投干料30～35kg/m^2。菌丝培养阶段的适宜料温为24～28℃，出菇菇房适宜温度为16～22℃，喷水量比As2796略多。

●‘W2000’。双孢蘑菇‘W2000’由福建省农科院食用菌所育成，于2012年通过福建省品种认定，认定编号为“闽认菌2012008”

特征特性：播种后萌发快，菌丝吃料较快，抗逆性较强，爬土速度较快。原基扭结能力强，子实体生长快，转潮快，潮次明显。从播种到采收需35～40d。

产量表现：每平方米平均产量为15.31kg，比As2796增产17.89%。

栽培技术要点：培养料以稻草、牛粪为主料，需二次发酵，C∶N≈(28～30)∶1，含氮量1.4%～1.6%，含水量65%～68%，pH7左右。自然季节栽培，每平方米投干料30～35kg。菌丝培养阶段适宜料温为24～28℃，出菇菇房适宜温度为16～22℃，喷水量比As2796略多，覆土薄、不均匀易出现丛菇。

•‘蘑菇176’。供种单位为上海市农业科学院食用菌研究所，分别于2004年通过上海市农作物品种审定委员会审定，于2008年通过国家食用菌品种认定委员会认定，认定编号为“国品认菌2008030”。

特征特性：子实体单生、丛生，呈半球形，菌盖大小3.5～4.5cm，菌盖厚1.9～2.3cm，菌盖色白，表面光滑；菌柄长2.8～3.6cm，粗1.9～2.5cm；菌丝生长温度为20～30℃，菌丝在pH5～8时均能生长；发菌期为20～25d，从播种到出菇需35～45d；原基形成温度为10～20℃，菌丝体生长最适温度为24～28℃；子实体适宜生长温度为10～20℃，出菇潮次明显，7d左右一潮菇。

产量表现：生物学效率在40%左右，每平方米产鲜菇8～13.5kg。

栽培技术要点：以稻草为主料时，每平方米用稻草20kg、干牛粪4kg、豆饼粉0.32kg（或菜饼0.5kg）、米糠0.6kg、磷肥0.6kg、尿素0.075kg、硫氨0.25kg、石膏0.2kg、石灰0.65kg；以麦草为主料时，每平方米用麦草15kg、干牛粪2kg、豆饼粉0.5kg（或菜饼0.8kg）、尿素0.18kg、硫氨0.2kg、磷肥0.6kg、石膏0.5kg、石灰0.4kg。上海地区播种期为9月5～10日，其余地区应提早2～3d播种。培养料含水量65%～68%，必须进行二次发酵，发菌期控温为24～28℃。当菌丝穿透料底时，进行覆土，覆土后发菌温度控制在24～28℃，保持土层湿润。菌丝长满覆土层时进行通风或喷水降温，降温到10～20℃，最适温度在15℃左右。出菇期及时喷出菇水，多次喷湿，温度控制在10～20℃，空气湿度90%左右。及时采收，做好残根清理和补土、补水工作。

•‘U3’。由福建省农科院食用菌所和福建省蘑菇菌种研究推广站引进自荷兰，其特征特性、产量表现和栽培技术要点与‘蘑菇176’类似。

•‘A15’与‘F56’。为工厂化生产专用菌株，分别引进自美国和法国，工厂化栽培产量可达20～30kg/m^2，其特征特性和栽培技术要点与‘蘑菇176’类似。

②棕色双孢蘑菇。

•‘棕秀一号’。是由浙江省农业科学院园艺研究所育成的双孢蘑菇品种，于2007年通过全国食用菌品种认定，认定编号为“国品认菌2007038”。

特征特性：子实体散生、少量丛生，近半球形，不凹顶，菇柄粗短、白色，近圆柱形，基部稍膨大，平均长2.8cm，菌柄中部平均直径1.5cm。商品菇菌盖呈棕褐色，平均厚1.8cm，内部菌肉白色，肉质紧密，平均直径4.1cm，表面光洁。环境干燥时菇盖表面有鳞片产生。原基形成不需要温差刺激，菌丝生长温度范围为5～33℃，发菌期适宜温度为22～26℃；子实体生长发育的温度范围为4～23℃，最适温度为16～18℃，低温结实能力强。

产量表现：产量为9.8～16.5kg/m^2。

栽培技术要点：自然气候条件下秋冬季播种，可比常规品种延后10～25d播种，跨年度栽培。河北、河南、山东、山西、安徽和苏北等蘑菇产区适宜播种期为8月，苏、浙、沪蘑菇产区播种期以9月份为好，华南蘑菇产区应适当推迟播期，福建、广东、广西等蘑菇产区适宜播种期为10～11月。应用菇棚覆膜增温技术播种期可推迟，实现反季节栽培。粪草培养料的适宜含氮量为1.5%～1.7%，无粪合成料发酵前的适宜含氮量为1.6%～1.8%，碳氮比为30～33∶1，二次发酵后的培养料适宜含水量为65%左右，pH7.2～7.5。发菌期如料温高于28℃，应在夜间温度低时进行通风降温，必要时需向料层打扦，散发料内的热量，降低料温，以防“烧菌”；出菇期菇房内温度控制在13～18℃，空气相对湿度应保持在85%～90%，以利于子实体形成和生长发育。

• ‘棕蘑1号’。供种单位为上海市农业科学院食用菌研究所，分别于2004年通过上海市农作物品种审定委员会审定，于2008年通过国家食用菌品种认定委员会认定，认定编号为“国品认菌2008032”。

特征特性：子实体以单生为主，菇形圆整，质地坚实紧密；朵形中等，不开伞直径在3～5cm，适当疏蕾，可获得菌盖直径为10～12cm的开伞子实体；菌盖呈棕色，无鳞片，菌柄着生于菌盖的中部；潮次明显，转潮快；菌丝最适生长温度为25℃左右，最适出菇温度为16～18℃。

产量表现：每平方米产鲜菇8～10kg。

栽培技术要点：上海及周边地区一般在8月中上旬进行培养料堆制，9月中上旬播种，10月上旬覆土，出菇气温维持在10～20℃，一般出菇期可从当年10下旬持续到翌年4月下旬。建议进行二次发酵，发菌温度25℃左右，覆土厚度4cm左右；出菇温度16～18℃，一潮菇喷一次水，避免在原基形期喷水，当菇体长至黄豆大时，可采用轻喷勤喷的方法喷水。

（2）高温型双环蘑菇（高温蘑菇）。

①‘夏菇93’。为浙江省农业科学院园艺研究所育成的国内首个适合于夏季高温期栽培的高温型双环蘑菇，于2008年通过全国食用菌品种认定，认定编号为。

特征特性：子实体散生、少量丛生，半球形至扁半球形，菇柄粗短；商品菇菇盖平均直径4.5cm，菇柄平均长2.1cm，平均直径1.9cm；菌盖和菌柄、菌肉呈白色，表面光洁，组织致密结实，菌盖厚；子实体菌环双层，菌褶稠密，离生。采用发酵料栽培，培养料初始碳氮比（30～33）∶1，二次发酵后的培养料适宜含水量为60%～65%，pH7～7.5；菌丝生长温度范围为18～38℃，发菌期适宜温度为27～30℃，空气相对湿度70%～85%（前期高，后期低）；出菇温度范围为25～34℃，最适出菇温度27～32℃；子实体对二氧化碳的耐受能力较强，能在1 500～2 000mg/kg二氧化碳浓度下形成与生长；栽培周期85d左右，潮次间隔7～8d，可采收5～6潮菇。较耐贮运，货架期长，32℃下可保鲜48h，4℃下冷藏保鲜8d以上。

产量表现：在上述适宜栽培条件下的平均产量为7.5kg/m^2。

栽培技术要点：①配方。干稻草88%，尿素1.3%，复合肥0.7%，菜籽饼7%，石膏2%，石灰1%，也可用常规粪草料配方。②栽培季节。夏秋季气温高于25℃的时间超过70d的地区均可栽培，一般北方适宜栽培期为6～8月，长江流域为5～9月，南方为4～10月。③发菌与覆土管理。菌种萌发定植期，适宜温度为27℃～30℃，发菌期适宜温度为26～34℃；播种后5～7d内以闭紧门窗促进菌丝萌发生长为主，随后逐渐增加通风，促使菌丝向料层生长，菌丝一般23d左右长满整个料层。覆土材料和制备方法与常规双孢蘑菇相同，首次覆土厚2.5cm左右，于第二天起关门窗促进菌丝爬土，待80%以上床面的菌丝长到覆土表面时，补0.5cm左右细土，根据覆土湿度补充水分，加强通风，促进菌丝扭结出菇。④出菇期管理。出菇期菇房内适宜温度27～30℃，水分管理以一潮菇喷一次水为好，避免子实体生长期用水发生细菌性污斑病，空气相对湿度为85%～90%。每潮菇采收结束后，清理床面，在菌丝裸露的部位补一层细土，并按上述水分管理原则，进行喷水管理。

②'夏秀2000'。为浙江省农业科学院园艺研究所育成的适于夏季高温期栽培的高温型双环蘑菇，于2010年11月通过全国食用菌品种认定公示。

该品种除了耐高温适合于我国夏季高温期栽培、不易褐变、较耐贮运等优特点外，其菌丝爬土能力强，结实率高，产量高，在适宜栽培条件下，产量为8.0～9.5kg/m²。其特征特性和栽培技术要点与夏菇93基本相同。

四、双孢蘑菇栽培技术

1. 适宜栽培季节

双孢蘑菇是一种中低温性食用菌，菌丝适宜生长温度为22～26℃，而子实体形成和生长的最适温度为16～18℃。浙北适宜播种期为9月15日前后，浙南为10月上中旬。近年来通过探索实践，提出了菇棚覆膜增温反季节栽培双孢蘑菇技术，蘑菇播种期可推迟到10月下旬至11月中旬。其他地区可根据蘑菇生长发育温度确定适宜的栽培季节。

2. 栽培设施

（1）毛竹塑料大棚。浙江蘑菇栽培设施多为毛竹塑料大棚，以毛竹为框架结构，毛竹框架外覆一层无滴塑料薄膜，然后盖一层起遮阴保温作用的草帘，如图4-4所示。菇棚建造方位以坐北朝南为好，南北进深长度12～16m，床面宽1.5m，床架间走道宽0.7～0.8m，菇床一般设6层，层间距0.6m，底层离地面0.4m，顶层距棚顶1.4m以上。每条走道两端的棚壁上各开大小为0.3m×0.4m的上、中、下窗，也可在二次发酵后将走道两端的棚壁薄膜，自顶层床面上方部位向下割开，作为通风窗，需通风时拉开通风换气，不需通风时拉紧用夹子夹住密封。栽培早秋蘑菇的菇棚以及蘑菇栽培季节气温偏高地区的菇棚，每条走道中间的棚顶应设置拔风筒，提高菇棚的通风降温能力。

图4-4 毛竹塑料大棚

近年来浙北平湖、嘉善等县市根据市场需要，在冬季低温期通过棚外覆膜进行增温栽培，如图4-5所示。冬季低温期栽培棚顶不设拔风筒，棚外用薄膜封闭覆盖，利用太阳能提高菇棚内温度。由于薄膜覆盖后通风困难，应在菇棚北端中间走道上方安装排风扇，根据菇棚通风需要开启排风扇强制通风，解决菇棚覆膜封闭造成的通风不良问题。

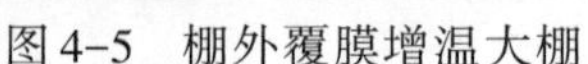

图4-5　棚外覆膜增温大棚　　图4-6　钢管大棚(附阳光温室)

(2)钢管大棚。钢管蘑菇大棚是近几年针对传统毛竹塑料大棚存在火灾风险大、床架层数多、操作繁重等问题,发展起来的新型蘑菇栽培设施。钢管蘑菇大棚主要以提高型蔬菜钢管大棚为骨架,菇棚长20～22m,宽8m,中高3.8m,肩高2.0m,外加保温遮阴层,由内向外分别为保温长寿无滴膜、硅酸盐棉(绒毯)、无滴膜、双色反光膜,冬季低温期在大棚南端设阳光温室以提高棚内温度,如图4-6所示。大棚内部设三排栽培架,中间一排设四层床架,两边各设三层床架,层高0.6m,床架宽1.6m,走道宽0.8m;大棚北端每个走道上方安装排风扇,调控通风量。

(3)高层砖瓦栽培房。这种福建漳州栽培模式的菇房通常高5～6m,长12～15m,宽8～9m,边高5～6m,中高6～7m。床架排列方向与菇房方向垂直,床架长7～9m,宽约1m,共6～10架。菇床分8～12层,底层离地0.3m,层间距离0.45m,顶层离房顶1m左右。床架间通道两端的墙面自上到下间隔50cm开设通风窗口,窗的大小为0.3m×0.4m。地面用混凝土浇灌,屋顶用大片石棉瓦呈瓦状覆盖,栽培面积约在350～550m^{2}之间,如图4-7所示。这种菇房的保温保湿性能有显著提高,菇房栽培面积的利用率有显著提高,但是因为层间距太矮,不利于通风,当外界气温较高且维持时间较长时,容易引起烧菌以及死菇、菌丝萎缩等生理疾病。

图4-7　高层砖瓦栽培房

(4)多层砖瓦栽培菇房。这种模式的菇房通常高5～6m,长12～15m,宽10～12m,边高5～6m,中高6～7m。床架排列方向与菇房方向垂直,床架长9～10m,宽约1.4m,共6～10架。菇床分7～8层,底层离地0.3m,层间距离0.55m,顶层离房顶1.5m左右。床架间通道的两端各开上、中、下通风窗,窗的大小为0.3m×0.4m,床架间通道中间的屋顶设置拔风筒,筒高1.0m左右,内径0.3m,共设置5个。拔风筒顶端装风帽,大小为筒口的两倍,帽缘与筒口平。菇房在中间通道或第2、4、6通道开门,宽度与通道相同,门上开设地窗。地面用混凝土浇灌,屋顶用大片石棉瓦呈瓦状覆盖,栽培面积约在400～700m^{2}之间。这种菇房的保温保湿性能有了明显提高,通风良好,是一种适宜大面积推广的栽培菇房。

(5)控温控湿周年栽培菇房。随着劳动力成本的不断提高,市场对双孢蘑菇栽培的工厂化、机械化、周年栽培模式的要求越来越迫切。结合我国实际生产现状,通过吸收引进，自主设计开发的周年工厂化栽培模式已经在我国部分地区建设并生产运作。

菇房通常高5m，长12～15m，宽5～10m，边高5m，中高6m。床架排列方向与菇房方向垂直，床架用不锈钢或防锈角钢制作，长10～12m，宽1.4m，共有2～4个床架。菇床分5～6层，底层离地0.4m，层间距离0.6m，顶层离房顶2m左右，如图4-8所示。床架间通道下端开设2～4个百叶扇通风窗。菇房墙体和屋顶通常采用10cm厚的彩钢泡沫板铆接而成，或者在砖瓦房内部填充聚氨酯泡沫层而成，栽培面积约在200～350m²之间，如图4-9所示。菇房的通风通过安装在菇房内部的循环通风风机进行调节，循环通风机连接外部通风管、菇房内部的回风风管和温度调节系统，可通过计算机芯片程序进行新风和循环风比例的调控，以满足菇房内有充足的氧气和合适的温度、湿度需求。

图4-8　控温控湿周年栽培菇房的不锈钢床架

图4-9　控温控湿周年栽培菇房

这种菇房具有良好的控温控湿能力，通过调控双孢蘑菇最适的生长环境，能大幅提高产量和质量，配套的专业机械可进行周年化高效率的生产运作。配套的机械需要较高的经济投入，严格的管理水平，生产成本较高，尤其是双孢蘑菇专业机械在我国仍处于启蒙期，因此该模式推广应用还需要一段较长的试验磨合期和改进发展期。

3. 栽培技术

（1）培养料及堆制发酵。

①培养料配方。根据有无粪肥分为粪草培养料和合成培养料两种，常用配方如下：

• 粪草培养料配方。

配方1：干猪粪、干牛粪55%左右，干稻麦草40%左右，菜籽饼2%～3%，过磷酸钙0.5%，石膏1%～2%，石灰1%～2%。

配方2：干猪粪、干牛粪40%～45%，干稻麦草45%～50%，饼肥2%～3%，化肥0.5%～2%，过磷酸钙1%，石膏1%～2%，石灰1%～2%。

• 无粪合成料配方。

配方1：干稻草88%，尿素1.3%，复合肥0.7%，菜籽饼7%，石膏2%，石灰1%。

配方2：干稻草94%，尿素1.7%，硫酸铵0.5%，过磷酸钙0.5%，石膏2%，石灰1.3%。

• 培养料用量。以干粪、干草重量计，当前浙江省蘑菇栽培中的培养料用量一般为18～27kg/m²。高产菇房培养料的干粪、干草总量为35～45kg/m²，播种时料的厚度达18～20cm。

②培养料一次发酵。一次发酵又称前发酵，其目的如下：

• 将原材料充分预湿，混合均匀。

• 建堆并利用料堆内自然微生物的发酵作用，产生60~80℃的高温，软化麦稻秸秆，积累有益微生物菌体。

• 降解有机物并合成高分子营养物质——腐殖质复合体。

• 通过翻堆堆制成混合均匀的堆料。

发酵场要求向阳、避风，地势高，雨天不积水。建堆前一天用甲醛液、石灰水或漂白粉等对堆肥场地进行消毒处理，并做好场地周围的环境卫生。

培养料前发酵包括预湿、建堆和翻堆这三个主要工艺环节。

• 预湿预堆：稻麦草最好切成30cm左右长，建堆前2～3d预湿，使草料湿透；干粪在建堆前调湿，预堆2～3d。

• 建堆：以栽培面积为230m²计，在堆料场用石灰画出宽1.8m、总长22m的堆基，堆基周围挖沟，使场地不积水。先铺一层厚0.3m左右的稻、麦草料，再铺一层粪肥，草粪相间各铺10层左右，使堆高1.5～1.8m。化肥和饼肥等氮肥辅料必须在建堆时撒入料堆中间，通常在3~4层后分层均匀加入料堆中。堆料过程中，一般从第3层开始根据草料干湿度边堆料边分层浇水，浇水量以建堆完成后，料堆四周有少量水流出为宜，并在次日把收集在蓄水池中的肥水回浇到料堆上。四边垂直，顶部成龟背形，堆间留空隙，以利料堆通气（图4-10）。料堆顶部覆盖草帘，雨前盖薄膜防止雨水进入料堆导致堆肥过湿，雨后及时揭去，防止料堆缺氧而影响发酵。

图4-10　料　堆

翻堆：翻堆能够改变料堆各部位的发酵条件，调节水分，散发废气，增加新鲜空气，添加养分；让料堆的各部分充分混合，制成尽可能均匀的堆肥；促进有益微生物的生长繁殖，升高堆温，加深发酵，使培养料得到良好的转化和分解。翻堆补充氧气的作用是有限的，因为翻堆后增加的料堆总氧量数小时就被会微生物消耗掉。当堆内的氧气耗尽时，料堆的氧气主要通过料堆内自然空气的烟囱效应提供，如图4-11所示。图中的A区暴露于空气中，热量流失快，温度较低，发酵进程差；B区为较干燥的料层，可见较多的放线菌；C区为料堆的最佳发酵区，温度多维持在50~75℃；D区为厌氧发酵区，料湿、黏，具恶臭味。因此，各区的发酵进程不一，翻堆时应上、下、里、外、生料和熟料相对调位，把粪草充分抖松，干湿拌和均匀，将各种辅助材料按程序均匀加入。

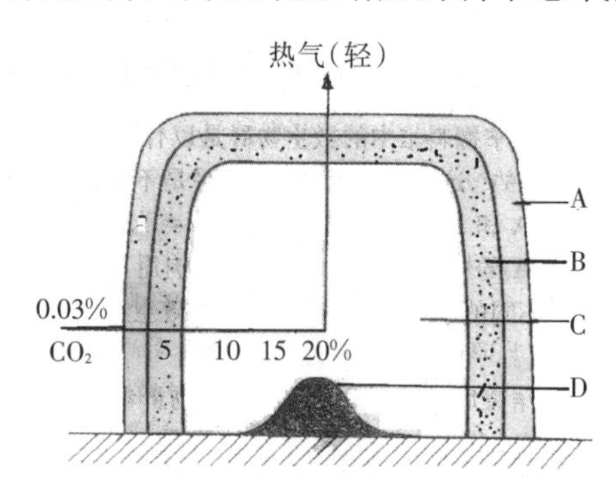

图4-11　料堆的烟囱效应

料堆内CO_2比例上升到10%~20%时较理想，当CO_2比例大于20%会形成厌气状态，CO_2比例小于10%说明通风太强、料堆温度不易升高。料堆的含水量也会产生同样的现象。当料堆有足够含水量时，微生物活动活跃；堆料水分大于75%时就会妨碍料堆的通气，造成嫌气性；而水分小于40%，微生物的活动就会急剧降低。因此为了获得更好的堆肥和更高的产量，要求一次发酵过程中的含水量控制在70%～75%。

建堆后的整个前发酵过程中需翻堆3～4次，要求将料堆底部及四周的外层料翻入新料堆的中间，将中间发酵良好的料层翻到外层，使整个料堆发酵均匀一致。

第1次翻堆。一般建堆后的第1d料温上升，第2～3d料中心温度可达70～75℃。建堆后第5或第6d进行第一次翻堆，重点根据堆料的干湿情况补足水分，并均匀加入过磷酸钙和60%的石膏粉，料堆可缩小到宽1.7m，高1.5m。

第2次翻堆。一次翻堆后1～2d，料温可达75～80℃，一次翻堆后3～4d进行第2次翻堆，方法同上，加入余下的40%石膏，补充水分。这次翻堆后料堆宽1.6m，高度不变，长度缩短。

第3次翻堆。二次翻堆后2～3d，进行第三次翻堆，方法同上，均匀加入总量50%的石灰，根据需要补充调节水分。

第4次翻堆。根据需要，第三次翻堆后2d，进行第四次翻堆，方法同上，调节含水量至65%左右，即手紧捏料时有3～4滴水，并加入适量的石灰，调节pH至7.5左右。

最后一次翻堆后1～2d，培养料即可进房进行二次发酵。进房前应在料堆的表面喷0.5%敌敌畏后用塑料薄膜密封6～8h以杀灭料堆中的害虫。

一次发酵结束后培养料的质量要求：培养料为深褐色，手捏有弹性，不粘手，有少量的放线菌；含水量为65%左右，pH7.2～7.5，有厩肥味，可有微量氨味。

不进行二次发酵的蘑菇栽培法（地栽蘑菇），是在上述堆制基础上，延长堆制7～10d，并增加翻堆次数，一般翻堆5～6次，至料堆中无氨味，直接铺床播种。

在当今先进的双孢蘑菇生产工艺中，已从室外机械化翻堆的一次发酵法（图4-12）向隧道通气一次发酵法（图4-13、图4-14）发展，一次发酵的效率和质量得到了很大的提高。

图4-12 一次发酵机械化翻堆

图4-13 隧道通气一次发酵

图4-14 通气发酵隧道风机

③培养料二次发酵。国外二次发酵以在专门发酵室中进行的集中式发酵为主，当前浙江省应用床架层式栽培，二次发酵通常在菇房内进行。

二次发酵前先对菇房进行严格消毒杀虫，有条件的最好用蒸汽加热升温至70℃保持1h以上进行消毒。及时清除废料，拆除床架，用石灰水清洗干净，并在培养料进房前5d先用漂白粉消毒一次，然后每110m²栽培面积的菇房，用敌敌畏0.5kg、甲醛2.5kg进行密封熏蒸消毒，培养料进房前两天打开门窗，排除毒气，便于进料。

图 4-15　二次发酵节能蒸汽炉

一次发酵结束后，将培养料趁热迅速搬运到菇房床架上，由于床架底下 1～2 层温度低，难以达到二次发酵的温度要求，不铺放培养料。进料结束后，封闭门窗，让菇房内的培养料自身发热升温；约 5～6h 后，当料温不再升高时，应用小型蒸汽炉进行蒸汽加温发酵，如图 4-15 所示。

二次发酵期间的料温变化分升温巴氏消毒阶段、控温发酵阶段和降温阶段三个阶段。二次发酵开始，逐渐加温 5～8h，使料温和气温都达到 60～62℃，维持 8～10h，即为升温巴氏消毒阶段。须注意的是应采取菇房不同部位多点测温的方法，确保菇房各部位均匀达到巴氏消毒温度，不留死角。然后通过通风降温，使温度慢慢下降，使料温在 55～48℃之间维持 4～5d，此阶段为控温发酵阶段。在控温发酵期间，一般每隔 3～4h，斜对角开一扇上窗和一扇地窗通气，补充菇房内新鲜空气，促进高温微生物的活动。控温发酵阶段结束后，停止加温，慢慢降低料内温度，降至 45℃时，开门窗通风降温，二次发酵即告结束，此为降温阶段。二次发酵结束后的优质培养料为暗褐色，柔软有弹性，有韧性，不粘手；热料无氨味而有发酵香味，含水量为 62%～65%，手紧捏有 2～3 滴水；pH 为 7 左右，整个料层长满白色放线菌和有益真菌。二次发酵过程中的温度变化和新鲜空气的供应如图 4-16 所示。

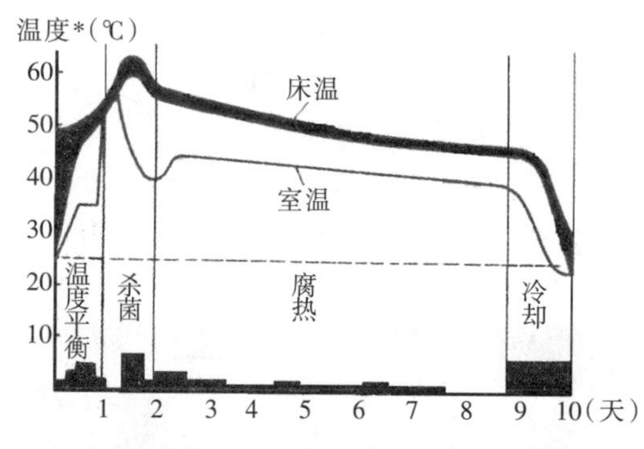

图 4-16　二次发酵过程的温度和新鲜空气的供应

图 4-17　二次发酵隧道建造（结构）

当今先进的二次发酵工艺，采用二次发酵隧道（图 4-17、图 4-18）进行集中发酵，实现机械化作业（图 4-19）、智能化控制的专业化、规模化生产（图 4-20），使二次发酵的效率、质量和均匀度都得到了有效地保障和提高。

图 4-18　二次发酵隧道

图 4-19　进料机

图 4-20　规模化制料企业的二次发酵场

（2）播种与发菌管理。二次发酵结束后要及时进行翻格、匀料和播种。翻格时要求抖松整个料层，不留料块，料层厚薄均匀。当料温降至28℃左右时进行播种，播种前应全面检查培养料的含水量，确保含水量均匀一致。

播种所用的菌种应无病虫杂菌，瓶内菌丝上下均匀一致，洁白、整齐、粗壮，长势旺，蘑菇香味浓，无菌丝萎缩、生长不均匀、吐黄水和异味等现象。

播种所用的工具应清洁，并用新洁尔灭、0.1%高锰酸钾等消毒剂进行消毒。播种量根据栽培种的培养基质而定，750mL麦粒菌种为1～1.5瓶/m^2，棉籽壳菌种为1.5～2瓶/m^2。采用混播加面播方法较好，其方法是将总播种量的2/3菌种均匀地撒在料面，用手指将菌种耙入1/3料层深，再把余下的1/3菌种播撒在料面，然后压紧拍平培养料。

播种后，菌种萌发至定植期，应关紧菇房门窗，并保持一定空气相对湿度和料面湿度，必要时进行地面浇水或在菇房空间喷石灰水，增加空气湿度，促进菌种萌发和菌丝定植；同时要经常检查料温是否稳定在28℃以下，如料温高于28℃，应在夜间温度低时进行通风降温，必要时向料层打扦，散发料内的热量，降低料温，以防“烧菌”。播种3～5d后开始适当通风换气，通气量多少视湿度、温度和发菌情况而定。正常情况下，播种1周以后蘑菇菌丝长满料面（封面），应逐渐加大通风，降低料表面湿度，抑制料表面菌丝生长，促进菌丝向培养料内生长。发菌过程中还须经常检查有无杂菌和螨类等虫害发生，一旦发现应及时采取防治措施，以防病害扩大蔓延。

在适宜的条件下，播种后20～23d菌丝便可长满整个料层。菌丝长满培养料后，应及时进行覆土。

当今先进的发菌工艺采用专业化的发菌隧道（图4-21）进行集中发菌（又称为“三次发酵”），集中发菌后的菌料压块（图4-22）或直接装床后送到出菇场覆土出菇。

图4-21　发菌隧道　　图4-22　菌料压块

（3）覆土与覆土后管理。

①覆土前的准备。覆土前5d左右应认真检查菌床中杂菌和害虫的发生情况，尤其是螨类的发生情况。可将一小张复写纸或黑膜放在料面，几分钟后仔细观察复写纸或黑膜，若有移动的细小灰尘状物——爬动的螨虫，则用虫螨灵等杀螨剂连续防治。

整平菌床，同时进行一次“搔菌”，轻轻抓动表层菌料后用木板拍实拍平，可使覆土后菌丝爬土速度加快，绒毛菌丝增多。保持料面干爽，菌丝健壮，如菌床表层过于干燥，当菌丝干缩、消退时应提前2～3d轻调水1～2次，以促进表层菌丝恢复生长；若菌床表层过湿，应进行大通风，使菌床表面收干后再覆土。

②覆土制备。覆土材料应具有高持水能力，结构疏松，空隙度高，有稳定良好的团粒结构。国外工厂化蘑菇生产中普遍应用自然潮湿的泥炭覆土（图4-23），持水率可达80%～90%，菌丝生长量大（图4-24），是获得高产（25～30kg/m²，图4-25）的重要因素。目前国内普遍应用的覆土材料为砻糠细土和砻糠河泥土，持水率分别仅为28%～38%和35%～46.1%。近年来，我省推广应用草炭为主要基质的新型混合覆土技术，效果良好。

图4-23　泥炭覆土

图4-24　泥炭覆土菌丝生长量大

图4-25　泥炭覆土高产菇床

图4-26　砻糠细土

• 砻糠细土的制备。细田土或菜园土与砻糠按20∶1左右的比例混合而成。覆土前7d左右，挖取土表0.3m以下无根和杂物的清洁田土或菜园土打碎成直径为1～0.2cm的细小土粒，干燥新鲜的砻糠在与细土混合前一天用5%的石灰水浸泡预湿，捞出并用清水冲洗后与细泥混合均匀（图4-26），用石灰水调节pH至7.2～7.5。覆土材料必须进行严格消毒，通常在覆土前5天进行消毒，110m²栽培面积的覆土用3～5kg甲醛、使百功或保利多10小包（10g/包），稀释50倍左右，均匀喷洒到覆土中，立即用塑料薄膜覆盖密封消毒72h以上，覆土前揭开薄膜让甲醛彻底挥发，方可使用。有条件的最好采用蒸汽消毒，将覆土置于在70～75℃下消毒2～3h。

• 砻糠河泥土的制备。河泥砻糠土由无污染、无杂物的河泥与砻糠按9∶1左右的比例混合而成，通常110m²栽培面积需用河泥2 250～2 400kg，干燥新鲜砻糠225～275kg。砻糠需提前一天用5%的石灰水浸泡预湿，捞出沥干后与河泥拌匀，如图4-27所示。最好采用专用打泥机打搅均匀，按砻糠细土消毒方法，堆积覆盖消毒5d以上，揭膜使甲醛彻底挥发后使用。

图4-27 砻糠河泥土

图4-28 草炭细泥混合土

• 草炭/细泥混合覆土的制备。国外工厂化蘑菇生产采用75%湿泥炭和25%甜菜渣（碱性）混合的覆土配方。纯草炭覆土持水率高，但每100m² 菌床需4m³左右草炭，成本较高。草炭细泥混合覆土（图4-28）不仅增产显著，同时可减少草炭用量，降低覆土成本。混合覆土的配制方法是将干草炭充分调湿至饱和状态，然后按细泥和草炭体积比7∶3～5∶5的比例混合拌匀，用石灰调节pH至7.5左右，消毒方法与砻糠细土相同。

③覆土时间及覆土后的管理。当菌丝长满整个料层时，才能进行覆土。但地栽蘑菇应在播种当天或播种后5d内进行覆土，这是地栽蘑菇的关键技术之一。过迟覆土会使菌丝长至料底，接触床底泥土后，在菌床下先出菇，形成"地雷菇"，严重影响产量。

• 砻糠细土。覆土时应开窗通风换气，要求覆土厚薄均匀，首次覆土厚度为2～2.5cm。如覆土的含水量不足，覆土后须进行调水，调水应轻调慢打，两天内将覆土层充分调湿；忌过重过快，导致水流入料内，影响菌丝生长，甚至引起退菌烂料。调水后应继续开门窗通风，至土表水渍干后，逐步关紧门窗，菌丝爬土期间以紧闭门窗为主，可促进菌丝爬土，但如室内温度超过25℃则应采取通风降温等措施。待菌丝普遍长到土层的2/3时，及时补覆一层0.5cm左右的细土，根据覆土的干湿度，以细喷调水法充分调湿覆土层。调水后应及时通风，防止冒菌，控制好出菇部位，促进子实体形成。

• 河泥砻糠土。采用河泥砻糠覆土的菌床，最好在大部分料床菌丝长满培养料时，自菌床底部向上打扦，以增强菌床的透气性，并通风至菌床表层处于干燥状态，以提高菌床抗湿能力和菌丝爬土能力。覆盖时用手将河泥均匀撒在料面上，厚2～2.5cm，轻轻撸平，表面呈粗糙状。覆土后次日，当泥层略干时用钉耙进行刺孔，深至料层。每天早晚开窗通风，午间关窗，阴雨天可全天开窗通风。一般覆土后4～6d，钉耙孔中可见菌丝长出，此时可再薄薄地覆一层细土，并加强通风促进子实体形成。

• 草炭/细泥混合覆土。该覆土的管理方法与砻糠细土相同，在覆土后的整个栽培过程中应保持土层良好的湿润状态，当土表失水偏干时，应及时补水。

（4）出菇管理。当菌丝长至适宜出菇部位并通风、补土后，根据覆土湿度喷一次结菇重水。采取轻喷法，2～3d内充分调湿覆土层，但应避免高温喷水，当温度高于20℃时，禁止调水，否则易发生菌丝萎缩退菌和产生杂菌，当温度在18℃以上应谨慎用水。调水后应继续通风2～3d，然后逐渐减少通风量，保持菇房和土层的湿度，促进子实体的形成和生长。一般喷结菇重水后2～4d，子实体原基即大量形成，当原基生长膨大至黄

图4-29　草炭细泥混合土出菇床

豆大小时，应及时喷出菇水，及时满足迅速生长中的蘑菇子实体对水分的需要，如图4-29所示。用水量根据覆土湿度而定，应充分调湿覆土层，但注意避免水分流入料内。喷水时及喷水后，应开门窗加大通风量，直至覆土及子实体表面水渍干后才能逐步减少通风。

蘑菇生长发育的最适温度是16～18℃，当菇房内温度高于18℃时，应在早晚气温低时加强通风，菇房内温度低于13℃时，应选择午间气温高时通风。菇房内温度高于20℃时，禁止向菇床喷水，温度高于18℃而需要喷水时，应在早晚气温低时进行，每次喷水后，必须通风至子实体或覆土表面水渍干后才能逐步关紧门窗。出菇期的适宜空气相对湿度是90%左右，每天在菇房（尤其是砖木、砖混结构菇房）地面、走道的空间、四壁喷雾浇水2～3次，以保持良好的空气相对湿度；出菇期应经常开门窗通风换气，以满足蘑菇生长对新鲜空气下的要求，无风或微风天气可打开南北对窗，有风时开背风窗。但通风和保湿是相互矛盾的，在开门窗通风增加新鲜空气的同时往往会导致湿度的降低，因此为了缓解通风和保湿的矛盾，可采取在门窗上挂草帘并在草帘上喷水的方法。

（5）采收。采收前应避免喷水，否则易造成菇盖发红变色，影响质量。蘑菇应及时采收，早期秋菇因温度较高，生长快，一天需采收2～3次。采收时，应轻采、轻拿、轻放，保持菇体洁净，最大限度地减少菇体擦伤。蘑菇采收的盛放容器应实行“一筐”或“一篮”制，避免因转筐、转篮而擦伤蘑菇。有条件的，采收后立即将蘑菇放入冷库预冷，并及时运到市场销售，在运输途中防止挤压和振动。

采收结束后，及时清理废料，拆洗床架，对菇房进行一次全面消毒。蘑菇的废料是一种良好的有机肥料，可用作育苗、种植蔬菜粮油作物和花卉苗木的基质和肥料。

（6）转潮管理。每潮菇采收后应清理床面，补好细土，适当减少通风量，养菌2～3d，待下一潮菇生长至黄豆大小时视覆土湿度掌握好用水，再按上述出菇管理原则进行管理。

4. 常见问题与病虫害安全防控技术

（1）培养料用量不足影响蘑菇产量的提高。浙江蘑菇栽培中的培养料用量普遍偏低，草、粪总量应提高到30kg/m^{2}以上，改薄料栽培为厚料栽培是提高产量的有效途径。

（2）二次发酵结束后培养料中存在氨气影响蘑菇菌丝生长，甚至导致菌丝萎缩。原因一般有两个，一是由于培养料配方不当，氮含量过高，二是培养料没有按标准工艺要求进行堆制发酵，发酵质量差所致。生产上以后者为多，主要表现为以下几方面问题：

①一次发酵料堆的大小不标准。有的料堆过小，导致有效发酵区域比率小，影响正常发酵进程；有的料堆过宽过大，料堆通气不足，导致厌氧发酵，影响发酵质量。

②一次发酵翻堆不按工艺要求。没有严格将料堆底部及四周的外层料翻入新料堆

的中间，将中间发酵良好的料层翻到外层；尤其是翻堆过程中没有抖松料块，排出料块中的废气，充分补充氧气从而影响发酵质量和料堆发酵的均一性。

③一次发酵翻堆和堆置时间不按标准进行控制，不及时翻堆，室外堆置时间超过20d。第1～4次翻堆的天数一般应为5-4-3-2，建堆至一次发酵结束、培养料进房的时间不超过20d。

④二次发酵温度和保温时间没有达到工艺要求。巴氏消毒温度没有达到60℃并保持8～10h以上，控温后熟发酵温度没有保持在48～55℃，或保温时间没有达到工艺要求的3～5d。

（3）发菌期培养料中出现鬼伞、橄榄绿霉等竞争性杂菌。发菌期培养料中出现的鬼伞是培养料存在氨气的指示杂菌，鬼伞和橄榄绿霉等杂菌的出现表明培养料发酵不良。

（4）小菇成批枯萎死亡。主要原因有以下几种：①由于出菇部位过高，出菇过密，子实体生长所需的水分和营养供应不足，引起大批菇蕾、幼菇死亡。在生产管理上应控制好出菇部位，控制结菇密度，并打好结菇水，充分满足子实体生长所需的水分。②喷水管理不当，菇蕾期过早喷水，或幼菇期喷水后通风不足，导致菇蕾、幼菇窒息死亡。因此生产上，在菇蕾长至黄豆大小前禁止喷水，出菇期喷水后应尽快通风至菇表水渍干爽。③子实体形成后，遇高温回热天气，容易引起菇蕾、幼菇死亡。因此，子实体生长期遇高温回热天气，应及时采取通风、降温措施。

（5）主要病虫害及防治技术。

①绿霉（绿色木霉）。主要发生在播种后的发菌期，绿霉传播蔓延快，会抑制蘑菇菌丝生长。防治绿霉应在菌丝封面后，逐渐加大通风，使表层培养料适当收干，防止杂菌的发生；如已发生杂菌，可喷1 000倍施保功，喷施后加强通风。由于多菌灵残留时间长，残留量容易超标（当前欧盟标准为0.1mg/kg），因此禁止使用多菌灵。

②蘑菇线虫病。为害我省的主要蘑菇线虫有蘑菇滑刃线虫（蘑菇堆肥线虫，*Aphelenchoides dompoeticola*，图4-31）、食菌茎线虫（*Ditylenchus myceliophagus*）和小杆线虫（*Rhabditis sp.*）。蘑菇线虫在料中取食蘑菇菌丝、破坏培养料层，平时检查难以发现，往往到成片菇床不出菇时才觉察，危害性很大，并且发生后难以用药剂防治，被菇农称为蘑菇的“癌症”。生产上应采取以下综合防治技术：

图4-30 鬼伞

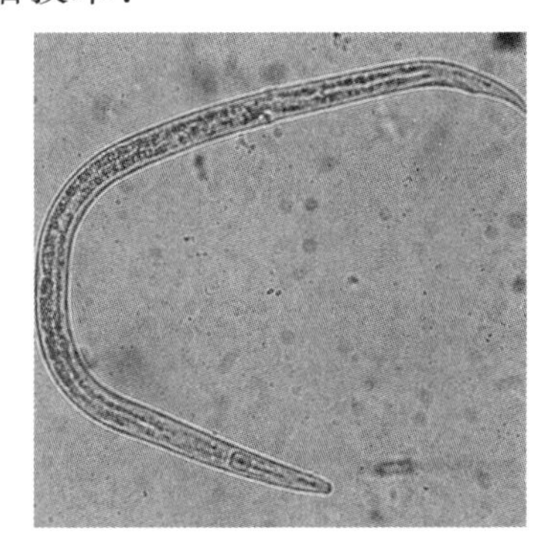

图4-31 蘑菇堆肥线虫

• 菇房消毒。在培养料建堆前，对堆料场地及周围用高浓度的石灰水等喷洒消毒；定期加强菇房四周环境的清洁卫生工作，消灭周围的病虫源。

在每季结束后，及时清除废料，更换烂床架，其余床架用石灰水清洗干净，可用浓石灰水喷、涂床架。在培养料进房7～10d前，对空菇房进行消毒处理，用高压水枪仔细冲洗菇房四周、顶部和床架各个部位，清除残留的线虫，打断线虫越夏的休眠期，降低其对高温的抗性。

去除老菇房地面2cm的表土，铲除地表残留的线虫，撒一层石灰粉。

密封菇房，按15mL/m^2甲醛、3mL敌敌畏的用量计算，熏蒸菇房消毒三昼夜（阴天5昼夜），然后通风，以杀死菇房内的病虫和杂菌。

在培养料进房前一天，在地面撒0.5cm厚的石灰粉，提高土表的酸碱度，控制线虫等病虫的为害。

• 严格培养料二次发酵工艺。由于菇房底层温度较低，在培养料进房时，底下两层床架不堆放培养料，以便提高料温杀死培养料中的线虫。

培养料放在床架上要抖松，增加料内的通气性，提高料温和培养料的质量。

巴氏消毒阶段要求室温（测不同部位）均匀达60℃以上并持续8～10h以上，杀死每个角落的线虫及其他有害生物，然后慢慢降温，使菇房的室温在48～55℃间，保温发酵4～6d。降温速度以每天降2℃为好，有利于培养料的发酵后熟。保温发酵期间，每天开对窗通风1～2次，每次5～10min，提供足够的氧气以培养放线菌等有益微生物，提高培养料的抗病力。

• 严格进行覆土材料的消毒。在远离虫源区取土，取表土30cm以下的泥土，晒干粉碎备用；覆土用的砻糠在贮藏中要远离虫源，在使用前用pH12的石灰水浸泡24h；最好用草炭代替砻糠。

按每110m^2的覆土材料用甲醛3～5kg（线克3kg）、敌敌畏1kg、保利多（使百功）10小包进行消毒，根据覆土的干湿度稀释一定的浓度，快速、均匀地拌入土中，并立即用薄膜密封。密封时间长短根据气温而定，一般气温在30℃以上时为72h，25～30℃为5昼夜，25℃以下为7昼夜。在覆土前揭去薄膜，让多余的甲醛挥发。

• 建立卫生操作链，防病虫源被带入菇房。菇房门窗的安装纱窗，防止菇蚊、菇蝇进入菇房为害，甚至携带线虫和螨虫为害蘑菇。

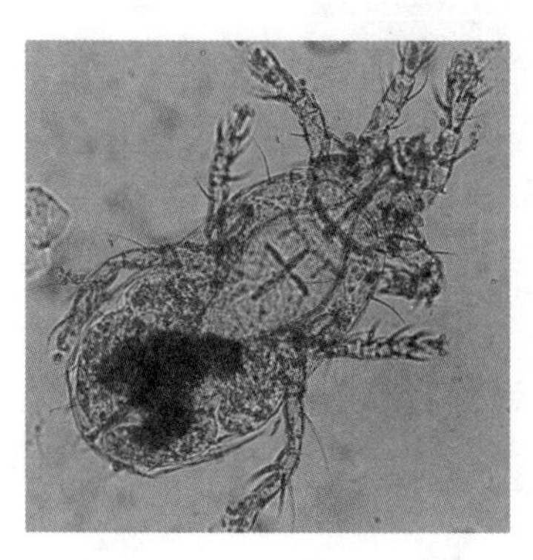

图4-32 螨虫（菌虱）

菇房内挂黏虫黄板（黄板边设一个小灯吸引害虫）和杀虫灯，杀灭菇房内的菇蚊、菇蝇的成虫，以有效控制菇蚊、菇蝇的幼虫为害。

二次发酵结束后，所有进入菇房的工具需经消毒，防止带进线虫和螨虫等病虫杂菌。

进入菇房的操作人员衣服要清洁，最好穿经消毒的胶鞋，防止带进线虫和螨虫等。

③螨类（菌虱）。螨类俗称菌虱。如图4-32所示。危害蘑菇的螨类很多，较常见的是蒲螨和粉螨，都以蘑菇菌

丝为食，播种后常集中在菌种块周围咬食菌丝，使被害菌种粒不能萌发。如在发菌期发生螨类为害，则首先集中在料面取食菌丝，严重时会吃光料内菌丝而导致颗粒无收，对蘑菇栽培具有毁灭性。

蘑菇螨类防治中，除上述防治措施外，应使用高效低毒食用菌杀螨剂——虫螨灵，在以下几个环节用药可有效地控制螨类的发生与流行：

- 菌种防螨。以1:3 000的药料比拌料，装瓶后向瓶口的培养料喷3 000倍药液，并在菌种培养室每隔一周喷2 000倍药液一次。
- 二次发酵前对地面及低层床架喷施。由于二次发酵，菇棚内地面及低层床架的温度不能达到60℃，不能杀灭螨虫等病虫杂菌，因此进房前应用杀螨剂和杀菌剂喷施菇房地面及低层床架，杀灭病虫杂菌。
- 播种时防治。翻格后用杀螨剂喷料面，根据料的湿度喷0.3～0.5kg/m^2，可防治菌种中可能携带的少量螨虫，并具有促进菌丝生长的作用。
- 发菌期防治。发菌期发现螨虫时，应及时用1 000～1 500倍药液在一周内连续喷施2～3次，可有效控制螨害。
- 覆土时防治。覆土时结合调水喷1 500倍药液，以杀灭料中可能残留的螨虫。

④蘑菇褐腐病。蘑菇褐腐病又称疣孢霉病、湿泡病，如图4-33所示。该病为世界性病害，常导致蘑菇大幅度减产。该病在蘑菇的不同发育阶段侵染，症状不同。在蘑菇子实体分化前侵染，会形成白色棉絮状菌团，病菇不能分化出菌盖和菌柄。进一步发展后，病菇上长出白色绒毛状菌丝体和分生孢子，后期病菇上出现暗褐色液滴，并伴有腐败的臭味，最后病菇坏死呈湿腐状。若在蘑菇菌盖和菌柄分化后侵染，常常侵染菌柄一侧和菌褶菌盖一角，受侵染部位变褐色，后期病部出现暗褐色液滴，并伴有腐败的臭味，最后病菇也呈湿腐状。

图4-33 疣孢霉病

图4-34 胡桃肉状菌

防治疣孢霉病，应做好环境卫生和消毒工作，严格按要求进行覆土消毒；加强环境管理，合理调节温湿度，遇高温（17℃以上）加强通风换气；避免喷水过多；及时挖除病菇，以减轻病害程度和防止病菌在菇房内传播。在向覆土进行喷水管理时可用使百功进行防治。

⑤胡桃肉状菌。此杂菌为竞争性杂菌，发生在高温、高湿的环境中，尤其在菇房通风差的情况下容易发生并迅速蔓延。菇床上发生胡桃肉状杂菌后，杂菌与蘑菇争夺养料，产生大量胡桃肉状果而不再形成蘑菇子实体，如图4-34所示。

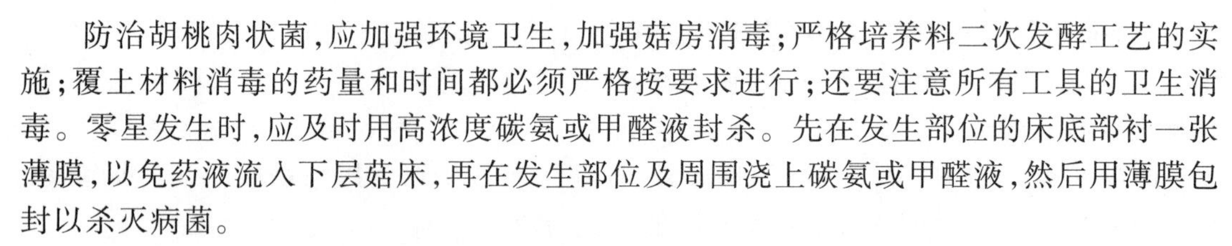

防治胡桃肉状菌，应加强环境卫生，加强菇房消毒；严格培养料二次发酵工艺的实施；覆土材料消毒的药量和时间都必须严格按要求进行；还要注意所有工具的卫生消毒。零星发生时，应及时用高浓度碳氨或甲醛液封杀。先在发生部位的床底部衬一张薄膜，以免药液流入下层菇床，再在发生部位及周围浇上碳氨或甲醛液，然后用薄膜包封以杀灭病菌。

⑥蘑菇菇蚊、瘿蚊。菇蚊成虫的虫体黑色，长约2～3mm，触角线状，有趋光性，飞翔能力强。该害虫主要以幼虫为害蘑菇菌丝和子实体，幼虫乳白色，蛆形，头黑色而发亮。幼虫喜群集在潮湿的培养料表面蛀食培养料和菌丝，三龄以后的幼虫常蛀入子实体危害，造成严重损失。

瘿蚊多为异翅瘿蚊，幼虫白色，能携带一种使菇柄变色的细菌，特别在出菇后期危害更为严重，另外有两种瘿蚊的幼虫橙黄色，幼虫常附在菌盖和菌柄之间，严重影响蘑菇的商品价值。

防治方法：做好环境卫生工作，清除菇房周围的垃圾、废料，对周围的死水沟、水洼进行定期清洁，并用石灰、漂白粉等消毒杀虫；培养料进菇房前，对菇房进行认真消毒灭虫，严格进行二次发酵，彻底消灭培养料内及菇房内的虫卵；菇房门窗加设纱网，播种后在纱门、纱窗上挂上蘸有敌敌畏溶液的棉花球，有防止成虫飞入菇房的作用；在菇房内挂黄色黏虫板或杀虫灯，诱杀少量发生的成虫。

五、高温蘑菇栽培技术

1. 适宜栽培季节

根据高温型双环蘑菇的生物学特性，栽培季节安排的总体原则是：夏秋季气温高于25℃的时间超过70d，或菇房内温度高于25℃的出菇时间超过5周，使其具有足够的有效出菇时间，以确保蘑菇产量。一般北方适宜的出菇期为6～8月，播种时间为5～6月初；长江流域适宜的出菇期为5～9月，播种时间为4～7月初；南方适宜的出菇期为4～10月，安排合理可栽种两茬，其播种时间分别为3～4月和7～8月初。各地在安排栽培季节时，还应注意使培养料室外一次发酵期尽可能避开梅雨季节，在梅雨季节到来之前完成室外一次发酵，以免雨水进入料堆影响发酵质量。

2. 栽培设施

当前双孢蘑菇的栽培方式主要有菇房或大棚床架式栽培、室外地栽和人防地道地栽三种栽培方式。双环蘑菇以菇房或大棚床架式栽培方式为好。由于双环蘑菇在高温高湿条件下栽培容易发生杂菌和病虫害，因此不仅要求菇棚（房）具有良好的保温保湿性能、通风换气能力和卫生条件，以创造有利于双环蘑菇生长发育而不利于杂菌和病虫害发生的栽培环境，同时要求培养料必须进行严格的二次发酵，使之有利于双环蘑菇生长发育而不利于杂菌和病虫害发生危害。菇房和大棚床架式栽培方式的上述两方面条件均优于室外地栽和人防地道地栽。此外，又因双环蘑菇菌丝接触土壤后只需少量空气即能形成子实体，容易在菌丝料和土层之间形成子实体，产生“地雷菇”而影响蘑菇产量和品质，若采取室外地栽和人防地道地栽容易发生此类情况，因此应尽可能采用菇房或大棚床架式栽培。

3. 栽培技术

(1)培养料及其堆制发酵。

①培养料配方与用量。双环蘑菇培养料可采用双孢蘑菇的配方,培养料配方中的碳氮比(C/N)以30∶1左右为宜,培养料的含氮量以1.5%~1.7%为好。培养料配方根据有无含畜禽粪而分为无粪合成料和粪草培养料两种。

• 无粪合成料配方。配方Ⅰ:干稻麦草94%,尿素1.7%,硫酸铵0.5%,过磷酸钙0.5%,石膏2%,石灰1.3%。配方Ⅱ:干稻麦草88%,尿素1.3%,复合肥0.7%,菜籽饼7%,石膏2%,石灰1%。

• 粪草培养料配方。配方Ⅰ:干猪、牛粪40%~45%,干稻麦草45%~50%,饼肥2%~3%,化肥0.5%~2%,过磷酸钙1%,石膏1%~2%,石灰1%~2%。配方Ⅱ:干猪、牛粪40%左右,干稻麦草55%左右,干菜籽饼2%~3%,过磷酸钙0.5%,石膏1%~2%,石灰1%~2%。

• 培养料用量。由于高温型双环蘑菇栽培周期短,出菇潮次较双孢蘑菇少,并且在高温高湿条件下栽培,若管理不当,厚料比薄料更易发生杂菌和病虫害,因此高温型双环蘑菇的培养料用量一般少于双孢蘑菇。实践表明,在当前的栽培设施条件下,培养料配方中的干草、粪总用量以15~20kg/m^2为宜;如培养料发酵质量好,栽培管理到位,适当增加培养料用量将有利于提高产量。

②培养料堆制发酵。培养料堆制发酵的方法与双孢蘑菇培养料相同。由于高温蘑菇在高温高湿条件下栽培,易发生病虫杂菌,因此须严格按培养料一次发酵和二次发酵工艺制作培养料,创制有利于蘑菇菌丝生长而不利于杂菌生长的具有选择性的优质培养料,以获得稳产高产。

(2)播种与发菌管理。培养料二次发酵结束后,要及时进行翻格、匀料和播种。

①翻格。如果在春末夏初播种栽培,外界气温不高,经二次发酵的培养料应趁热进行翻格与料层整理,当料温降至32℃时即可进行播种。翻格时要求将整个料层抖松,不留料块,让料块内的有害气体散发出去;如果翻格不彻底,留有料块,不仅会影响蘑菇菌丝生长,而且容易发生杂菌。在翻格的同时,须将各床架的料层厚度整理均匀。

②播种。应选用菌丝长满瓶,并经后熟培养、菌龄合适的菌种进行播种。菌种内的菌丝活力强、粗壮,无杂菌和害虫,瓶内上下菌丝均匀洁白不萎缩、不吐黄水,瓶内允许有少量的子实体原基,但避免使用子实体原基过多的菌种。

当前我国高温型双环蘑菇的菌种主要有麦(谷)粒菌种和棉籽壳菌种两种,播种量因菌种的培养基质不同而不同。以750ml菌种瓶计,一般麦(谷)粒菌种的用种量为1.5瓶/m^2左右,棉籽壳菌种为2瓶/m^2左右,适当提高用种量有利于加快发菌、降低杂菌感染风险。如菌种中存在子实体原基,则应在将菌种从瓶中挖出时将原基挑出去除;如果播种时将子实体原基带入培养料中,容易在覆土前形成子实体,消耗养分、影响发菌。

播种前须对菌种瓶的外表、挖菌种的器具和盛放菌种的容器用高锰酸钾或新洁尔灭等消毒剂进行消毒。播种一般以混播加面播法为好,使用这一方法后菌丝封面快,长满料层时间短。具体方法是将1/2~2/3的菌种均匀地撒在经翻格的料面上,用手指将菌种耙入1/3~1/2料层深处,再把余下的1/2~1/3菌种均匀地播撒在料面。菌种播撒完毕后,压紧培养料,压紧的力度应根据培养料的质量和含水量而定。培养料质量好,疏松不粘有弹性，含水量适中或偏低，播种后培养料应压重、压紧一些，以减少发菌过程中的水分蒸发损失；培养料质量差，黏性大，或含有氨气，或含水量高，应轻压甚至不压，以免加重对菌丝生长的阻碍作用。

播种后，在菌床表面覆盖经消毒的报纸或类似覆盖物，并在覆盖物上喷0.5%甲醛溶液保湿，有利于菌种萌发与定植生长。保湿条件和密闭程度好的菇房也可以不覆盖报纸。播种完毕后，清理菇房，关紧门窗发菌。

③发菌期管理。整个发菌期的管理以保温、保湿、控气为中心。在播种至菌种萌发、定植的5～7d内，应紧闭门窗，创造高二氧化碳浓度环境，温度控制在27～30℃，相对湿度保持在90%～95%，促进菌种尽快萌发和定植；而当温度超过34℃时，则应开天窗或上窗通风降温，以免“烧菌”导致菌丝失去活力。一般5～7d后菌丝可封面，此时应逐渐增加通风换气，促进菌丝向料层内生长。通气量的多少，应根据菇房的湿度、温度和发菌情况而定，总体要求以通风至表层2cm左右的培养料使之适当风干、抑制菌床表面杂菌发生，而又不导致料内水分过多蒸发损失为好。整个发菌期的温度尽可能控制在26～34℃之间。在适宜的条件下，一般23d左右菌丝可长满整个料层。菌丝长满培养料后应及时进行覆土。

（3）覆土与覆土后管理。高温型双环蘑菇有时在未覆土的菌床上或菌床背面也能形成子实体原基，甚至能发育成子实体。尽管高温型双环蘑菇能在不覆土的情况下形成子实体，但必须经覆土后才能获得商业性的蘑菇产品。高温型双环蘑菇的覆土必须在菌丝长满整个料层后进行；菌丝没有长满料层、发育未成熟覆土，都不利于菌丝爬土，甚至造成菌丝不爬土，影响产量。

①覆土前的准备工作。覆土前2～3d应整平菌床，以免覆土厚薄不均；同时进行一次“搔菌”，轻轻抓动表层菌料后用木板拍实拍平，使菌丝发生断裂，以加快覆土后菌丝的爬土速度。此外，全面检查潜伏在菌床和菇房内的杂菌和害虫，尤其是胡桃肉状菌和跳虫，一旦发现必须及时采取措施加以控制和消灭，以免覆土后增加防治和消灭的难度，造成更大的损失。

②覆土的种类与制备。尽管覆土的确切作用目前还不十分清楚，但覆土是影响蘑菇产量、品质和出菇整齐度的重要因素。理想的蘑菇覆土必须具备特殊的理化特性和微生物特性，已研究明确覆土的某些理化性状，如空隙度、持水率、盐浓度、渗透势和pH等可以影响蘑菇生长。覆土是蘑菇生长发育所需水分的重要来源，据Kalberer（1983，1985）研究发现，蘑菇子实体生长发育所吸收的水分54%～83%来自于培养料，17%～46%来自于覆土。覆土材料是否具备适于蘑菇生长发育的理化特性，尤其是持水率的高低，与蘑菇产量的高低关系密切。提高覆土的持水率、增加覆土的含水量是提高蘑菇产量的有效措施。

泥炭（草炭）是一种优质蘑菇覆土材料，不仅具有均匀、合适的空隙度，结构稳定，反复喷水能保持良好的结构等特性，十分有利于菌丝与子实体的生长发育，而且更为重要的是泥炭的持水率可高达80%以上，能充分供应蘑菇生长发育所需的水分。欧美国家的蘑菇工厂化生产中普遍采用泥炭覆土，这是获得高产的重要因素。

当前我国高温型双环蘑菇栽培中使用的覆土种类与双孢蘑菇相同，制备方法见双孢蘑菇章节。由于我国大多蘑菇产区缺乏泥炭资源，因此普遍采用砻糠河泥混合土或砻糠田泥混合土作为覆土材料。而这两种覆土材料的持水率仅为33%～42%，并且喷水后容易板结，不利于菌丝生长发育，是导致我国蘑菇低产的重要因素。

经试验示范，采用泥炭/田泥混合覆土后增产增效显著，已在生产上推广应用。在田泥中按体积比加入30%～50%的泥炭（草炭）后，在增加较少成本的情况下，可有效地改善覆土的团粒结构、空隙度和持水率等性状，同时有效地提高了覆土中的蘑菇菌丝生物量，从而提高了菇床子实体的形成量和均匀度，较大幅度地提高了蘑菇的产量和品质。

泥炭/田泥混合覆土的配制方法：按体积比计，取泥炭（草炭）30%～50%，田土70%～50%，如果采用去水分的干泥炭，需预先充分调湿至含水量达70%以上、相互黏结成团的水分饱和状态。将半干的田土用打土机打细，与充分调湿的泥炭混合均匀。由于泥炭呈酸性，需在配制时均匀加入适量的石灰调节覆土pH至7～7.5。

应注意的是，所有覆土材料必须进行严格消毒后才能使用，通常在覆土前5d，每110m^2栽培面积的覆土（约3 000kg，3～3.5m^3）用3～5kg甲醛迅速均匀地加入覆土堆中，并立即用塑料薄膜覆盖，密封熏蒸消毒72h以上。覆土前应散堆，使残留的甲醛彻底挥发后再使用，有条件的最好采用70～75℃蒸汽消毒2～3h。

③覆土与覆土后管理。由于高温型双环蘑菇菌丝的爬土性状比双孢蘑菇弱，覆土和管理不当容易导致出菇部位低，影响菇型和子实体清洁度，甚至在覆土和料层之间形成“地雷菇”，严重影响蘑菇产量和品质。因此，采取相应的覆土及覆土后管理技术，是实现高温型双环蘑菇优质高产的关键技术之一。

• 覆土的水分调节。高温型双环蘑菇覆土的湿度最好预先调节至既能保持良好颗粒结构，又便于在覆土时铺撒开的最大含水量，避免覆土上床后因调水不当影响菌丝爬土。如覆土后含水量不满足调水指标时，应于覆土后第2天用清洁水慢慢地将其充分调湿，切忌喷水过急或过多，以免覆土来不及吸收或多余的水分渗流入料层引起退菌。调水完成后，需等土表的水渍干后才能逐步关紧门窗。

• 覆土方法与厚度。采取二次覆土法，覆土总厚度为3cm左右，首次覆土厚度以2～2.5cm为宜，覆土时要求厚度均匀一致。待80%以上床面在灯光照射下可见菌丝时进行第二次覆土，在见菌丝的床面上覆一层厚0.5cm左右的细土。

• 覆土后的管理。采用砻糠田泥混合土和泥炭/田泥混合土，在覆土后如覆盖经消毒的报纸或类似覆盖物，可提高二氧化碳浓度，促进菌丝爬土。密闭程度好的菇房也可以不覆盖报纸，但必须在覆土后的第2d起关紧门窗，提高菇房内二氧化碳浓度，促进菌丝爬土。如此阶段菇房密闭程度不高、通风漏气，则菌丝难以向覆土层生长，导致覆土层菌丝少、出菇部位低，影响产量和品质；若菇房内温度超过34℃，应开启顶窗或上窗通风降温，以免引起“烧菌”、退菌。采用砻糠河泥混合覆土，由于其透气性差，覆土后不能关闭门窗，在开门窗通风至河泥表面无水渍时用钉耙进行刺孔，深至料层，然后逐渐关门窗、减少通风，促进菌丝爬土。气温高于30℃时每天早晚开窗通风，午间关窗；低于

26℃时午间开窗通风，早晚关窗。无论采用哪种覆土，覆土后菇房内温度宜控制在27～28℃，以利于菌丝爬土。覆土后及时检查菌丝生长情况，一般覆土后40～48h，拨开覆土可见料面菌丝开始重新萌发生长，6～7d以后部分覆土较薄的床面可见菌丝，此时应采取局部补土的方法，调节菇床菌丝爬土的整齐度；待80%以上床面在灯光照射下可见菌丝时，普覆一次厚0.5cm左右的细土，打开窗门，加强通风，促使菌丝倒伏、变粗，然后根据覆土湿度补足水分，促进菌丝扭结，进入出菇阶段。一般从覆土至子实体开始扭结形成需要10d左右时间。

（4）出菇管理。出菇期的管理主要是根据高温型双环蘑菇子实体生长发育所需的环境，协调管理温度、水分和空气条件。另外由于双环蘑菇菌丝的爬土能力不如双孢蘑菇，管理不到位时易导致覆土中菌丝少、不均匀，导致菇床出菇部位低，出菇少，不均匀，影响产量和品质，因此促进高温型双环蘑菇菌丝均匀爬土是获得高产的关键。

①促进菌丝均匀爬土的技术。可采取以下4项技术措施促进高温型双环蘑菇菌丝的爬土。

一是在覆土前调节好水分。根据不同覆土的持水能力和团粒结构性状，将覆土的含水量调至便于铺散开、便于操作的最高湿度，以利于节省覆土后的调水时间和避免因调水不当而影响菌丝爬土。

二是采取二次覆土法。第一次覆土厚度为2～2.5cm，然后关紧门窗，提高菇房内二氧化碳浓度，促进菌丝爬土。当在灯光下大部分床面可看到菌丝时，再覆一层0.5cm厚的细土，然后进行出菇管理。

三是覆土尽可能做到厚薄均匀一致。如果覆土不均匀，过厚部位的菌丝难以向土层生长，导致出菇少、出菇部位低，这是菇床出菇不均匀的主要原因。

四是采取补土等待法。在当前生产技术水平下，覆土时不可能做到厚薄完全均匀一致，覆土薄的地方菌丝会先穿过土层长出土表，可在冒菌丝的区域，补覆一层细土，使之与覆土厚度正常的区域生长整齐一致；等到大部分（80%以上）床面都可看到菌丝时再普遍覆一层细土，然后进行通风出菇管理，以提高菇床的结实率和出菇均匀度。

②水分与通风管理。第二次覆土后或当菌丝生长至土表下0.3～0.5cm的适宜出菇部位时，开门窗通风，并根据覆土层的湿度，分次间歇喷水将覆土层充分调湿。喷水过程中以及喷水后，应开门窗加大通风至覆土表面水渍干后，才能逐渐减少通风。在降低二氧化碳浓度的同时，保持充足的覆土湿度，促进菌丝从营养生长向生殖生长转变，并提供子实体形成和生长所需的水分和氧气。

高温型双环蘑菇在水分管理不当、菇表面沉积水分时，容易发生细菌性污斑病，影响蘑菇的商品价值，这是导致高温型双环蘑菇高产低效的主要因素。因此，高温型双环蘑菇以采取一潮菇喷一次结菇重水的水分管理方法为好，尽量避免子实体生长期喷水。如果子实体生长期覆土干燥，影响子实体生长，必须喷水，则应选择有风的天气，在菇房内空气流通的条件下进行喷水，喷水后应加大通风，尽快将蘑菇表面水渍吹干，防止细菌性污斑病发生。每潮菇采收结束后，停水、关门窗养菌2～3d，然后进行通风使新萌发生长的菌丝变粗，随后喷一次结菇重水，促进下一潮菇形成。出菇期菇房内的空气相对湿度应保持在85%～90%，空气相对湿度过高，容易发生病害和杂菌感染。

水分和通风的协调管理是高温型双环蘑菇出菇管理中的技术核心，既要保持覆土层和空气中的合适湿度环境，满足子实体生长发育所需的水分条件，又要加强通风，防止胡桃肉状菌、细菌性斑点病等病杂菌的发生。

③温度与通风管理。出菇期菇房内温度最好控制在27～30℃之间，使之最适宜于子实体形成和生长发育，出菇率高，菇质好。夏季高温期的温度和通风管理中，应遵循避免菇房内产生闷热环境的原则，以防病虫杂菌发生和幼菇死亡。当菇房内温度高于32℃时应加大通风，温度高于34℃时，应在午间高温时关南窗、开启顶部拔风筒进行散热降温，早晚和夜间气温低时开对窗通风降温；初夏和晚秋气温低于26℃时，应以保温为主，早晚和夜间气温低时关门窗保温，午间气温高时通风，以提高菇房内温度。

每潮菇采收结束后，清理床面，挑除残留在菇床上的菇根与死菇，在采菇时带走泥土而使菌丝裸露的部位补一层细土。按上述温度与通风管理的原则进行管理，一般每隔7～10d采一潮菇，在夏季高温期间可连续采收5～6潮菇。

（5）采收与贮运。高温型双环蘑菇栽培期间温度高，子实体生长快，必须及时采收。一般地说，当高温型双环蘑菇近基部的一个菌环破裂而还不见菌膜时，就可以采收了。也可以根据子实体的成熟度和大小来决定采收时间，通常应在子实体直径为4～5cm、质地坚实未松软前采收。

采收时应轻轻捏住菇盖，小心转动并向上拔出，避免和减少采收时带走泥土，并保持菇体洁净。蘑菇的包装容器要硬实，内垫一层软的缓冲层，防止途中挤压、擦伤菇体；有条件的应及时放入冷库，及时投售。

（6）转潮管理。每潮菇采收结束后，停水、关门窗养菌2～3d，然后进行通风使新萌发生长的菌丝变粗，随后喷一次结菇重水，促进下一潮菇形成。待下一潮菇形成后，再按上述管理原则进行出菇管理。

栽培结束后，及时清理废料，拆洗床架，并进行菇房消毒，准备下季栽培。

4. 病虫害及安全防控技术

（1）胡桃肉状菌。胡桃肉状菌是一种具有毁灭性的竞争性杂菌，能否有效地防止其发生与为害是高温型双环蘑菇栽培成败的关键。胡桃肉状菌病的菌原为小孢德氏菌（*Diehiumyces microsporus*），俗称胡桃肉状菌，属子囊菌门（Ascomycota）、散囊菌科（Eurotiaceae）、德氏菌属（*Diehliumyces* Gilkey）。

胡桃肉状菌多在高温高湿、通风不良的情况下发生、蔓延，在料内、料面和土层中都会发生。始发时，培养料内出现短而浓密的淡白色菌丝体，有时在覆土表面出现迅速扩大的菌丝圈；菌丝成熟后，形成成团的似胡桃肉状的子囊果，子囊果破裂后，释放出大量的子囊孢子，传播危害。发生的胡桃肉状菌与蘑菇菌丝争夺养料，其营养竞争能力远强于蘑菇，菇床被感染后蘑菇菌丝逐渐消失而不能形成子实体，严重影响产量，甚至绝收。因此，胡桃肉状菌是一种具有毁灭性的竞争性杂菌。不过这种杂菌是可防、可治的，只要采取严格的防控措施，完全可以控制其为害。

①严格进行菇房消毒。栽培前对菇棚及床架进行彻底清理、冲洗和消毒；去除地面表土，并撒石灰消毒；用浓石灰水喷、涂床架；培养料进房进行二次发酵前3d，每110m²栽培面积的菇房（棚）用5kg甲醛进行熏闷消毒。

②严格培养料发酵，尤其是二次发酵。这是防止胡桃肉状菌发生的最关键的技术环节，进行二次发酵时的巴氏消毒温度和时间必须严格符合工艺要求，也就是菇棚内堆放培养料的第二层床架以上的各个角落都要均匀达到60℃以上，保持8～10h以上；控温发酵期菇棚内温度严格控制在57～48℃之间，并适当通风换气，使培养料充分发酵，成为适合于蘑菇生长而不适于胡桃肉状菌等杂菌生长的具有免疫能力的培养料。

③严格进行覆土消毒。覆土是蘑菇病虫害的重要侵染来源之一，因此覆土必须进行严格消毒。通常在覆土前5d，每110m²栽培面积的覆土用5kg甲醛迅速均匀地加入覆土堆中，并立即用塑料薄膜覆盖，密封熏闷消毒72h以上。在覆土前散堆，挥发去除残余的甲醛后使用。

④科学管理，卫生操作。创造适宜于高温型双环蘑菇生长发育的温度、湿度和空气条件，加强通风换气，避免产生有利于胡桃肉状菌发生的闷、湿、热的环境条件。进菇棚操作的工具及鞋、衣裳等应清洁卫生，操作工具和鞋在进房前须进行消毒；在感染胡桃肉状菌的菇棚中操作后的人员、用具等，未经清洁消毒禁止进入别的菇房。

⑤勤检查，及时采取防治补救措施。在栽培过程中应经常检查胡桃肉状菌发生情况，一旦发现有零星发生，可在感染区的菇床底部衬一张薄膜，然后在病区及周围床面浇碳铵或2～3倍浓甲醛液，立即用薄膜封杀发病区域内的胡桃肉状菌。严禁直接挖动、搬运发病培养料，以免杂菌孢子飞散，扩大传播范围。

（2）细菌性斑点病。高温蘑菇出菇管理中，有效地防止细菌性斑点病（图4-35）的发生是获得高产的关键。有些菇农在栽培高温型双环蘑菇时，既有效地防止了胡桃肉状菌的发生，又使菌丝爬土均匀一致，获得了理想的产量，但由于出菇后管理不到位，大量发生细菌性斑点病，影响蘑菇的商品性，甚至引起子实体腐烂死亡，损失惨重。细菌性斑点病是导致高产低效的主要原因，在出菇管理中可采取以下措施加以防止：①采一潮菇喷一次水，喷足结菇水，并尽量不在出菇期喷水；②必须在出菇期喷水的，一定要在开门窗、菇房内空气流通的情况下进行，以尽快吹干菇体表面的水渍；③出菇期须加强通风换气，防止菇表面水分沉积；④结合喷水使用二氧化氯消毒剂等安全防护剂，以预防该病的发生。

图4-35　细菌性斑点病

参考文献

[1]蔡为明. 2014. 图说黑木耳栽培[M]. 杭州:浙江科学技术出版社.
[2]丁湖广. 1994. 香菇速生高产栽培新技术[M]. 2版. 北京:金盾出版社.
[3]郭美英. 2000. 中国金针菇生产[M]. 北京:中国农业出版社.
[4]何伯伟. 2008. 食用菌标准化生产技术[M]. 杭州:浙江科学技术出版社.
[5]黄良水. 2011. 现代食用菌生产新技术[M]. 杭州:浙江科学技术出版社.
[6]黄良水. 2013. 图说金针菇栽培[M]. 杭州:浙江科学技术出版社.
[7]黄年来,林志彬,陈国良,等. 2010. 中国食药用菌学[M]. 上海:上海科学技术文献出版社.
[8]黄年来. 1997. 中国食用菌百科[M]. 北京:中国农业出版社.
[9]黄毅. 2008. 食用菌栽培[M]. 3版. 北京:高等教育出版社.
[10]吕作舟. 2006. 食用菌栽培学[M]. 北京:高等教育出版社.
[11]曲绍轩,宋金俤,马林. 2010. 木耳卢西螨的为害调查及防治措施[J]. 浙江食用菌(1):49-50.
[12]全国食用菌品种认定委员会. 2006. 食用菌菌种生产与管理手册:《食用菌菌种管理方法》实施必读[M]. 北京:中国农业出版社.
[13]宋金俤. 2004. 食用菌病虫害彩色图谱[M]. 南京:江苏科学技术出版社.
[14]王贺祥. 2004. 食用菌学[M]. 北京:中国农业大学出版社.
[15]王世东. 2005. 食用菌[M]. 北京:中国农业大学出版社.
[16]吴学谦. 2005. 香菇生产全书[M]. 北京:中国农业出版社.
[17]应国华,贾亚妮,陈俏彪,等. 2005. 丽水香菇栽培模式[M]. 北京:中国农业出版社.
[18]应国华. 2014. 图说香菇栽培[M]. 杭州:浙江科学技术出版社.
[19]张介驰. 2011. 黑木耳栽培实用技术[M]. 北京:中国农业出版社.
[20]张金霞,黄晨阳,胡小军. 2012. 中国食用菌品种[M]. 北京:中国农业出版社.
[21]浙江植物志编辑委员会. 1993. 浙江植物志[M]. 杭州:浙江科学技术出版社.
[22]朱兰宝,黄毅,胡国元,等. 2008. 金针菇生产全书[M]. 北京:中国农业出版社.